B.I.-Hochschultaschenbücher
Band 197

D1654439

Tensorrechnung für Ingenieure

von
Dr. Eberhard Klingbeil
Professor an der
Technischen Hochschule Darmstadt

Bibliographisches Institut Mannheim/Wien/Zürich
B. I.-Wissenschaftsverlag

Alle Rechte, auch die der Übersetzung in fremde Sprachen, vorbehalten. Kein Teil dieses Werkes darf ohne schriftliche Genehmigung des Verlages in irgendeiner Form (Fotokopie, Mikrofilm oder ein anderes Verfahren), auch nicht für Zwecke der Unterrichtsgestaltung, reproduziert oder unter Verwendung elektronischer Systeme verarbeitet, vervielfältigt oder verbreitet werden.
© Bibliographisches Institut AG, Mannheim 1966
Druck und Bindearbeit: Anton Hain KG, Meisenheim
Printed in Germany
ISBN 3-411-00197-6
C

VORWORT

Die Tensorrechnung hat ihren Ursprung in der Differentialgeometrie, genauer gesagt, in der Geometrie auf gekrümmten Flächen. Die bisher bekannteste physikalische Anwendung erfuhr sie in der Einsteinschen Relativitätstheorie. Gemeinsam haben Mathematiker und Physiker daran gearbeitet. Auch in die Ingenieurwissenschaften ging der Tensorbegriff ein. Man spricht dort zum Beispiel schon lange vom „Spannungstensor". Die stärkste Anregung, Tensorrechnung anzuwenden, erhielt der Ingenieur aber erst in letzter Zeit: Die „Schalenbauweise" machte es erforderlich, die Grundlagen der Mechanik krummliniger Kontinua eingehender zu untersuchen. Dafür ist die Tensorrechnung besonders gut geeignet. So erklärt sich die Tatsache, daß sich mehr und mehr wissenschaftliche Veröffentlichungen auf diesem Gebiet der Tensorrechnung bedienen. Selbst enzyklopädische Werke, wie z. B. das „Handbuch der Physik", verwenden die tensorielle Darstellung. Es gibt auch Lehrbücher, wie das grundlegende Buch von GREEN-ZERNA [4] (Literaturverzeichnis Seite 193), in dem die Elastizitätstheorie tensoriell dargestellt ist. Noch beschäftigt sich leider nur ein kleiner Kreis von Ingenieuren mit diesen interessanten Problemen. Die meisten Ingenieure beherrschen die Tensorrechnung nicht, weil ihnen der Weg zu weit und zu beschwerlich erscheint, sie zu erlernen. Da die meisten existierenden Lehrbücher naturgemäß von der Differentialgeometrie ausgehen, müßte man sich zunächst mit Differentialgeometrie beschäftigen und kann erst von dort aus zur Tensorrechnung weiterschreiten.

Der Zweck des vorliegenden Buches besteht darin, diesen Weg abzukürzen und zu erleichtern. Es soll „Zubringerdienste" leisten. Wer dieses Buch durchgearbeitet hat, dürfte vom Standpunkt der Tensorrechnung her in der Lage sein, die damit formulierten modernen Veröffentlichungen zu verstehen. Wer stärker mathematisch oder physikalisch interessiert ist, mag anschließend tiefer in das Gebiet eindringen und sich anhand der angegebenen Literatur mit Riemannscher Geometrie oder mit Relativitätstheorie befassen.

Das Buch ist aus einer Vorlesung entstanden, die ich im Wintersemester 1964/1965 in der Technischen Hochschule Darmstadt gehalten habe. Die Vorlesung und die in ihr gesammelten Erfahrungen geben mir die Hoffnung, daß es die angestrebten Ziele erreichen möge.

Das Buch hat sieben Kapitel. Die ersten drei bringen eine direkte Einführung in den Tensorkalkül. Sie geben die rechnerischen Grundlagen, sind ziemlich breit angelegt und müssen vom Anfänger auf alle Fälle zuerst gelesen werden. In den anderen vier Kapiteln findet man Anwendungen, entweder auf Geometrie oder auf Mechanik. Insbesondere bringt Kapitel 4 die Anwendung der Tensorrechnung auf elementare Differentialgeometrie, also genau das, was in den meisten Büchern der Ausgangspunkt ist.

Zum Aufbau des Inhalts sei noch folgendes gesagt: Die Mechanik wird nicht zur Herleitung der Grundlagen herangezogen. Die Grundlagen werden vielmehr mathematisch aufgebaut. Die anschließenden Anwendungen auf Mechanik sind teils Selbstzweck, teils dienen sie der Veranschaulichung.

In der Literatur wird die Tensorrechnung aufgrund verschiedener Definitionen und Schreibweisen eingeführt. Diesem Umstand trägt das Buch Rechnung: Es ist einheitlich aufgebaut, erwähnt aber auch andere gebräuchliche Definitionen und Schreibweisen.

Zur Methode sei folgendes gesagt: Die Erfahrung lehrt, daß Ingenieure lieber konstruktiv oder operativ als begrifflich arbeiten. Das Buch bevorzugt deshalb in den ersten Kapiteln das operative Vorgehen, zumal sich der Leser zunächst in einen völlig neuen Kalkül einarbeiten muß. Alle Rechnungsgänge sind auch auf die Gefahr einer Wiederholung hin ausführlich angegeben. Der Leser soll sich zunächst „Rechenfertigkeit" mit den Tensoren aneignen. Zu diesem Zweck empfehle ich, die im Buch gegebenen tensoriellen Herleitungen auf einem Blatt Papier nachzuvollziehen. Die gegebenen Beispiele führen meistens aus dem Tensorkalkül hinaus, weil sie die „Stenographie" des Tensorkalküls in die „Umgangssprache" der bekannten Analysis übersetzen sollen. So kann sich der Leser besser anschaulich vorstellen, was jeweils vorher in der Tensorrechnung formuliert wurde.

Die Anwendungen stammen hauptsächlich aus der Geometrie und aus der Mechanik. Das Buch wendet sich jedoch nicht nur an Ingenieure, die an der Mechanik interessiert sind, sondern auch an Ingenieure aller anderen Fachrichtungen und an Physiker. Die Tensorrechnung wird nämlich neuerdings in den meisten Ingenieurwissenschaften gebraucht. Einen reichhaltigen Einblick in diese Anwendungen gibt ein von Kondo [8] herausgegebenes Werk. Anwendungen in der Elektrotechnik finden sich bei Gibbs [3]. Selbstverständlich ist das Buch auch für Mathematiker geeignet, die an Anwendungen interessiert sind.

Vorausgesetzt werden die Kenntnisse der Vektorrechnung und die Haupttatsachen aus den Grundvorlesungen der ersten drei Semester in Mathematik und Mechanik an einer Technischen Hochschule.

An anderen Lehrbüchern empfehle ich für die ersten drei Kapitel das Buch von KÄSTNER [6]. Zur Vertiefung und zum weiteren Ausbau der Kapitel 4 und 7 ist das Lehrbuch von LAUGWITZ [9] vorzüglich geeignet. Für die Kapitel 5 und 6 rate ich, wie bereits erwähnt, zu dem grundlegenden Buch von GREEN-ZERNA [4]. Im übrigen weise ich auf das Literaturverzeichnis (Seite 193) hin. Wer sich im Anschluß an dieses Buch mit der Einsteinschen Relativitätstheorie vertraut machen will, dem sei besonders das Lehrbuch von WEYL [21] genannt. Im Buch von PETROW [14] findet sich ein vollständiges Literaturverzeichnis über dieses Gebiet.

Herrn Professor Dr. D. LAUGWITZ danke ich aufrichtig für viele gute Ratschläge und für die Durchsicht des Manuskripts. Er bestärkte mich sehr in dem Vorhaben, das Buch zu schreiben, wozu mir ursprünglich Herr Professor Dr.-Ing. Dr.-Ing. E. h. K. KLÖPPEL riet. Das Buch entstand während meiner Tätigkeit im Institut für Praktische Mathematik der Technischen Hochschule Darmstadt bei Herrn Professor Dr. h.c. Dr. A. WALTHER. Ihm bin ich für großzügige Förderung meines Vorhabens sehr dankbar. Dank schulde ich weiterhin Herrn Dr. E. HÖHN und Herrn W. RUDERT für Duchsicht des Manuskripts und für Hilfe beim Korrekturlesen.

Nicht zuletzt gebührt mein Dank dem Verlag für gute Zusammenarbeit.

Darmstadt, 28. Januar 1966

EBERHARD KLINGBEIL

INHALTSVERZEICHNIS

KAPITEL 1

VEKTORALGEBRA IM EUKLIDISCHEN RAUM

1. Der affine Vektorraum und der Euklidische Vektorraum

Die Frage, was unter Vektoren zu verstehen ist, kann zu gewissen Unklarheiten führen. Man bezeichnet zum Beispiel in der Matrizenrechnung einzeilige oder einspaltige Matrizen als „Vektoren", nämlich Zeilenvektoren oder Spaltenvektoren. Sind diese „Vektoren" nun Vektoren oder nicht? Zur Beantwortung dieser Frage und zur Klärung grundlegender Begriffe wollen wir die Regeln der Vektorrechnung aufschreiben. Dazu gehen wir von den anschaulichen Definitionen aus: Wenn $\boldsymbol{a}$ und $\boldsymbol{b}$ zwei Vektoren sind, dann nennt man den Vektor $\boldsymbol{a}+\boldsymbol{b}$ gemäß Abbildung 1 die **Summe** der Vektoren $\boldsymbol{a}$ und $\boldsymbol{b}$.

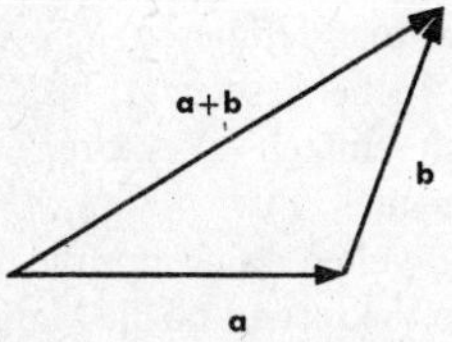

Abb. 1: Summe von Vektoren

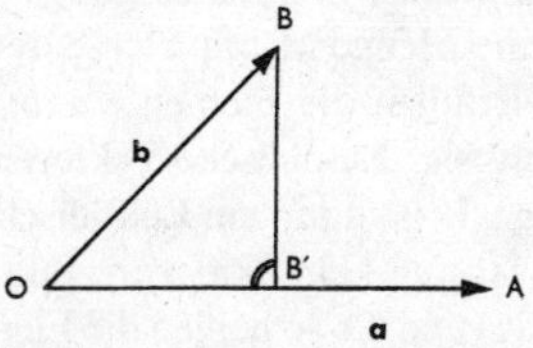

Abb. 2: Skalarprodukt

Weiterhin kennen wir die **Multiplikation eines Vektors $\boldsymbol{a}$ mit einem Skalar** α. Das Produkt $\alpha\,\boldsymbol{a}$ ist ein Vektor, der in Richtung des Vektors $\boldsymbol{a}$ zeigt und die α-fache Länge besitzt. Schließlich kennen wir noch das **Skalarprodukt $\boldsymbol{a} \cdot \boldsymbol{b}$**. Wie sein Name sagt, ist es ein Skalar. Seine Größe ist: „Länge des Vektors $\boldsymbol{a}$" mal „Länge der Projektion des Vektors $\boldsymbol{b}$ auf $\boldsymbol{a}$". In Abb. 2 bedeutet das

$$\boldsymbol{a} \cdot \boldsymbol{b} = OA \cdot OB'.$$

Für diese anschaulichen Definitionen gelten, wie man leicht erkennen kann, die folgenden Rechenregeln:

(1) Summe:
   a) $\boldsymbol{a}+\boldsymbol{b} = \boldsymbol{b}+\boldsymbol{a}$ (kommutatives Gesetz).
   b) $\boldsymbol{a}+(\boldsymbol{b}+\boldsymbol{c}) = (\boldsymbol{a}+\boldsymbol{b})+\boldsymbol{c} = \boldsymbol{a}+\boldsymbol{b}+\boldsymbol{c}$ (assoziatives Gesetz).
   c) Es gibt einen Nullvektor $\boldsymbol{0}$, so daß $\boldsymbol{a}+\boldsymbol{0} = \boldsymbol{a}$.

d) Zu jedem Vektor $\boldsymbol{a}$ gibt es einen Vektor $-\boldsymbol{a}$, so daß $\boldsymbol{a}+(-\boldsymbol{a})=\boldsymbol{0}$.

(2) Produkt eines Vektors mit einem Skalar:

a) $1\cdot\boldsymbol{a}=\boldsymbol{a}$

b) $\alpha(\beta\,\boldsymbol{a})=(\alpha\,\beta)\,\boldsymbol{a}=\alpha\,\beta\boldsymbol{a}$ (assoziatives Gesetz).

c) $(\alpha+\beta)\,\boldsymbol{a}=\alpha\,\boldsymbol{a}+\beta\,\boldsymbol{a}$ (distributives Gesetz für die skalare Addition).

d) $\alpha(\boldsymbol{a}+\boldsymbol{b})=\alpha\,\boldsymbol{a}+\alpha\,\boldsymbol{b}$ (distributives Gesetz für die Vektoraddition).

(3) Skalarprodukt:

a) $\boldsymbol{a}\cdot\boldsymbol{b}=\boldsymbol{b}\cdot\boldsymbol{a}$ (kommutatives Gesetz).

b) $(\alpha\,\boldsymbol{a})\cdot\boldsymbol{b}=\boldsymbol{a}\cdot(\alpha\,\boldsymbol{b})=\alpha(\boldsymbol{a}\cdot\boldsymbol{b})$ (assoziatives Gesetz für die Multiplikation mit einem Skalar).

c) $\boldsymbol{a}\cdot(\boldsymbol{b}+\boldsymbol{c})=\boldsymbol{a}\cdot\boldsymbol{b}+\boldsymbol{a}\cdot\boldsymbol{c}$ (distributives Gesetz).

d) Wenn $\boldsymbol{a}\cdot\boldsymbol{b}=0$ für einen beliebigen Vektor $\boldsymbol{b}$, dann gilt $\boldsymbol{a}=\boldsymbol{0}$.

Ein reines assoziatives Gesetz für das Skalarprodukt (wie Regel 1b für die Summe) gibt es nicht, weil $(\boldsymbol{a}\cdot\boldsymbol{b})\cdot\boldsymbol{c}$ nicht definiert ist, denn $\boldsymbol{a}\cdot\boldsymbol{b}$ ist ein Skalar.

Wir wollen nun die eingangs gestellte Frage klären. Dazu betrachten wir eine Menge M mit Elementen $\boldsymbol{a}, \boldsymbol{b}, \boldsymbol{c}$ usw. und definieren:

1. Erfüllen die Elemente $\boldsymbol{a}, \boldsymbol{b}, \boldsymbol{c}$ usw. die Rechengesetze (1) bis (3), so heißen sie **Euklidische Vektoren** oder auch einfach „Vektoren“. Die Menge M ist dann ein **Euklidischer Vektorraum.**

2. Ist nun kein Skalarprodukt erklärt und gelten daher nur die 8 Gesetze (1) und (2), so heißen die Elemente **affine Vektoren,** und die Menge M ist ein **affiner Vektorraum.**

Demnach sind die Vektoren der elementaren Vektorrechnung Euklidische Vektoren. Die Spalten- oder Zeilenmatrizen erweisen sich dagegen als affine Vektoren. Ist nämlich X eine Zeilenmatrix

$$X=(x_1, x_2, \ldots, x_n),$$

so gilt

$$X+Y=(x_1+y_1, x_2+y_2, \ldots, x_n+y_n)$$

$$\alpha X=(\alpha x_1, \alpha x_2, \ldots, \alpha x_n).$$

Man zeigt leicht, daß die Regeln (1) und (2) gelten. Hier sei als Beispiel die Regel (2d) gegeben:

$$\begin{aligned}\alpha(X+Y)&=[\alpha(x_1+y_1), \alpha(x_2+y_2), \ldots, \alpha(x_n+y_n)]\\&=(\alpha x_1+\alpha y_1, \alpha x_2+\alpha y_2, \ldots, \alpha x_n+\alpha y_n)\\&=(\alpha x_1, \alpha x_2, \ldots, \alpha x_n)+(\alpha y_1, \alpha y_2, \ldots, \alpha y_n)\\&=\alpha X+\alpha Y.\end{aligned}$$

Aufgrund der gegebenen Definitionen 1) und 2) kann man sich von der geometrischen Erklärung lösen und Vektoren durch ihre Eigenschaft definieren, gewisse algebraische Rechenregeln zu erfüllen. Es werden also Größen nicht anschaulich, sondern durch ihr Verhalten erklärt. Dieser typischen Betrachtungsweise werden wir noch öfter begegnen, so zum Beispiel bei der Definition von „Tensoren" oder der „Riemannschen Geometrie".

2. Der affine Punktraum und der Euklidische Punktraum

Wir hatten die Definition der Vektoren durch ihre Rechenregeln gegeben. Der Raum unserer Anschauung besteht aber aus Punkten und nicht aus Vektoren. Es fehlt uns also noch die Zuordnung der Vektoren zu den Punkten.

Man betrachtet eine Menge M_p von Punkten, die wir „Mannigfaltigkeit"[1] nennen wollen, und einen Vektorraum M_v. Dann definiert man folgende Zuordnung:

(4) Jedem Paar (A, B) von Punkten aus M_p soll ein Vektor $\boldsymbol{AB}$ des Vektorraumes M_v zugeordnet sein, der die folgenden Eigenschaften hat:

a) $\boldsymbol{AB} = -\boldsymbol{BA}$

b) $\boldsymbol{AB} = \boldsymbol{AC} + \boldsymbol{CB}$

c) Ist O irgendein Punkt von M_p, so gibt es zu jedem Vektor $\boldsymbol{x}$ aus M_v einen und nur einen Punkt X aus M_p, so daß

$$\boldsymbol{OX} = \boldsymbol{x}.$$

Man definiert nun:

Die Mannigfaltigkeit soll **Euklidischer Punktraum** heißen, wenn sie einem Euklidischen Vektorraum zugeordnet ist.

Die Mannigfaltigkeit soll **affiner Punktraum** heißen, wenn sie einem affinen Vektorraum zugeordnet ist.

Vorläufig werden wir uns nur mit dem Punktraum der Elementargeometrie beschäftigen, der nach den vorangegangenen Definitionen Euklidisch ist, denn für ihn gelten die Regeln (1) bis (4). Man kann diese Regeln heranziehen, um geometrische Sätze zu beweisen:

Beispiel 1

Satz des Thales: Der Peripheriewinkel über dem Durchmesser eines Kreises ist ein rechter Winkel.

Voraussetzung: (siehe Abb. 3)

$$|\boldsymbol{r}_1| = |\boldsymbol{r}_2| = |\boldsymbol{r}_3| = r \text{ (Kreis)}$$

$$\boldsymbol{r}_1 = -\boldsymbol{r}_2 \text{ (Durchmesser)}$$

[1] Die Definition der Mannigfaltigkeit wird auf Seite 174 nachgeholt.

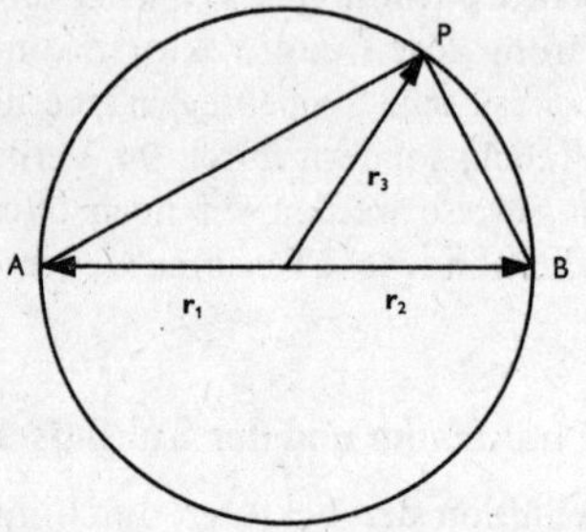

Abb. 3: Satz des Thales

Behauptung:

$$PA \perp PB, \quad \text{d.h.} \quad \boldsymbol{PA} \cdot \boldsymbol{PB} = 0$$

Beweis:

$$\boldsymbol{PA} \cdot \boldsymbol{PB} = (\boldsymbol{r}_1 - \boldsymbol{r}_3) \cdot (\boldsymbol{r}_2 - \boldsymbol{r}_3) = \boldsymbol{r}_1 \cdot \boldsymbol{r}_2 - \boldsymbol{r}_3 \cdot (\boldsymbol{r}_1 + \boldsymbol{r}_2) + \boldsymbol{r}_3 \cdot \boldsymbol{r}_3 .$$

Nach Voraussetzung ist darin

$$\boldsymbol{r}_1 \cdot \boldsymbol{r}_2 = -r^2$$

$$(\boldsymbol{r}_1 + \boldsymbol{r}_2) = \boldsymbol{0}$$

$$\boldsymbol{r}_3 \cdot \boldsymbol{r}_3 = r^2 .$$

Demnach gilt:

$$\boldsymbol{PA} \cdot \boldsymbol{PB} = 0,$$

was zu beweisen war.

Beispiel 2

Den Rechenregeln selbst liegen bereits geometrische Sätze zugrunde. Mit der Zuordnung (4) gibt Regel (2d) unmittelbar den Strahlensatz an:

$$\alpha(\boldsymbol{a} - \boldsymbol{b}) = \alpha\, \boldsymbol{a} - \alpha\, \boldsymbol{b}$$

(siehe Abb. 4).

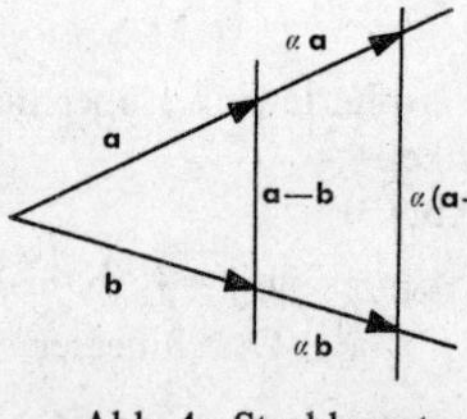

Abb. 4: Strahlensatz

Im kommutativen Gesetz (1 a) mit

$$\boldsymbol{a}+\boldsymbol{b} = \boldsymbol{b}+\boldsymbol{a}$$

verbirgt sich der Satz: Je zwei Gegenseiten eines Parallelogramms sind einander gleich.

3. Dimension und Basis

Die Vektoren $\boldsymbol{x}_1, \boldsymbol{x}_2 \ldots, \boldsymbol{x}_n$ heißen **linear abhängig,** wenn sich Zahlen $\alpha_1, \alpha_2, \ldots, \alpha_n$ angeben lassen, die nicht alle verschwinden, so daß

$$\alpha_1 \boldsymbol{x}_1 + \alpha_2 \boldsymbol{x}_2 + \cdots + \alpha_n \boldsymbol{x}_n = \boldsymbol{0}. \tag{1.1}$$

Lassen sich keine solchen Zahlen α_i finden, die diese Beziehung erfüllen, heißen die Vektoren $\boldsymbol{x}_i$ **linear unabhängig.**

Hiermit können wir die Dimension eines Vektorraums definieren: Ein Vektorraum ist **n-dimensional,** wenn es n linear unabhängige Vektoren gibt und je $(n+1)$ Vektoren linear abhängig sind. Für $n = 3$ gilt z. B.:

Drei Vektoren sind linear unabhängig und je vier sind linear abhängig. Das ist leicht einzusehen: Legt man nämlich die drei Vektoren in die drei Richtungen eines räumlichen kartesischen Achsenkreuzes, so sieht man, daß sie sich nicht durcheinander ausdrücken lassen. Jeder vierte Vektor läßt sich jedoch auf die drei beziehen. Man kann diese drei Vektoren also als „Basis" verwenden.

In n Dimensionen schreiben wir für die $(n+1)$ linear abhängigen Vektoren $\boldsymbol{x}_1, \boldsymbol{x}_2, \ldots, \boldsymbol{x}_n, \boldsymbol{x}$:

$$\lambda \boldsymbol{x} + \alpha_1 \boldsymbol{x}_1 + \alpha_2 \boldsymbol{x}_2 + \cdots + \alpha_n \boldsymbol{x}_n = \boldsymbol{0},$$

oder wegen $\lambda \neq 0$:

$$\boldsymbol{x} = -\frac{1}{\lambda} \sum_{i=1}^{n} \alpha_i \boldsymbol{x}_i. \tag{1.2}$$

Ein $(n+1)$ter Vektor ist also durch die anderen n darstellbar. Wir nennen die Vektoren $\boldsymbol{x}_1, \boldsymbol{x}_2, \ldots, \boldsymbol{x}_n$ **Basis** und bezeichnen sie mit $\boldsymbol{g}_1, \boldsymbol{g}_2, \ldots, \boldsymbol{g}_n$.

Die Koeffizienten $\frac{\alpha_i}{\lambda}$ bezeichnen wir mit x^i und nennen sie **Koordinaten** des Vektors $\boldsymbol{x}$ in bezug auf die Basis $\boldsymbol{g}_i$:

$$\boldsymbol{x} = \sum_{i=1}^{n} x^i \boldsymbol{g}_i. \tag{1.3}$$

Das soeben besprochene „Dimensionsaxiom" kann man wieder zum Beweis elementar-geometrischer Sätze heranziehen, wie die folgenden beiden Beispiele zeigen:

Beispiel 1

Satz: Die drei Verbindungsgeraden der Mittelpunkte der Gegenkanten eines Tetraeders schneiden sich in einem Punkt, dem Schwerpunkt.

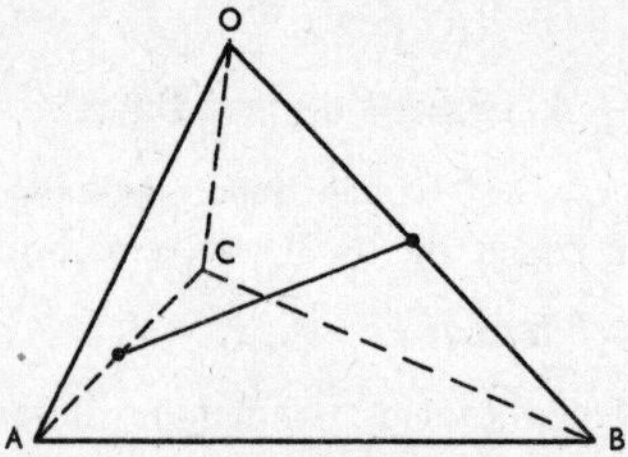

Abb. 5: Tetraeder

Beweis: Man verwendet einen Eckpunkt als Ursprung (siehe Abb. 5). Dann ist das Tetraeder durch die Vektoren $\boldsymbol{a} = \boldsymbol{OA}, \boldsymbol{b} = \boldsymbol{OB}$ und $\boldsymbol{c} = \boldsymbol{OC}$ gegeben. Jeder beliebige Punkt der eingezeichneten Verbindungslinie hat dann den Ortsvektor

$$\boldsymbol{x}_1 = \tfrac{1}{2}(\boldsymbol{c} + \boldsymbol{a}) + \lambda_1 \left(\frac{\boldsymbol{b}}{2} - \frac{\boldsymbol{c} + \boldsymbol{a}}{2} \right), \tag{1.4}$$

wenn λ_1 der (veränderliche) Parameter ist. Durch zyklische Vertauschung erhält man die „Gleichungen" der beiden anderen Verbindungslinien:

$$\boldsymbol{x}_2 = \tfrac{1}{2}(\boldsymbol{a} + \boldsymbol{b}) + \lambda_2 \left(\frac{\boldsymbol{c}}{2} - \frac{\boldsymbol{a} + \boldsymbol{b}}{2} \right) \tag{1.5}$$

$$\boldsymbol{x}_3 = \tfrac{1}{2}(\boldsymbol{b} + \boldsymbol{c}) + \lambda_3 \left(\frac{\boldsymbol{a}}{2} - \frac{\boldsymbol{b} + \boldsymbol{c}}{2} \right) \tag{1.6}$$

Für den Schnittpunkt der letzten beiden Verbindungslinien (1.5) und (1.6) gilt: $\boldsymbol{x}_2 = \boldsymbol{x}_3$.

Daraus folgt:

$$\boldsymbol{a}(1 - \lambda_2 - \lambda_3) + \boldsymbol{b}(\lambda_2 - \lambda_3) + \boldsymbol{c}(\lambda_2 + \lambda_3 - 1) = \boldsymbol{0}. \tag{1.7}$$

Weil das Tetraeder dreidimensional ist, müssen die drei Vektoren $\boldsymbol{a}, \boldsymbol{b}, \boldsymbol{c}$ linear unabhängig sein. Das ist aber nur der Fall, wenn alle Koeffizienten verschwinden:

$$\begin{aligned} 1 - \lambda_2 - \lambda_3 &= 0 \\ \lambda_2 - \lambda_3 &= 0 \\ \lambda_2 + \lambda_3 - 1 &= 0. \end{aligned} \tag{1.8}$$

Das sind drei Bestimmungsgleichungen für λ_2 und λ_3. Wir haben aber Glück: Die erste und die dritte Gleichung sind identisch miteinander. Man erhält:

$$\lambda_2 = \lambda_3 = \tfrac{1}{2}. \tag{1.9}$$

Der Ortsvektor des Schnittpunktes ist also

$$\boldsymbol{x} = \tfrac{1}{4}(\boldsymbol{a} + \boldsymbol{b} + \boldsymbol{c}). \tag{1.10}$$

Das ist aber bekanntlich der Ortsvektor des Schwerpunktes im Tetraeder. Wir müssen nun noch zeigen, daß $\boldsymbol{x}$ aus (1.10) auch die Gleichung (1.4) erfüllt. Einsetzen von (1.10) in (1.4) liefert auch

$$\lambda_1 = \tfrac{1}{2}.$$

Damit ist der Satz bewiesen.

Beispiel 2

Wir denken uns die drei Vektoren $\boldsymbol{a}, \boldsymbol{b}, \boldsymbol{c}$ des Beispiels 1 in einer Ebene liegend. Sie beschreiben dann ein ebenes Viereck. Man bringt nun (1.7) auf die Form

$$(\boldsymbol{a} - \boldsymbol{c})(1 - \lambda_2 - \lambda_3) + \boldsymbol{b}(\lambda_2 - \lambda_3) = \boldsymbol{0}.$$

In der Ebene müssen bereits die zwei Vektoren $(\boldsymbol{a} - \boldsymbol{c})$ und $\boldsymbol{b}$ linear unabhängig sein, woraus folgt:

$$1 - \lambda_2 - \lambda_3 = 0$$

$$\lambda_2 - \lambda_3 = 0.$$

Auch hier erhält man

$$\lambda_2 = \lambda_3 = \tfrac{1}{2}.$$

Der Tetraedersatz des Beispiels 1 gilt also auch im ebenen Viereck. Er muß nur noch gedeutet werden. Die Gegenkanten haben keinen Eckpunkt gemein. Das entspricht im Viereck den Gegenseiten. Eines der Paare von Gegenkanten wird im Viereck zu Diagonalen[1].

Damit lautet der Satz: In einem Viereck gehen die zwei Verbindungsgeraden der Mittelpunkte der Gegenseiten und die Verbindungsgerade der Mittelpunkte der Diagonalen durch einen Punkt und teilen einander im Verhältnis 1 : 1.

4. Die Summationskonvention

Wir werden es sehr oft mit Ausdrücken von der Art (1.3) zu tun haben:

$$\boldsymbol{x} = \sum_{i=1}^{n} x^i \boldsymbol{g}_i.$$

[1] Im „vollständigen" Viereck entfällt wie beim Tetraeder die Sonderstellung der Diagonalen.

Das Summensymbol ist auf die Dauer schwerfällig. Deshalb vereinbaren wir nach EINSTEIN die folgende **Summationskonvention:**

Tritt in einem Produkt ein und derselbe Index zweimal auf, einmal oben und einmal unten, so ist über den Index von 1 bis n zu summieren.

Für (1.3) schreiben wir also

$$\boldsymbol{x} = x^i \boldsymbol{g}_i \quad \text{statt} \quad \boldsymbol{x} = \sum_{i=1}^{n} x^i \boldsymbol{g}_i. \tag{1.11}$$

Wir wollen uns von jetzt an mit dem dreidimensionalen Euklidischen Raum befassen. Es ist dann $n = 3$ und wir haben in (1.11)

$$\boldsymbol{x} = x^i \boldsymbol{g}_i = x^1 \boldsymbol{g}_1 + x^2 \boldsymbol{g}_2 + x^3 \boldsymbol{g}_3. \tag{1.12}$$

Weitere **Beispiele:**

1. $z = x^i y_i = x^1 y_1 + x^2 y_2 + x^3 y_3$.

2. $z = x^{ij} y_i y_j = \sum_{i=1}^{3} \sum_{j=1}^{3} x^{ij} y_i y_j = x^{11} y_1 y_1 + x^{12} y_1 y_2 + x^{13} y_1 y_3 +$
$+ x^{21} y_2 y_1 + x^{22} y_2 y_2 + x^{23} y_2 y_3 + x^{31} y_3 y_1 + x^{32} y_3 y_2 + x^{33} y_3 y_3$.

3. $z^i = x^{ij} y_j = x^{i1} y_1 + x^{i2} y_2 + x^{i3} y_3$.

In diesem Fall haben wir drei Gleichungen, weil der Index i auch die Werte 1 oder 2 oder 3 annehmen kann. Sie lauten:

$$z^1 = x^{11} y_1 + x^{12} y_2 + x^{13} y_3$$
$$z^2 = x^{21} y_1 + x^{22} y_2 + x^{23} y_3$$
$$z^3 = x^{31} y_1 + x^{32} y_2 + x^{33} y_3.$$

Die Summationskonvention ist für die Tensorrechnung von grundlegender Wichtigkeit. Deshalb kommen wir nochmals auf die Vektorrechnung zurück, um sie in dieser Schreibweise kennenzulernen.

5. Skalarprodukt, Abstand, Winkel

Es soll das Skalarprodukt $\boldsymbol{x} \cdot \boldsymbol{y}$ der beiden Vektoren $\boldsymbol{x}$ und $\boldsymbol{y}$ gebildet werden:

$$\boldsymbol{x} = x^i \boldsymbol{g}_i = x^1 \boldsymbol{g}_1 + x^2 \boldsymbol{g}_2 + x^3 \boldsymbol{g}_3 \tag{1.13}$$

$$\boldsymbol{y} = y^i \boldsymbol{g}_i = y^1 \boldsymbol{g}_1 + y^2 \boldsymbol{g}_2 + y^3 \boldsymbol{g}_3. \tag{1.14}$$

Nach den Rechenregeln (2) und (3) erhalten wir ausführlich:

$$\begin{aligned} \boldsymbol{x} \cdot \boldsymbol{y} = {} & x^1 y^1 \boldsymbol{g}_1 \cdot \boldsymbol{g}_1 + x^1 y^2 \boldsymbol{g}_1 \cdot \boldsymbol{g}_2 + x^1 y^3 \boldsymbol{g}_1 \cdot \boldsymbol{g}_3 + \\ & + x^2 y^1 \boldsymbol{g}_2 \cdot \boldsymbol{g}_1 + x^2 y^2 \boldsymbol{g}_2 \cdot \boldsymbol{g}_2 + x^2 y^3 \boldsymbol{g}_2 \cdot \boldsymbol{g}_3 + \\ & + x^3 y^1 \boldsymbol{g}_3 \cdot \boldsymbol{g}_1 + x^3 y^2 \boldsymbol{g}_3 \cdot \boldsymbol{g}_2 + x^3 y^3 \boldsymbol{g}_3 \cdot \boldsymbol{g}_3 . \end{aligned} \tag{1.15}$$

Man wäre nun versucht, mit (1.13) und (1.14) nach der Summationskonvention zu schreiben:

$$\boldsymbol{x} \cdot \boldsymbol{y} = x^i y^i \boldsymbol{g}_i \cdot \boldsymbol{g}_i .$$

Wie man leicht erkennt, ist diese Formel völlig sinnlos. Wenn bereits nach (1.13) über einen Index summiert ist, darf dieser Index nicht mehr verwendet werden. Deshalb ändert man in (1.14) den Index i in j um:

$$\boldsymbol{y} = y^j \boldsymbol{g}_j . \tag{1.16}$$

Das ist tatsächlich dasselbe wie (1.14), denn es ist völlig gleichgültig, ob man über einen Index i oder einen Index j von 1 bis 3 summiert.

Mit (1.13) und (1.16) erhält man für das Skalarprodukt die Darstellung:

$$\boldsymbol{x} \cdot \boldsymbol{y} = x^i y^j \boldsymbol{g}_i \cdot \boldsymbol{g}_j . \tag{1.17}$$

Schreibt man diese Doppelsumme aus, so erhält man wirklich (1.15). Wir interessieren uns nun für den **Abstand** d zweier Punkte A und B, der durch die Länge des Vektors $\boldsymbol{AB}$ dargestellt werden kann:

$$\mathrm{d} = |\boldsymbol{AB}| .$$

Daraus folgt

$$\mathrm{d}^2 = \boldsymbol{AB} \cdot \boldsymbol{AB} . \tag{1.18}$$

Der Vektor $\boldsymbol{AB} = \boldsymbol{x}$ habe nun in der Basis $\boldsymbol{g}_i$ die Koordinaten x^i:

$$\boldsymbol{AB} = \boldsymbol{x} = x^i \boldsymbol{g}_i .$$

Im zweiten Faktor von (1.18) wird wieder der Index i in j geändert und es entsteht:

$$\mathrm{d}^2 = \boldsymbol{x} \cdot \boldsymbol{x} = x^i x^j \boldsymbol{g}_i \cdot \boldsymbol{g}_j . \tag{1.19}$$

Das Skalarprodukt $\boldsymbol{g}_i \cdot \boldsymbol{g}_j$ ist ein Skalar. Um das besser sichtbar zu machen, wollen wir ihn mit g_{ij} benennen:

$$\boldsymbol{g}_i \cdot \boldsymbol{g}_j = g_{ij} . \tag{1.20}$$

Weil i und j von 1 bis 3 laufen, gibt es im ganzen 9 Größen g_{ij}, die wir in einer quadratischen Matrix anordnen wollen:

$$(g_{ij}) = \begin{pmatrix} g_{11} & g_{12} & g_{13} \\ g_{21} & g_{22} & g_{23} \\ g_{31} & g_{32} & g_{33} \end{pmatrix}. \tag{1.21}$$

Diese Matrix der g_{ij} ist symmetrisch, weil für das Skalarprodukt (1.20) das kommutative Gesetz (Regel 3a von Seite 14) gilt. Für die Länge eines Vektors $\boldsymbol{x}$ ergibt sich damit nach (1.19):

$$\mathrm{d} = |\boldsymbol{x}| = \sqrt{g_{ij}\, x^i x^j}. \tag{1.22}$$

Die Länge des Vektors $\boldsymbol{x}$ hängt also nicht nur von seinen Koordinaten ab, sondern auch von den Koeffizienten g_{ij}. Weil man die Länge d „messen" kann, sollen die g_{ij} „Maßkoeffizienten" oder **Metrikkoeffizienten** heißen. Einen Punktraum, in dem gemäß (1.22) ein solcher Abstand gegeben ist, nennt man einen **metrischen Raum.** Durch die Metrikkoeffizienten wird eine **Metrik** definiert. Der Euklidische Raum ist demnach metrisch. Der Abstand ist in ihm stets positiv:

$$\boldsymbol{x}^2 > 0.$$

In der speziellen Relativitätstheorie tritt dagegen ein anderer metrischer Raum auf, in dem auch

$$\boldsymbol{x}^2 \leqq 0$$

sein kann. In ihm gibt es imaginäre Längen. Ein solcher Raum soll **pseudoeuklidisch** heißen. Im Gegensatz dazu nennt man den Euklidischen Raum auch **eigentlich euklidisch.**

Schließlich kommen wir noch zum Winkel ϕ zwischen zwei Vektoren $\boldsymbol{x}$ und $\boldsymbol{y}$:
Aus

$$\boldsymbol{x} \cdot \boldsymbol{y} = |\boldsymbol{x}|\,|\boldsymbol{y}| \cos\phi$$

folgt

$$\cos\phi = \frac{\boldsymbol{x} \cdot \boldsymbol{y}}{|\boldsymbol{x}|\,|\boldsymbol{y}|}.$$

Nach (1.17) und (1.22) erhält man dafür in „Indexschreibweise":

$$\cos\phi = \frac{g_{ij}\, x^i y^j}{\sqrt{g_{ij}\, x^i x^j}\, \sqrt{g_{kl}\, y^k y^l}}. \tag{1.23}$$

6. Die orthonormierte Basis

Im cartesischen Koordinatensystem stehen die Grundvektoren $\boldsymbol{g}_i$ aufeinander senkrecht:

$$\boldsymbol{g}_i \cdot \boldsymbol{g}_j = 0 \qquad \text{für } i \neq j.$$

Sie sind „orthogonal". Außerdem soll es sich um Einheitsvektoren handeln. Ihre Längen sind auf 1 „normiert":

$$\boldsymbol{g}_i \cdot \boldsymbol{g}_j = 1 \qquad \text{für } i = j.$$

Demnach ist für eine solche **orthonormierte** Basis die Matrix der Metrikkoeffizienten gleich der Einheitsmatrix:

$$(g_{ij}) = \begin{pmatrix} 1 & 0 & 0 \\ 0 & 1 & 0 \\ 0 & 0 & 1 \end{pmatrix}.$$

Weil wir keine Matrizenrechnung treiben wollen, sondern uns der kürzeren „Indexschreibweise" bedienen, ist es nötig, für die „Einheitsmatrix" ein neues Symbol einzuführen. Man nennt es **Kronecker-Symbol** oder Kronecker-Delta und definiert es durch

$$\delta_{ij} = \begin{cases} 1 & \text{für} \quad i = j \\ 0 & \text{für} \quad i \neq j. \end{cases}$$

Im dreidimensionalen Raum ist seine Matrix

$$(\delta_{ij}) = \begin{pmatrix} 1 & 0 & 0 \\ 0 & 1 & 0 \\ 0 & 0 & 1 \end{pmatrix}.$$

In der Ebene, wo i und j nur von 1 bis 2 laufen, ist entsprechend

$$(\delta_{ij}) = \begin{pmatrix} 1 & 0 \\ 0 & 1 \end{pmatrix}.$$

Für eine orthonormierte Basis gilt demnach

$$\boldsymbol{g}_i \cdot \boldsymbol{g}_j = \delta_{ij}.$$

Von jetzt an wollen wir in diesem Fall die Basisvektoren nicht mit $\boldsymbol{g}_i$, sondern mit $\boldsymbol{e}_i$ bezeichnen. Die $\boldsymbol{e}_i$ sind also Einheitsvektoren, die aufeinander senkrecht stehen, so daß stets gilt:

$$\boldsymbol{e}_i \cdot \boldsymbol{e}_j = \delta_{ij}. \tag{1.24}$$

Wie sehen nun das Skalarprodukt und die Länge eines Vektors in einer orthonormierten Basis aus?

Man hat die Vektoren

$$\boldsymbol{x} = x^i \boldsymbol{e}_i$$

$$\boldsymbol{y} = y^j \boldsymbol{e}_j$$

und demnach das Skalarprodukt

$$\boldsymbol{x} \cdot \boldsymbol{y} = x^i y^j \boldsymbol{e}_i \cdot \boldsymbol{e}_j$$

oder

$$\boldsymbol{x} \cdot \boldsymbol{y} = x^i y^j \delta_{ij} = x^1 y^1 + x^2 y^2 + x^3 y^3. \tag{1.25}$$

Für die Länge d des Vektors $\boldsymbol{x}$ gilt:

$$\mathrm{d}^2 = \boldsymbol{x} \cdot \boldsymbol{x} = x^i \boldsymbol{e}_i \cdot x^j \boldsymbol{e}_j = x^i x^j \boldsymbol{e}_i \cdot \boldsymbol{e}_j$$

oder

$$\mathrm{d}^2 = x^i x^j \delta_{ij} = (x^1)^2 + (x^2)^2 + (x^3)^2. \tag{1.26}$$

Die Beziehungen (1.25) und (1.26) sind aus der elementaren Vektorrechnung bekannt.

Beispiel:

Gegeben sei außer der orthonormierten Basis $\boldsymbol{e}_i$ die schiefwinklige Basis $\boldsymbol{g}_i$ mit

$$\boldsymbol{g}_1 = \boldsymbol{e}_1$$

$$\boldsymbol{g}_2 = \boldsymbol{e}_1 + \boldsymbol{e}_2$$

$$\boldsymbol{g}_3 = \boldsymbol{e}_1 + \boldsymbol{e}_2 + \boldsymbol{e}_3$$

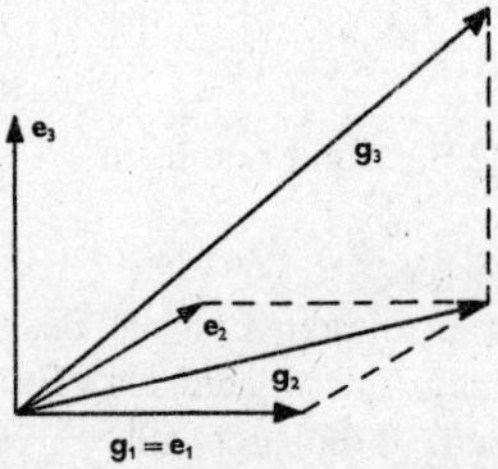

Abb. 6: Schiefwinklige Basis

(siehe nebenstehende Abb. 6). Gegeben seien weiterhin die Vektoren

$$\boldsymbol{x} = 2\boldsymbol{e}_1 + 2\boldsymbol{e}_2 + \boldsymbol{e}_3$$

$$\boldsymbol{y} = -\boldsymbol{e}_1 - \boldsymbol{e}_2 + 4\boldsymbol{e}_3.$$

Nach (1.25) ist

$$\boldsymbol{x} \cdot \boldsymbol{y} = -2 - 2 + 4 = 0,$$

und nach (1.26):

$$|\boldsymbol{x}| = \sqrt{4+4+1} = 3$$

$$|\boldsymbol{y}| = \sqrt{1+1+16} = 3\sqrt{2}.$$

Es sollen $\boldsymbol{x} \cdot \boldsymbol{y}$ und $|\boldsymbol{x}|$ in der schiefwinkligen Basis berechnet werden. Aus

$$\boldsymbol{e}_1 = \boldsymbol{g}_1$$

$$\boldsymbol{e}_2 = \boldsymbol{g}_2 - \boldsymbol{g}_1$$

$$\boldsymbol{e}_3 = \boldsymbol{g}_3 - \boldsymbol{g}_2$$

erhält man die Vektoren in der schiefwinkligen Basis $\boldsymbol{g}_i$:

$$\boldsymbol{x} = \boldsymbol{g}_2 + \boldsymbol{g}_3 \qquad x^1 = 0, \quad x^2 = 1, \quad x^3 = 1,$$

$$\boldsymbol{y} = -5\boldsymbol{g}_2 + 4\boldsymbol{g}_3 \qquad y^1 = 0, \quad y^2 = -5, \quad y^3 = 4.$$

Die Metrikkoeffizienten lauten:

$$(g_{ij}) = (\boldsymbol{g}_i \cdot \boldsymbol{g}_j) = \begin{pmatrix} 1 & 1 & 1 \\ 1 & 2 & 2 \\ 1 & 2 & 3 \end{pmatrix}.$$

Damit ergibt sich nach (1.17) für das Skalarprodukt:

$$\begin{aligned} \boldsymbol{x} \cdot \boldsymbol{y} = x^i y^j g_{ij} &= 0 \cdot 0 \cdot 1 + 0 \cdot (-5) \cdot 1 + 0 \cdot 4 \cdot 1 \\ &+ 1 \cdot 0 \cdot 1 + 1 \cdot (-5) \cdot 2 + 1 \cdot 4 \cdot 2 \\ &+ 1 \cdot 0 \cdot 1 + 1 \cdot (-5) \cdot 2 + 1 \cdot 4 \cdot 3 \\ &= -10 + 8 - 10 + 12 = 0. \end{aligned}$$

Nach (1.22) ist

$$\begin{aligned} |\boldsymbol{x}|^2 = x^i x^j g_{ij} &= 0 \cdot 0 \cdot 1 + 0 \cdot 1 \cdot 1 + 0 \cdot 1 \cdot 1 \\ &+ 1 \cdot 0 \cdot 1 + 1 \cdot 1 \cdot 2 + 1 \cdot 1 \cdot 2 \\ &+ 1 \cdot 0 \cdot 1 + 1 \cdot 1 \cdot 2 + 1 \cdot 1 \cdot 3 = 9. \end{aligned}$$

Die Länge ist also $|\boldsymbol{x}| = 3$, wie in der anderen Basis.

7. Kovariante und kontravariante Basis

Sei $\boldsymbol{g}_1, \boldsymbol{g}_2, \boldsymbol{g}_3$ wieder eine Basis im dreidimensionalen Euklidischen Raum. Wir konstruieren nun eine zweite Basis $\boldsymbol{g}^1, \boldsymbol{g}^2, \boldsymbol{g}^3$. Bei der zweiten Basis $\boldsymbol{g}^i$ schreibt man die Indizes oben, um sie von der ersten Basis $\boldsymbol{g}_i$ zu unterscheiden. Die Grundvektoren dieser beiden Basen sollen miteinander durch die folgenden Beziehungen verknüpft sein:

$$\boldsymbol{g}_i \cdot \boldsymbol{g}^j = \delta_i^j. \tag{1.27}$$

Ausführlich geschrieben lautet das

$$\begin{array}{lll} \boldsymbol{g}_1 \cdot \boldsymbol{g}^1 = 1 & \boldsymbol{g}_1 \cdot \boldsymbol{g}^2 = 0 & \boldsymbol{g}_1 \cdot \boldsymbol{g}^3 = 0 \\ \boldsymbol{g}_2 \cdot \boldsymbol{g}^1 = 0 & \boldsymbol{g}_2 \cdot \boldsymbol{g}^2 = 1 & \boldsymbol{g}_2 \cdot \boldsymbol{g}^3 = 0 \\ \boldsymbol{g}_3 \cdot \boldsymbol{g}^1 = 0 & \boldsymbol{g}_3 \cdot \boldsymbol{g}^2 = 0 & \boldsymbol{g}_3 \cdot \boldsymbol{g}^3 = 1. \end{array}$$

Ist die Basis $\boldsymbol{g}_i$ bekannt, so kann man mit Hilfe dieser 9 Gleichungen die Basis $\boldsymbol{g}^i$ bestimmen. Gelten nun zwischen zwei Basen $\boldsymbol{g}_i$ und $\boldsymbol{g}^i$ die Beziehungen (1.27), so nennt man

$\boldsymbol{g}_i$ die **kovariante Basis**

und

$\boldsymbol{g}^i$ die **kontravariante Basis.**

Prinzipiell wäre auch eine umgekehrte Ausdrucksweise möglich. Der Einheitlichkeit halber nennt man jedoch die Grundvektoren kovariant, wenn die Indizes unten stehen, kontravariant, wenn die Indizes oben stehen.

Gemäß (1.20) nennen wir

$$g_{ij} = \boldsymbol{g}_i \cdot \boldsymbol{g}_j \tag{1.28}$$

die **kovarianten Metrikkoeffizienten** und

$$g^{ij} = \boldsymbol{g}^i \cdot \boldsymbol{g}^j \tag{1.29}$$

die **kontravarianten Metrikkoeffizienten.**

Wir wollen nun die kontravariante Basis durch die kovariante ausdrücken. Dazu dient der Ansatz

$$\begin{aligned} \boldsymbol{g}^1 &= A^{11}\boldsymbol{g}_1 + A^{12}\boldsymbol{g}_2 + A^{13}\boldsymbol{g}_3 \\ \boldsymbol{g}^2 &= A^{21}\boldsymbol{g}_1 + A^{22}\boldsymbol{g}_2 + A^{23}\boldsymbol{g}_3 \\ \boldsymbol{g}^3 &= A^{31}\boldsymbol{g}_1 + A^{32}\boldsymbol{g}_2 + A^{33}\boldsymbol{g}_3 \end{aligned}$$

oder kurz:

$$\boldsymbol{g}^i = A^{ij}\boldsymbol{g}_j. \tag{1.30}$$

Hier sieht man wieder, welche Erleichterung die Summationskonvention bietet.

Die 9 Zahlen A^{ij} sind unbekannt und müssen mit Hilfe von (1.27) berechnet werden. Wir multiplizieren auf beiden Seiten skalar mit $\boldsymbol{g}^k$:

$$\boldsymbol{g}^i \cdot \boldsymbol{g}^k = A^{ij} \boldsymbol{g}_j \cdot \boldsymbol{g}^k.$$

Mit (1.27) und (1.29) erhält man:

$$g^{ik} = A^{ij} \delta^k_j. \tag{1.31}$$

Was bedeutet hier die rechte Seite? Weil δ^k_j das Kronecker-Symbol ist, findet A^{ij} nur dann den Faktor 1 vor, wenn $j = k$ ist. Man kann also schreiben:

$$A^{ij} \delta^k_j = A^{ik}.$$

Das ist eine wesentliche **Rechenregel** für das Kronecker-Symbol, nämlich die Regel vom **Austausch der Indizes:**

Wird über einen Index im Kronecker-Symbol summiert, so kann man das Symbol ganz weglassen und seinen anderen Index gegen den Summationsindex austauschen.

In unserem Fall also:

$$A^{ij} \delta^k_j = A^{ij} \delta^k_j = A^{ik}.$$

Ein anderes Beispiel:

$$B_{kl} \delta^l_n = B_{kl} \delta^l_n = B_{kn}.$$

Nach dieser Abschweifung gehen wir zurück zu (1.31) und erhalten:

$$A^{ik} = g^{ik}$$

und in (1.30):

$$\boldsymbol{g}^i = g^{ij} \boldsymbol{g}_j. \tag{1.32}$$

Ganz entsprechend gewinnt man

$$\boldsymbol{g}_i = g_{ij} \boldsymbol{g}^j. \tag{1.33}$$

Hiermit haben wir die Basis $\boldsymbol{g}^i$ durch die Basis $\boldsymbol{g}_i$ ausgedrückt. Wir sind aber noch nicht ganz fertig, denn man kennt zwar die kovariante Basis $\boldsymbol{g}_i$ und damit die kovarianten Metrikkoeffizienten g_{ij}. Die kontravarianten Metrikkoeffizienten g^{ij} in (1.32) sind aber noch unbekannt. Deshalb multipliziert man in (1.32) beiderseitig mit $\boldsymbol{g}_k$. Dazu schreibt man statt (1.33):

$$\boldsymbol{g}_k = g_{kl} \boldsymbol{g}^l.$$

Dann liefert (1.32):

$$\boldsymbol{g}^i \cdot \boldsymbol{g}_k = g^{ij} g_{kl} \boldsymbol{g}_j \cdot \boldsymbol{g}^l$$

oder

$$\delta^i_k = g^{ij} g_{kl} \delta^l_j.$$

Rechts wird die Regel vom Austausch der Indizes beim Kronecker-Symbol angewandt und liefert:

$$g^{ij} g_{jk} = \delta^i_k. \tag{1.34}$$

Diese Beziehung lautet in Matrizenschreibweise:

$$\begin{pmatrix} g^{11} & g^{12} & g^{13} \\ g^{21} & g^{22} & g^{23} \\ g^{31} & g^{32} & g^{33} \end{pmatrix} \cdot \begin{pmatrix} g_{11} & g_{12} & g_{13} \\ g_{21} & g_{22} & g_{23} \\ g_{31} & g_{32} & g_{33} \end{pmatrix} = \begin{pmatrix} 1 & 0 & 0 \\ 0 & 1 & 0 \\ 0 & 0 & 1 \end{pmatrix}.$$

Die Matrix (g^{ij}) ist also die Inverse der Matrix (g_{ij}). Man kann demnach die kontravarianten Metrikkoeffizienten durch Matrixinversion aus den kovarianten berechnen. Aus (1.32) findet man dann auch die kontravariante Basis.

Es gibt aber noch eine Möglichkeit, die kontravariante Basis direkt zu bestimmen, allerdings nur im dreidimensionalen Raum:

Der Vektor $\boldsymbol{g}^1$ steht nach (1.27) senkrecht auf $\boldsymbol{g}_2$ und $\boldsymbol{g}_3$. Er muß also die Richtung des Vektorprodukts $\boldsymbol{g}_2 \times \boldsymbol{g}_3$ haben. Wir machen deswegen den Ansatz

$$\alpha \boldsymbol{g}^1 = \boldsymbol{g}_2 \times \boldsymbol{g}_3.$$

Weiter ist nach (1.27):

$$\alpha(\boldsymbol{g}^1 \cdot \boldsymbol{g}_1) = \alpha = (\boldsymbol{g}_2 \times \boldsymbol{g}_3) \cdot \boldsymbol{g}_1.$$

Der Faktor α ist also ein Spatprodukt:

$$\alpha = (\boldsymbol{g}_2 \times \boldsymbol{g}_3) \cdot \boldsymbol{g}_1 = [\boldsymbol{g}_1, \boldsymbol{g}_2, \boldsymbol{g}_3].$$

Man erhält demnach

$$\begin{aligned} \boldsymbol{g}^1 &= \frac{\boldsymbol{g}_2 \times \boldsymbol{g}_3}{[\boldsymbol{g}_1, \boldsymbol{g}_2, \boldsymbol{g}_3]} \\ \boldsymbol{g}^2 &= \frac{\boldsymbol{g}_3 \times \boldsymbol{g}_1}{[\boldsymbol{g}_1, \boldsymbol{g}_2, \boldsymbol{g}_3]} \\ \boldsymbol{g}^3 &= \frac{\boldsymbol{g}_1 \times \boldsymbol{g}_2}{[\boldsymbol{g}_1, \boldsymbol{g}_2, \boldsymbol{g}_3]}. \end{aligned} \tag{1.35}$$

Beispiel 1: Gegeben sei die kovariante Basis

$$\boldsymbol{g}_1 = \boldsymbol{e}_1$$
$$\boldsymbol{g}_2 = \boldsymbol{e}_1 + \boldsymbol{e}_2$$
$$\boldsymbol{g}_3 = \boldsymbol{e}_1 + \boldsymbol{e}_2 + \boldsymbol{e}_3.$$

Gesucht sind die kontravariante Basis und die kovarianten und kontravarianten Metrikkoeffizienten.

Man rechnet

$$[\boldsymbol{g}_1, \boldsymbol{g}_2, \boldsymbol{g}_3] = \begin{vmatrix} 1 & 0 & 0 \\ 1 & 1 & 0 \\ 1 & 1 & 1 \end{vmatrix} = 1.$$

Demnach ist nach (1.35):

$$\boldsymbol{g}^1 = \boldsymbol{g}_2 \times \boldsymbol{g}_3 = \begin{vmatrix} \boldsymbol{e}_1 & \boldsymbol{e}_2 & \boldsymbol{e}_3 \\ 1 & 1 & 0 \\ 1 & 1 & 1 \end{vmatrix} = \boldsymbol{e}_1 - \boldsymbol{e}_2$$

und entsprechend

$$\boldsymbol{g}^2 = \boldsymbol{g}_3 \times \boldsymbol{g}_1 = \boldsymbol{e}_2 - \boldsymbol{e}_3$$
$$\boldsymbol{g}^3 = \boldsymbol{g}_1 \times \boldsymbol{g}_2 = \boldsymbol{e}_3.$$

Die Metrikkoeffizienten berechnen sich aus (1.28) und (1.29) zu

$$(g_{ik}) = \begin{pmatrix} 1 & 1 & 1 \\ 1 & 2 & 2 \\ 1 & 2 & 3 \end{pmatrix}$$

$$(g^{ik}) = \begin{pmatrix} 2 & -1 & 0 \\ -1 & 2 & -1 \\ 0 & -1 & 1 \end{pmatrix}.$$

Man bestätigt zur Kontrolle, daß gemäß (1.34) gilt:

$$\begin{pmatrix} 1 & 1 & 1 \\ 1 & 2 & 2 \\ 1 & 2 & 3 \end{pmatrix} \cdot \begin{pmatrix} 2 & -1 & 0 \\ -1 & 2 & -1 \\ 0 & -1 & 1 \end{pmatrix} = \begin{pmatrix} 1 & 0 & 0 \\ 0 & 1 & 0 \\ 0 & 0 & 1 \end{pmatrix}.$$

Beispiel 2:

Gegeben sei in der Ebene die kovariante Basis:

$$g_1 = e_1$$

$$g_2 = e_1 + e_2.$$

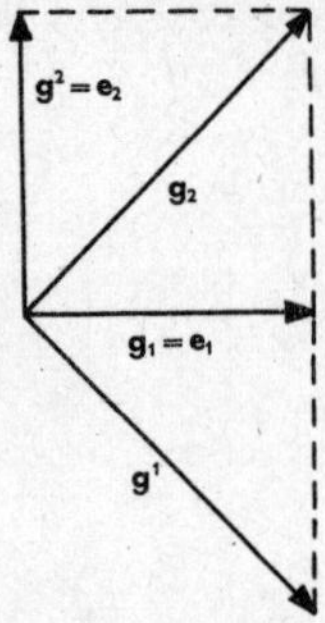

Abb. 7: Ko- und kontravariante Basis

Nach (1.27) steht g^2 senkrecht auf g_1 und g^1 senkrecht auf g_2.

Außerdem ist

$$g^1 \cdot g_1 = |g^1| \cdot 1 \cdot \cos 45° = 1$$

$$g^2 \cdot g_2 = |g^2| \cdot \sqrt{2} \cdot \cos 45° = 1,$$

also

$$|g^1| = \sqrt{2}$$

$$|g^2| = 1.$$

Man kann die kontravariante Basis also schon einzeichnen (Abb. 7). Jetzt wenden wir aber die Matrizeninversion an.

Aus

$$g_{ij} = g_i \cdot g_j$$

erhält man

$$(g_{ij}) = \begin{pmatrix} 1 & 1 \\ 1 & 2 \end{pmatrix}.$$

Die hierzu inverse Matrix ist nach (1.34) die Matrix der kontravarianten Metrikkoeffizienten g^{ij}.

Man rechnet aus:

$$(g^{ij}) = \begin{pmatrix} 2 & -1 \\ -1 & 1 \end{pmatrix}.$$

Aus (1.32) folgt dann für die kontravariante Basis:

$$\boldsymbol{g}^1 = g^{11}\boldsymbol{g}_1 + g^{12}\boldsymbol{g}_2 = 2\boldsymbol{g}_1 - \boldsymbol{g}_2$$
$$\boldsymbol{g}^2 = g^{21}\boldsymbol{g}_1 + g^{22}\boldsymbol{g}_2 = -\boldsymbol{g}_1 + \boldsymbol{g}_2$$

oder

$$\boldsymbol{g}^1 = \boldsymbol{e}_1 - \boldsymbol{e}_2$$
$$\boldsymbol{g}^2 = \boldsymbol{e}_2.$$

8. Kovariante und kontravariante Komponenten eines Vektors

Jetzt wollen wir einen Vektor $\boldsymbol{A}$ sowohl in der kovarianten als auch in der kontravarianten Basis darstellen. In der kovarianten Basis $\boldsymbol{g}_i$ schreibt man

$$\boldsymbol{A} = A^i \boldsymbol{g}_i.$$

Der Index der Komponenten A^i steht oben, um die Summation über i zu gewährleisten. Entsprechend schreibt man in der kontravarianten Basis $\boldsymbol{g}^i$:

$$\boldsymbol{A} = A_i \boldsymbol{g}^i.$$

Wir wollen nun die Abhängigkeit der A^i und A_i voneinander feststellen. Dazu multipliziert man die Beziehung

$$\boldsymbol{A} = A^i \boldsymbol{g}_i = A_i \boldsymbol{g}^i$$

skalar mit $\boldsymbol{g}^j$ und erhält:

$$A^i \delta_i^j = A_i g^{ij}$$

oder

$$A^j = g^{ij} A_i. \tag{1.36}$$

Entsprechend ergibt die skalare Multiplikation mit $\boldsymbol{g}_j$:

$$A_j = g_{ij} A^i. \tag{1.37}$$

Man vergleicht nun diese Beziehungen (1.36) und (1.37) für die Komponenten mit den Beziehungen (1.32) und (1.33) für die Grundvektoren.

Dabei stellt man fest, daß die A_j den kovarianten und die A^j den kontravarianten Grundvektoren entsprechen. Deshalb nennt man

A_j die **kovarianten Komponenten** des Vektors $\boldsymbol{A}$,
A^j die **kontravarianten Komponenten** des Vektors $\boldsymbol{A}$.

Damit ergeben sich aber wieder zwei wichtige **Rechenregeln:**

1. Heraufziehen des Index:

Durch Multiplikation mit den kontravarianten Metrikkoeffizienten wird ein unterer Index heraufgezogen. Zum Beispiel

$$A^i = g^{ij} A_j \qquad \text{oder} \qquad \boldsymbol{g}^i = g^{ij} \boldsymbol{g}_j.$$

(Der Index von A_j bzw. $\boldsymbol{g}_j$ wird heraufgezogen und es entsteht A^i bzw. $\boldsymbol{g}^i$.)

2. Herunterziehen des Index:

Durch Multiplikation mit den kovarianten Metrikkoeffizienten wird ein oberer Index heruntergezogen. Zum Beispiel:

$$A_i = g_{ij} A^j \qquad \text{oder} \qquad \boldsymbol{g}_i = g_{ij} \boldsymbol{g}^j.$$

Es liegt nahe, auch **gemischte Metrikkoeffizienten** zu definieren, nämlich entsprechend (1.28) und (1.29):

$$g^i_j = \boldsymbol{g}^i \cdot \boldsymbol{g}_j. \tag{1.38}$$

Nach (1.27) ist

$$g^i_j = \delta^i_j.$$

Damit können wir die bereits in der vorigen Nr. 7 (Seite 27) angegebene Rechenregel hier konsequent anschließen:

3. Austausch der Indizes:

Durch Multiplikation mit den gemischten Metrikkoeffizienten (Kronecker-Symbol) wird ein Index ausgetauscht. Zum Beispiel:

$$A^j = \delta^j_i A^i \quad (i \text{ wird gegen } j \text{ ausgetauscht}).$$

Beispiel: (Anschluß an Beispiel 1 aus Nr. 7)

In der auf Seite 29 gegebenen kovarianten Basis

$$\boldsymbol{g}_1 = \boldsymbol{e}_1$$
$$\boldsymbol{g}_2 = \boldsymbol{e}_1 + \boldsymbol{e}_2$$
$$\boldsymbol{g}_3 = \boldsymbol{e}_1 + \boldsymbol{e}_2 + \boldsymbol{e}_3$$

sei der Vektor

$$\boldsymbol{A} = \boldsymbol{g}_1 + 2\boldsymbol{g}_2 + \boldsymbol{g}_3$$

gegeben. Er soll auf die kontravariante Basis $\boldsymbol{g}^i$ bezogen werden. Wir haben also die kontravarianten Komponenten

$$A^1 = 1, \quad A^2 = 2, \quad A^3 = 1.$$

Diese Indizes müssen heruntergezogen werden:

$$A_i = g_{ij}\, A^j.$$

Es war

$$(g_{ij}) = \begin{pmatrix} 1 & 1 & 1 \\ 1 & 2 & 2 \\ 1 & 2 & 3 \end{pmatrix}.$$

Demnach wird

$$\begin{aligned} A_1 &= g_{11}\, A^1 + g_{12}\, A^2 + g_{13}\, A^3 \\ &= 1 \cdot 1 + 1 \cdot 2 + 1 \cdot 1 = 4 \\ A_2 &= 1 \cdot 1 + 2 \cdot 2 + 2 \cdot 1 = 7 \\ A_3 &= 1 \cdot 1 + 2 \cdot 2 + 3 \cdot 1 = 8. \end{aligned}$$

Der Vektor $\boldsymbol{A}$ lautet also:

$$\boldsymbol{A} = 4\boldsymbol{g}^1 + 7\boldsymbol{g}^2 + 8\boldsymbol{g}^3.$$

Kontrolle: Gehen wir zur Kontrolle den Weg über die kartesische Basis $\boldsymbol{e}_i$, so erhalten wir

$$\boldsymbol{A} = 4\boldsymbol{e}_1 + 3\boldsymbol{e}_2 + \boldsymbol{e}_3.$$

Aus

$$\boldsymbol{g}^1 = \boldsymbol{e}_1 - \boldsymbol{e}_2, \quad \boldsymbol{g}^2 = \boldsymbol{e}_2 - \boldsymbol{e}_3, \quad \boldsymbol{g}^3 = \boldsymbol{e}_3$$

auf Seite 29 folgt:

$$\boldsymbol{e}_1 = \boldsymbol{g}^1 + \boldsymbol{g}^2 + \boldsymbol{g}^3, \quad \boldsymbol{e}_2 = \boldsymbol{g}^2 + \boldsymbol{g}^3, \quad \boldsymbol{e}_3 = \boldsymbol{g}^3.$$

Damit wird

$$\boldsymbol{A} = 4\boldsymbol{g}^1 + 7\boldsymbol{g}^2 + 8\boldsymbol{g}^3.$$

9. Physikalische Komponenten eines Vektors

Über die kovarianten oder kontravarianten Komponenten eines Vektors $\boldsymbol{A}$ haben wir bereits gesprochen. Zum Zweck physikalischer Anwendung benötigt man außerdem noch seine zugehörigen „physikalischen Komponenten". Betrachten wir z.B. in der Zerlegung

$$\boldsymbol{A} = A^i \boldsymbol{g}_i = A^1 \boldsymbol{g}_1 + A^2 \boldsymbol{g}_2 + A^3 \boldsymbol{g}_3$$

den Teilvektor $A^1 \boldsymbol{g}_1$: Seine Länge wird einerseits von der Komponente A^1, andererseits vom Betrag des Grundvektors $\boldsymbol{g}_1$ verschluckt.

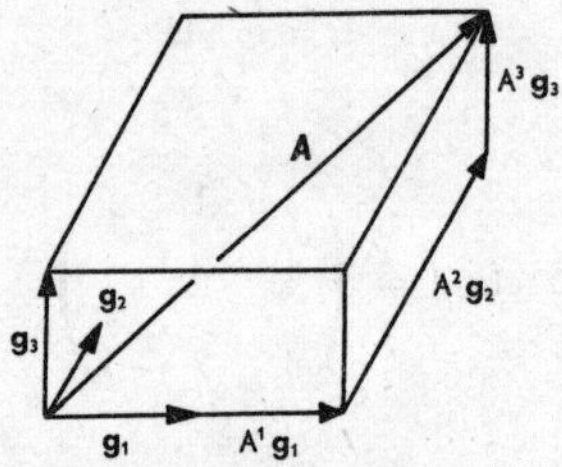

Abb. 8: Physikalische Komponenten

Denken wir uns, der Vektor $\boldsymbol{A}$ sei eine Kraft, die wir in die 3 Richtungen von $\boldsymbol{g}_1, \boldsymbol{g}_2$ und $\boldsymbol{g}_3$ zerlegt haben (Abb. 8). Wir interessieren uns dann z.B. für die wirkliche Länge des Teilvektors $A^1 \boldsymbol{g}_1$. Diese „wirkliche" Länge $A^1 |\boldsymbol{g}_1|$ soll **physikalische Komponente** des Vektors $\boldsymbol{A}$ in Richtung $\boldsymbol{g}_1$ heißen. Wir nennen sie A^{*1} und schreiben

$$A^{*1} = A^1 |\boldsymbol{g}_1|.$$

Nun ist

$$|\boldsymbol{g}_1| = \sqrt{\boldsymbol{g}_1 \cdot \boldsymbol{g}_1} = \sqrt{g_{11}}.$$

Daraus folgt

$$A^{*1} = A^1 \sqrt{g_{11}}.$$

Für eine beliebige physikalische Komponente erhält man also

$$A^{*i} = A^i \sqrt{g_{(ii)}}. \qquad (1.39\,\text{a})$$

Die Klammer um die Indizes in der Wurzel soll ausdrücken, daß über i nicht summiert werden darf. Für die kovarianten Komponenten erhält man entsprechend:

$$A_i^* = A_i \sqrt{g^{(ii)}}. \qquad (1.39\,\text{b})$$

Beispiel: (Anschluß an das Beispiel von Nr. 8):

Man bestimme die physikalischen Komponenten des Vektors

$$\boldsymbol{A} = \boldsymbol{g}_1 + 2\boldsymbol{g}_2 + \boldsymbol{g}_3$$

in der kovarianten Basis

$$\boldsymbol{g}_1 = \boldsymbol{e}_1, \quad \boldsymbol{g}_2 = \boldsymbol{e}_1 + \boldsymbol{e}_2, \quad \boldsymbol{g}_3 = \boldsymbol{e}_1 + \boldsymbol{e}_2 + \boldsymbol{e}_3.$$

Lösung: Aus den Beziehungen

$$g_{11} = 1, \quad g_{22} = 2, \quad g_{33} = 3$$

auf Seite 29 ergibt sich

$$A^{*1} = 1 \cdot \sqrt{1} = 1, \quad A^{*2} = 2\sqrt{2}, \quad A^{*3} = 1 \cdot \sqrt{3} = \sqrt{3}.$$

10. Der Vektor als Tensor 1. Stufe und sein Transformationsverhalten

Der Leser, der uns bis hierher gefolgt ist, wird vielleicht mit gewisser Enttäuschung bemerken, daß wir am Ende des ersten Kapitels angelangt sind und nichts anderes treiben als Vektorrechnung. Er mag einsehen, daß ein paar neue Gesichtspunkte dabei waren, die von der Indexschreibweise herrühren, aber er will ja Tensorrechnung lernen. Zum Trost soll ihm folgendes gesagt werden:

Der Vektor ist bereits ein spezieller Tensor, nämlich ein **Tensor 1. Stufe.**

Weil aber der Leser mit der Vektorrechnung schon etwas vertraut war, wurden diejenigen Grundlagen des Tensorkalküls, die sich im Vektorkalkül erklären lassen, auch darin erklärt. Denn vom Tensorkalkül her gesehen sind die Summationskonvention und die Rechenregeln vom Herauf- und Herunterziehen der Indizes bereits wesentliche Grundlagen. So werden wir z. B. im nächsten Kapitel erkennen, daß die Metrikkoeffizienten zu einem Tensor 2. Stufe gehören.

Während wir bisher den Tensor 1. Stufe als Vektor angesehen haben, kommen wir nun zu seiner spezifischen Tensoreigenschaft. Denn für einen Tensor ist sein Verhalten bei Transformationen wesentlich. Er kann sogar durch sein Transformationsverhalten definiert werden.

Um das Transformationsverhalten zu untersuchen, gehen wir von einer kovarianten Basis $\boldsymbol{g}_k$ aus. Mittels einer beliebigen linearen Transformation mit vorgegebenen Transformationskoeffizienten $\underline{a}_i^k$ kommt man dann zu einer neuen kovarianten Basis $\bar{\boldsymbol{g}}_i$:

$$\bar{\boldsymbol{g}}_i = \underline{a}_i^k \, \boldsymbol{g}_k. \tag{1.40}$$

Für die umgekehrte Transformationsrichtung schreiben wir:

$$\boldsymbol{g}_k = \bar{a}^l_k \, \bar{\boldsymbol{g}}_l , \tag{1.41}$$

wobei natürlich diese $\bar{a}^l_k$ mit gegebenen $\underline{a}^k_i$ festliegen. Setzt man $\boldsymbol{g}_k$ aus (1.41) in (1.40) ein, so folgt:

$$\bar{\boldsymbol{g}}_i = \underline{a}^k_i \, \bar{a}^l_k \, \bar{\boldsymbol{g}}_l .$$

Skalare Multiplikation mit der zur Basis $\bar{\boldsymbol{g}}_i$ kontravarianten Basis $\bar{\boldsymbol{g}}^n$ liefert die Abhängigkeit der $\underline{a}^k_i$ von den $\bar{a}^n_k$:

$$\underline{a}^k_i \, \bar{a}^n_k = \delta^n_i . \tag{1.42}$$

Es sind also inverse Matrizen.

Setzt man umgekehrt $\bar{\boldsymbol{g}}_i$ aus (1.40) in (1.41) ein, so entsteht

$$\bar{a}^k_i \, \underline{a}^n_k = \delta^n_i . \tag{1.43}$$

Weil die Matrix der Transformationskoeffizienten nicht symmetrisch sein muß, sind (1.42) und (1.43) nicht identisch.

Wir machen nun einen entsprechenden Ansatz für die kontravarianten Basen:

$$\bar{\boldsymbol{g}}^i = \bar{b}^i_k \, \boldsymbol{g}^k \tag{1.44}$$

$$\boldsymbol{g}^i = \underline{b}^i_k \, \bar{\boldsymbol{g}}^k . \tag{1.45}$$

Wie hängen die *b*-Koeffizienten mit den *a*-Koeffizienten zusammen? Dazu setzt man in

$$\boldsymbol{g}^i \cdot \boldsymbol{g}_k = \delta^i_k$$

die Basen aus (1.45) und (1.41) ein[1]:

$$\underline{b}^i_m \, \bar{a}^l_k \, \bar{\boldsymbol{g}}^m \cdot \bar{\boldsymbol{g}}_l = \delta^i_k .$$

Wegen

$$\bar{\boldsymbol{g}}^m \cdot \bar{\boldsymbol{g}}_l = \delta^m_l$$

folgt daraus

$$\bar{a}^m_k \, \underline{b}^i_m = \delta^i_k . \tag{1.46}$$

Entsprechend erhält man aus

$$\bar{\boldsymbol{g}}^i \cdot \bar{\boldsymbol{g}}_k = \delta^i_k ,$$

wenn man (1.44) und (1.40) beachtet:

$$\underline{a}^m_k \, \bar{b}^i_m = \delta^i_k . \tag{1.47}$$

[1] Weil in der Formel der Index *k* bereits verbraucht ist, muß der Summationsindex *k* aus (1.44) in *m* umbenannt werden. An solche Umbenennungen muß man sich gewöhnen, weil sie dauernd vorkommen.

Der Vergleich von (1.46) mit (1.43) und (1.47) mit (1.42) zeigt, daß

$$\bar{b}_i^k = \bar{a}_i^k \tag{1.48}$$

und

$$\underline{b}_i^k = \underline{a}_i^k. \tag{1.49}$$

Wir haben also die **Transformationsgesetze**

$$\bar{\boldsymbol{g}}_i = \underline{a}_i^k \boldsymbol{g}_k, \qquad \boldsymbol{g}_i = \bar{a}_i^k \bar{\boldsymbol{g}}_k,$$
$$\bar{\boldsymbol{g}}^i = \bar{a}_k^i \boldsymbol{g}^k, \qquad \boldsymbol{g}^i = \underline{a}_k^i \bar{\boldsymbol{g}}^k. \tag{1.50 a}$$

Wir kommen jetzt zu den Transformationsgesetzen eines Vektors $\boldsymbol{A}$. Der Vektor sei einerseits in der kovarianten Basis $\boldsymbol{g}_i$ und der kontravarianten Basis $\boldsymbol{g}^i$ gegeben, andererseits in den transformierten Basen $\bar{\boldsymbol{g}}^i$ und $\bar{\boldsymbol{g}}_i$. Man kann also schreiben:

$$\boldsymbol{A} = A^i \boldsymbol{g}_i = A_i \boldsymbol{g}^i = \bar{A}^i \bar{\boldsymbol{g}}_i = \bar{A}_i \bar{\boldsymbol{g}}^i.$$

Wir setzen in die Beziehung

$$\bar{A}^i \bar{\boldsymbol{g}}_i = A^i \boldsymbol{g}_i$$

die Basis $\bar{\boldsymbol{g}}_i$ aus (1.40) ein und erhalten:

$$\bar{A}^i \underline{a}_i^k \boldsymbol{g}_k = A^k \boldsymbol{g}_k.$$

Daraus folgt:

$$A^k = \underline{a}_i^k \bar{A}^i.$$

Entsprechend entstehen die anderen **Transformationsgesetze für die Komponenten.** Im ganzen entsteht:

$$\bar{A}_i = \underline{a}_i^k A_k, \qquad A_i = \bar{a}_i^k \bar{A}_k,$$
$$\bar{A}^i = \bar{a}_k^i A^k, \qquad A^i = \underline{a}_k^i \bar{A}^k. \tag{1.50 b}$$

Man erkennt die wichtige Tatsache, daß sich die Komponenten eines Vektors transformieren wie die Basis, nämlich

kovariante Komponenten wie die kovariante Basis,
kontravariante Komponenten wie die kontravariante Basis.

Man nennt gleiches Transformationsverhalten auch kogredient. Das entgegengesetzte Verhalten heißt kontragredient. So transformieren sich kovariante und kontravariante Komponenten kontragredient zueinander.

Die Gesetze (1.50 b) drücken das Transformationsverhalten der Komponenten eines Tensors 1. Stufe aus. Wie wir in Nr. 1 die Vektoren durch eine Eigenschaft, nämlich ihre Rechenregeln, erklärt hatten, so kann man auch den Tensor 1. Stufe durch eine Eigenschaft, nämlich durch sein Transformationsverhalten erklären. Man hat dann die **Definition: Transformiert sich eine einfach indizierte Größe A^i nach dem Gesetz**

$$\bar{A}^i = \bar{a}^i_k A^k, \qquad A^i = \underline{a}^i_k \bar{A}^k,$$

so liegt ein Tensor 1. Stufe vor. Die A^i sind seine kontravarianten Komponenten.

Transformiert sich eine einfach indizierte Größe A_i nach dem Gesetz

$$\bar{A}_i = \underline{a}^k_i A_k, \qquad A_i = \bar{a}^k_i \bar{A}_k,$$

so liegt ein Tensor 1. Stufe vor. Die A_i sind seine kovarianten Komponenten. In dieser Definition steckt eine Erweiterung. Es gibt demnach auch Tensoren 1. Stufe, die nicht „von Hause“ aus Vektoren sind. Betrachten wir z. B. eine Ebenengleichung

$$u_i x^i = 1$$

in der x^i die Koordinaten (Komponenten des Ortsvektors) sind. Man kann leicht zeigen, daß dann die Koeffizienten u_i das Transformationsgesetz (1.50 b) erfüllen und deshalb kovariante Komponenten eines Tensors 1. Stufe sind. Die u_i sind jedoch von Hause aus keine Vektorkomponenten. Trotzdem kann man natürlich jederzeit solche aus ihnen machen, indem man ihnen eine Basis „zuordnet“.

Der Bequemlichkeit halber wollen wir uns des öfteren einer anderen gebräuchlichen Redeweise bedienen, die zwar etwas ungenau, aber zweckmäßig ist. Wir sagen:

Wenn das Transformationsverhalten nach (1.50 b) vorliegt, ist

A_i ein kovarianter Tensor 1. Stufe,
A^i ein kontravarianter Tensor 1. Stufe.

Beispiel:

Wir verwenden wieder das Grundsystem des Beispiels 1 von Seite 29:

$$\boldsymbol{g}_1 = \boldsymbol{e}_1, \quad \boldsymbol{g}_2 = \boldsymbol{e}_1 + \boldsymbol{e}_2, \quad \boldsymbol{g}_3 = \boldsymbol{e}_1 + \boldsymbol{e}_2 + \boldsymbol{e}_3.$$

Gegeben sei die Transformationsmatrix

$$(\underline{a}^k_i) = \begin{pmatrix} 1 & -1 & -1 \\ 1 & 0 & -1 \\ 1 & 0 & 1 \end{pmatrix}.$$

Dann gilt für die neue kovariante Basis nach (1.50 a):

$$\bar{\boldsymbol{g}}_i = \underline{a}^k_i \boldsymbol{g}_k,$$

oder im einzelnen:

$$\begin{aligned}\bar{g}_1 &= g_1 - g_2 - g_3 = -e_1 - 2e_2 - e_3\\ \bar{g}_2 &= g_1 - g_3 = - e_2 - e_3\\ \bar{g}_3 &= g_1 + g_3 = 2e_1 + e_2 + e_3.\end{aligned}$$

Für die kovarianten Metrikkoeffizienten erhält man demnach:

$$(\bar{g}_{ik}) = \begin{pmatrix} 6 & 3 & -5 \\ 3 & 2 & -2 \\ -5 & -2 & 6 \end{pmatrix}.$$

Wir müssen jetzt die Inverse der Matrix $(\underline{a}_i^k)$ bestimmen. Bequemer ist es jedoch, die e_i umgekehrt durch die $\bar{g}_i$ auszudrücken und das oben für die ursprüngliche Basis g_i einzusetzen. So entsteht:

$$\begin{aligned}g_1 &= \phantom{-\bar{g}_1 +} \tfrac{1}{2}\bar{g}_2 + \tfrac{1}{2}\bar{g}_3\\ g_2 &= -\bar{g}_1 + \bar{g}_2\\ g_3 &= \phantom{-\bar{g}_1} -\tfrac{1}{2}\bar{g}_2 + \tfrac{1}{2}\bar{g}_3.\end{aligned}$$

Schreiben wir nach (1.50a):

$$g_i = \bar{a}_i^k \bar{g}_k,$$

so lauten hierin die Transformationskoeffizienten:

$$(\bar{a}_i^k) = \begin{pmatrix} 0 & \frac{1}{2} & \frac{1}{2} \\ -1 & 1 & 0 \\ 0 & -\frac{1}{2} & \frac{1}{2} \end{pmatrix}.$$

Gemäß (1.42) muß gelten:

$$\underline{a}_i^k \bar{a}_k^m = \delta_i^m$$

was man leicht durch Matrizenmultiplikation bestätigt:

$$\begin{pmatrix} 1 & -1 & -1 \\ 1 & 0 & -1 \\ 1 & 0 & 1 \end{pmatrix} \cdot \begin{pmatrix} 0 & \frac{1}{2} & \frac{1}{2} \\ -1 & 1 & 0 \\ 0 & -\frac{1}{2} & \frac{1}{2} \end{pmatrix} = \begin{pmatrix} 1 & 0 & 0 \\ 0 & 1 & 0 \\ 0 & 0 & 1 \end{pmatrix}.$$

Für die kontravariante Basis g^i gilt nach (1.50a):

$$\bar{g}^i = \bar{a}_k^i g^k.$$

Will man das als Matrizenmultiplikation ausführen, muß man aufpassen und jetzt die obige Matrix der $\bar{a}_i^k$ transponieren, weil jetzt über den unteren Index summiert wird:

$$\begin{pmatrix} \bar{g}^1 \\ \bar{g}^2 \\ \bar{g}^3 \end{pmatrix} = \begin{pmatrix} 0 & -1 & 0 \\ \frac{1}{2} & 1 & -\frac{1}{2} \\ \frac{1}{2} & 0 & \frac{1}{2} \end{pmatrix} \cdot \begin{pmatrix} g^1 \\ g^2 \\ g^3 \end{pmatrix}.$$

So entsteht, wenn man die g^i nach Seite 29 durch die e_i ausdrückt:

$$\begin{aligned} \bar{g}^1 &= -g^2 &&= -e_2 + e_3 \\ \bar{g}^2 &= \tfrac{1}{2}g^1 + g^2 - \tfrac{1}{2}g^3 &&= \tfrac{1}{2}e_1 + \tfrac{1}{2}e_2 - \tfrac{3}{2}e_3 \\ \bar{g}^3 &= \tfrac{1}{2}g^1 + \tfrac{1}{2}g^3 &&= \tfrac{1}{2}e_1 - \tfrac{1}{2}e_2 + \tfrac{1}{2}e_3 . \end{aligned}$$

Daraus folgen die kontravarianten Metrikkoeffizienten:

$$(\bar{g}^{ik}) = \begin{pmatrix} 2 & -2 & 1 \\ -2 & \frac{11}{4} & -\frac{3}{4} \\ 1 & -\frac{3}{4} & \frac{3}{4} \end{pmatrix}.$$

Zur Kontrolle kann man gemäß (1.34) für die neue Basis bestätigen:

$$\bar{g}_{ik}\,\bar{g}^{km} = \delta_i^m .$$

Tatsächlich ergibt sich:

$$\begin{pmatrix} 6 & 3 & -5 \\ 3 & 2 & -2 \\ -5 & -2 & 6 \end{pmatrix} \cdot \begin{pmatrix} 2 & -2 & 1 \\ -2 & \frac{11}{4} & -\frac{3}{4} \\ 1 & -\frac{3}{4} & \frac{3}{4} \end{pmatrix} = \begin{pmatrix} 1 & 0 & 0 \\ 0 & 1 & 0 \\ 0 & 0 & 1 \end{pmatrix}.$$

KAPITEL 2

TENSORALGEBRA IM EUKLIDISCHEN RAUM

1. Der Tensor 2. Stufe

Im Euklidischen Raum sollen zwei Vektoren $\boldsymbol{x}$ und $\boldsymbol{y}$ gegeben sein. Dafür soll ein neues Produkt eingeführt werden. Wie nennen es $\boldsymbol{T}$ und kennzeichnen es, indem wir einfach die beiden Vektoren nebeneinander schreiben:

$$\boldsymbol{T} = \boldsymbol{x}\,\boldsymbol{y}$$

Es gibt zunächst gar keine Regel, die die beiden Vektoren verknüpft. Es entsteht kein Skalar wie beim Skalarprodukt und auch kein Vektor wie beim Vektorprodukt. Um nun aber etwas damit rechnen zu können, gibt man die folgenden beiden Rechengesetze vor:

1. Wenn $\boldsymbol{x}, \boldsymbol{y}, \boldsymbol{z}$ Vektoren sind, gilt

$$\boldsymbol{x}(\boldsymbol{y}+\boldsymbol{z}) = \boldsymbol{x}\,\boldsymbol{y}+\boldsymbol{x}\,\boldsymbol{z}. \quad \text{(Distributives Gesetz.)}$$

2. Wenn $\boldsymbol{x}$ und $\boldsymbol{y}$ Vektoren sind und α ein Skalar, so gilt:

$$(\alpha\,\boldsymbol{x})\boldsymbol{y} = \boldsymbol{x}(\alpha\,\boldsymbol{y}) = \alpha\,\boldsymbol{x}\,\boldsymbol{y}. \quad \text{(Assoziatives Gesetz.)}$$

Diese beiden Regeln gestatten es, im Produkt $\boldsymbol{T}$ die beiden Vektoren $\boldsymbol{x}$ und $\boldsymbol{y}$ auf die Basis zurückzuführen.

Mit

$$\boldsymbol{x} = x^i \boldsymbol{g}_i, \quad \boldsymbol{y} = y^j \boldsymbol{g}_j$$

rechnet man unter Anwendung der Regeln 1. und 2. ausführlich:

$$\begin{aligned}
\boldsymbol{T} = \boldsymbol{x}\,\boldsymbol{y} &= (x^1\,\boldsymbol{g}_1 + x^2\,\boldsymbol{g}_2 + x^3\,\boldsymbol{g}_3)(y^1\,\boldsymbol{g}_1 + y^2\,\boldsymbol{g}_2 + y^3\,\boldsymbol{g}_3)\\
&= (x^1\,\boldsymbol{g}_1)(y^1\,\boldsymbol{g}_1) + (x^1\,\boldsymbol{g}_1)(y^2\,\boldsymbol{g}_2) + (x^1\,\boldsymbol{g}_1)(y^3\,\boldsymbol{g}_3)\\
&+ (x^2\,\boldsymbol{g}_2)(y^1\,\boldsymbol{g}_1) + (x^2\,\boldsymbol{g}_2)(y^2\,\boldsymbol{g}_2) + (x^2\,\boldsymbol{g}_2)(y^3\,\boldsymbol{g}_3)\\
&+ (x^3\,\boldsymbol{g}_3)(y^1\,\boldsymbol{g}_1) + (x^3\,\boldsymbol{g}_3)(y^2\,\boldsymbol{g}_2) + (x^3\,\boldsymbol{g}_3)(y^3\,\boldsymbol{g}_3)\\
&= x^1\,y^1\,\boldsymbol{g}_1\,\boldsymbol{g}_1 + x^1\,y^2\,\boldsymbol{g}_1\,\boldsymbol{g}_2 + x^1\,y^3\,\boldsymbol{g}_1\,\boldsymbol{g}_3\\
&+ x^2\,y^1\,\boldsymbol{g}_2\,\boldsymbol{g}_1 + x^2\,y^2\,\boldsymbol{g}_2\,\boldsymbol{g}_2 + x^2\,y^3\,\boldsymbol{g}_2\,\boldsymbol{g}_3\\
&+ x^3\,y^1\,\boldsymbol{g}_3\,\boldsymbol{g}_1 + x^3\,y^2\,\boldsymbol{g}_3\,\boldsymbol{g}_2 + x^3\,y^3\,\boldsymbol{g}_3\,\boldsymbol{g}_3\,.
\end{aligned}$$

Wie man hieran sieht, ist aufgrund der beiden Rechenregeln diese Operation in Indexschreibweise erlaubt:

$$\begin{aligned} \boldsymbol{T} = \boldsymbol{x}\,\boldsymbol{y} &= (x^i \boldsymbol{g}_i)(y^j \boldsymbol{g}_j) \\ &= x^i y^j \boldsymbol{g}_i \boldsymbol{g}_j \,. \end{aligned} \tag{2.1}$$

Mehr kann man nicht tun, weil für das Produkt $\boldsymbol{T}$ nicht mehr ausgesagt ist. Weil kein kommutatives Gesetz gilt, darf man noch nicht einmal die Glieder mit $\boldsymbol{g}_i \boldsymbol{g}_j$ und $\boldsymbol{g}_j \boldsymbol{g}_i$ zusammenfassen. Wie man aber an (2.1) sieht, kann man die Produkte $\boldsymbol{g}_i \boldsymbol{g}_j$ als Basis $\boldsymbol{\gamma}_{ij}$ für das Produkt $\boldsymbol{T}$ auffassen, wenn man schreibt

$$\boldsymbol{\gamma}_{ij} = \boldsymbol{g}_i \boldsymbol{g}_j \,. \tag{2.2}$$

Diese Basis besteht natürlich nicht nur aus 3, sondern aus 9 Elementen, die man sich in einer quadratischen Matrix angeordnet denken kann:

$$(\boldsymbol{\gamma}_{ij}) = \begin{pmatrix} \boldsymbol{\gamma}_{11} & \boldsymbol{\gamma}_{12} & \boldsymbol{\gamma}_{13} \\ \boldsymbol{\gamma}_{21} & \boldsymbol{\gamma}_{22} & \boldsymbol{\gamma}_{23} \\ \boldsymbol{\gamma}_{31} & \boldsymbol{\gamma}_{32} & \boldsymbol{\gamma}_{33} \end{pmatrix} .$$

Man verwendet also als dritte Regel die Definition:

3. Je nachdem, ob die Vektoren $\boldsymbol{x}$ und $\boldsymbol{y}$ in kovarianter oder kontravarianter Vektorbasis gegeben sind, hat man folgende vier Möglichkeiten, um für das Produkt $\boldsymbol{T}$ eine Basis zu erklären:

a) $\boldsymbol{\gamma}_{ij} = \boldsymbol{g}_i \boldsymbol{g}_j$ (kovariante Basis)

b) $\boldsymbol{\gamma}_i{}^j = \boldsymbol{g}_i \boldsymbol{g}^j$
c) $\boldsymbol{\gamma}^i{}_j = \boldsymbol{g}^i \boldsymbol{g}_j$ } (gemischte Basen)

d) $\boldsymbol{\gamma}^{ij} = \boldsymbol{g}^i \boldsymbol{g}^j$ (kontravariante Basis).

Gelten für das Produkt $\boldsymbol{T} = \boldsymbol{x}\,\boldsymbol{y}$ die Gesetze 1. bis 3., so nennt man $\boldsymbol{T}$ ein **tensorielles Produkt** zweier Vektoren.

Im dreidimensionalen Vektorraum gab es drei linear unabhängige Vektoren, die wir als Basis ansehen konnten. Im „Raum" des tensoriellen Produkts gibt es dagegen eine Basis mit $3^2 = 9$ unabhängigen Elementen. Das tensorielle Produkt von zwei Vektoren befindet sich demnach in einem 9-dimensionalen Raum, den wir „Tensorraum 2. Stufe" nennen wollen.

Nach dieser vorbereitenden Betrachtung über das tensorielle Produkt kommen wir endlich zur Einführung des Tensors. Wir definieren:

Ein beliebiges Element im Tensorraum 2. Stufe heißt **Tensor 2. Stufe.** Bezieht man z. B. auf die kovariante Basis $\boldsymbol{\gamma}_{ij}$, so hat ein beliebiges Element $\boldsymbol{T}$ die Form

$$\boldsymbol{T} = t^{ij} \boldsymbol{\gamma}_{ij} = t^{ij} \boldsymbol{g}_i \boldsymbol{g}_j$$

wobei die „Komponenten“ t^{ij} des Tensors nicht aus Produkten $x^i y^j$ entstanden sein müssen. Im ganzen erhält man entsprechend den vier Basen $\boldsymbol{\gamma}_{ij}, \boldsymbol{\gamma}_i{}^j, \boldsymbol{\gamma}^i{}_j, \boldsymbol{\gamma}^{ij}$ die folgenden vier Darstellungsarten für einen Tensor 2. Stufe:

$$\begin{aligned} \boldsymbol{T} &= t^{ij}\,\boldsymbol{g}_i \boldsymbol{g}_j = t^i{}_j\,\boldsymbol{g}_i \boldsymbol{g}^j \\ &= t_i{}^j\,\boldsymbol{g}^i \boldsymbol{g}_j = t_{ij}\,\boldsymbol{g}^i \boldsymbol{g}^j . \end{aligned} \tag{2.3}$$

2. Die Komponenten des Tensors 2. Stufe und ihre Transformationsgesetze

Für einen Tensor 1. Stufe gelten, wie wir in Nr. 10 des ersten Kapitels feststellten, die Transformationsgesetze (1.50). Jetzt sollen die entsprechenden Gesetze für den Tensor 2. Stufe hergeleitet werden.

Nach (1.50 a) gilt für die Transformation von einer Vektorbasis $\boldsymbol{g}_i$ in eine neue Vektorbasis $\bar{\boldsymbol{g}}_i$:

$$\bar{\boldsymbol{g}}_i = \underline{a}_i^j\,\boldsymbol{g}_j\,, \quad \boldsymbol{g}_i = \bar{a}_i^j\,\bar{\boldsymbol{g}}_j\,. \tag{2.4}$$

Der Tensor $\boldsymbol{T}$ läßt sich in der alten Basis $\boldsymbol{g}_i$ und in der neuen Basis $\bar{\boldsymbol{g}}_i$ darstellen, so daß man erhält

$$\boldsymbol{T} = \bar{t}^{kl}\,\bar{\boldsymbol{g}}_k \bar{\boldsymbol{g}}_l = t^{ij}\,\boldsymbol{g}_i \boldsymbol{g}_j\,. \tag{2.5}$$

Wir setzen in (2.5) die Vektoren $\bar{\boldsymbol{g}}_i$ aus (2.4) ein und erhalten:

$$\bar{t}^{kl}\,\underline{a}_k^i \underline{a}_l^j\,\boldsymbol{g}_i \boldsymbol{g}_j = t^{ij}\,\boldsymbol{g}_i \boldsymbol{g}_j$$

oder

$$t^{ij} = \underline{a}_k^i\,\underline{a}_l^j\,\bar{t}^{kl}\,. \tag{2.6 a}$$

Setzt man dagegen die $\boldsymbol{g}_i$ aus (2.4) auf der rechten Seite in (2.5) ein, so entsteht entsprechend:

$$\bar{t}^{ij} = \bar{a}_k^i\,\bar{a}_l^j\,t^{kl}\,. \tag{2.6 b}$$

Vergleichen wir (2.6 a) und (2.6 b) mit den Transformationsregeln (1.50 b), so erkennen wir, daß für beide Indizes i und j der Komponenten t^{ij} die gleichen Transformationsregeln gelten, wie für den Index eines kontravarianten Tensors erster Stufe. Man bezeichnet deshalb die t^{ij} als kontravariante Komponenten des Tensors $\boldsymbol{T}$. Entsprechend erhält man die Transformationsregeln

$$t_{ij} = \bar{a}_i^k\,\bar{a}_j^l\,\bar{t}_{kl}\,, \tag{2.7 a}$$

$$\bar{t}_{ij} = \underline{a}_i^k\,\underline{a}_j^l\,t_{kl} \tag{2.7 b}$$

oder für die gemischten Komponenten:

$$t^i{}_j = \underline{a}^i_k \, \bar{a}^l_j \, \bar{t}^k{}_l , \tag{2.8a}$$

$$\bar{t}^i{}_j = \bar{a}^i_k \, \underline{a}^l_j \, t^k{}_l , \tag{2.8b}$$

und

$$t_i{}^j = \bar{a}^k_i \, \underline{a}^j_l \, \bar{t}_k{}^l , \tag{2.9a}$$

$$\bar{t}_i{}^j = \underline{a}^k_i \, \bar{a}^j_l \, t_k{}^l . \tag{2.9b}$$

Insgesamt schließt man hieraus durch Vergleich mit (1.50b):

Jeder obere Index transformiert sich wie ein kontravarianter Vektor und jeder untere Index wie ein kovarianter Vektor.

Darum sagt man auch zu einem oberen Index „kontravarianter Index" und zu einem unteren Index „kovarianter Index". Entsprechend nennt man

t^{ij}	**kontravariante** Komponenten
$t^i{}_j$	**gemischt** kontravariant – kovariante Komponenten
$t_i{}^j$	**gemischt** kovariant – kontravariante Komponenten
t_{ij}	**kovariante** Komponenten

des Tensors ***T***.

Wie in der Nr. 10 des ersten Kapitels beim Tensor 1. Stufe, kann man auch hier die Transformationseigenschaften zur **Definition des Tensors 2. Stufe** heranziehen. Man sagt:

1. Gelten für eine doppelt indizierte Größe t^{ij} die Transformationsregeln (2.6), so liegt ein Tensor 2. Stufe vor. Die t^{ij} sind seine kontravarianten Komponenten.
2. Gelten für eine doppelt indizierte Größe t_{ij} die Transformationsregeln (2.7), so liegt ein Tensor 2. Stufe vor. Die t_{ij} sind seine kovarianten Komponenten.
3. Gelten für doppelt indizierte Größen $t^i{}_j$ oder $t_i{}^j$ die Transformationsregeln (2.8) oder (2.9), so liegt ein Tensor 2. Stufe vor. Die $t^i{}_j$ oder $t_i{}^j$ sind seine gemischten Komponenten.

Genau wie beim Tensor 1. Stufe bedeuten diese Definitionen des Tensors 2. Stufe eine gewisse Erweiterung gegenüber den Definitionen der Nr. 1.

Wir hatten für den Tensor 1. Stufe in Kapitel 1 Nr. 9 physikalische Komponenten definiert. Auch für den Tensor 2. Stufe sollen darunter die auf Einheitsvektoren bezogenen Komponenten verstanden werden.

In der gleichen Art wie auf Seite 34 erhalten wir anstelle von (1,39a) und (1,39b) für unseren Tensor $\boldsymbol{T}$ die folgenden kontravarianten, gemischten und kovarianten **physikalischen Komponenten:**

$$\begin{aligned} t^{*ij} &= t^{ij}\sqrt{g_{(ii)}}\sqrt{g_{(jj)}}\,, \\ t^{*i}{}_j &= t^i{}_j\sqrt{g_{(ii)}}\sqrt{g^{(jj)}}\,, \\ t_i^{*j} &= t_i{}^j\sqrt{g^{(ii)}}\sqrt{g_{(jj)}}\,, \\ t^*_{i\,j} &= t_{ij}\sqrt{g^{(ii)}}\sqrt{g^{(jj)}}\,. \end{aligned} \tag{2.10}$$

3. Verjüngendes Produkt. Herauf- und Herunterziehen des Index beim Tensor 2. Stufe

Jetzt soll die Frage untersucht werden, wie man z. B. die kovarianten Komponenten eines Tensors durch dessen kontravariante Komponenten darstellen kann.

Zu diesem Zweck führt man das „verjüngende Produkt" ein, das bei Vektoren dem Skalarprodukt entspricht. Gegeben sei der Tensor $\boldsymbol{T} = t^{ij}\boldsymbol{g}_i\boldsymbol{g}_j$ und der Vektor $\boldsymbol{a} = a^k\boldsymbol{g}_k$. Dann wird das verjüngende Produkt $\boldsymbol{T}\cdot\boldsymbol{a}$ gegeben durch:

$$\begin{aligned} \boldsymbol{T}\cdot\boldsymbol{a} &= (t^{ij}\boldsymbol{g}_i\boldsymbol{g}_j)\cdot(a^k\boldsymbol{g}_k) \\ &= t^{ij}a^k\boldsymbol{g}_i(\boldsymbol{g}_j\cdot\boldsymbol{g}_k) \end{aligned}$$

oder

$$\boldsymbol{T}\cdot\boldsymbol{a} = t^{ij}a^k g_{jk}\boldsymbol{g}_i\,. \tag{2.11a}$$

Der rechte Vektor $\boldsymbol{g}_j$ wurde also einfach aus dem Tensor $\boldsymbol{T}$ herausgelöst und bildet mit der Vektorbasis $\boldsymbol{g}_k$ ein Skalarprodukt. Man nennt das „verjüngende Multiplikation von rechts". Entsprechend kann man auch von links her mit $\boldsymbol{a}$ multiplizieren. Dann wird der linke Vektor $\boldsymbol{g}_i$ in das Skalarprodukt gestellt:

$$\begin{aligned} \boldsymbol{a}\cdot\boldsymbol{T} &= t^{ij}a^k(\boldsymbol{g}_k\cdot\boldsymbol{g}_i)\boldsymbol{g}_j \\ &= t^{ij}a^k g_{ki}\boldsymbol{g}_j\,. \end{aligned} \tag{2.11b}$$

Die verjüngende Multiplikation liefert also verschiedene Ergebnisse, je nachdem ob sie von rechts oder links ausgeführt wird. Bei Symmetrie erhält man jedoch das gleiche Ergebnis. Sowohl in (2.11a) als auch in (2.11b) erkennt man, daß das verjüngende Produkt eines Tensors 2. Stufe mit einem Tensor 1. Stufe einen Tensor 1. Stufe ergibt. Das verjüngende Produkt eines Tensors 1. Stufe mit einem Tensor 1. Stufe (Skalarprodukt) ergibt einen Skalar. Ein Tensor wird also durch ein verjüngendes Produkt in der Stufe erniedrigt oder „verjüngt".

Zur zusätzlichen Erklärung sei einer der älteren Zugänge zur Tensorrechnung skizziert. (Siehe z. B. im Lehrbuch von LOHR [12].)

Gegeben sei der Vektor

$$(\boldsymbol{a} \cdot \boldsymbol{b})\, \boldsymbol{c}\,,$$

der ja die Richtung des Vektors $\boldsymbol{c}$ hat. Will man aus diesem Produkt den Vektor $\boldsymbol{a}$ herauslösen, so muß man anders assoziieren, was in der elementaren Vektorrechnung zunächst nicht gelingt. Man schreibt z. B. versuchsweise

$$(\boldsymbol{a} \cdot \boldsymbol{b})\, \boldsymbol{c} = \boldsymbol{a} \cdot (\boldsymbol{b} * \boldsymbol{c})$$

und fragt nach der Bedeutung von $(\boldsymbol{b} * \boldsymbol{c})$. Dabei stellt sich heraus, daß $(\boldsymbol{b} * \boldsymbol{c})$ ein Tensor 2. Stufe ist, nämlich $(\boldsymbol{b}\, \boldsymbol{c})$. Früher nannte man das auch „Dyade". Durch das verjüngende Produkt dieser Dyade mit dem Vektor $\boldsymbol{a}$ von links entsteht der gegebene Vektor in Richtung von $\boldsymbol{c}$. Will man statt $\boldsymbol{a}$ den Vektor $\boldsymbol{b}$ herauslösen, so kann man schreiben:

$$\boldsymbol{c}(\boldsymbol{a} \cdot \boldsymbol{b}) = (\boldsymbol{c}\, \boldsymbol{a}) \cdot \boldsymbol{b}\,,$$

was der Multiplikation von rechts entspricht.

Doch nun zurück zu unserem Vorhaben, die Komponenten t_{ij} durch die Komponenten t^{ij} auszudrücken. Aus

$$\boldsymbol{T} = t^{kl}\, \boldsymbol{g}_k\, \boldsymbol{g}_l = t^m{}_n\, \boldsymbol{g}_m\, \boldsymbol{g}^n$$

folgt durch verjüngende Multiplikation mit $\boldsymbol{g}_j$ von rechts:

$$t^{kl}\, \boldsymbol{g}_k\, g_{lj} = t^m{}_n\, \boldsymbol{g}_m\, \delta^n_j\,.$$

Wir vertauschen den Index m in k und erhalten:

$$t^{kl}\, g_{lj}\, \boldsymbol{g}_k = t^k{}_n\, \delta^n_j\, \boldsymbol{g}_k$$

oder

$$t^k{}_j = g_{lj}\, t^{kl}\,. \tag{2.12}$$

Entsprechend erhält man

$$t_{ij} = g_{ik}\, t^k{}_j\,. \tag{2.13}$$

Aus (2.12) und (2.13) folgt

$$t_{ij} = g_{ik}\, g_{jl}\, t^{kl}\,. \tag{2.14}$$

Diese Ergebnisse (2.12) bis (2.14) zeigen, daß die Regel auf Seite 32 vom Herunterziehen des Index auch für Tensoren gilt:

Durch Multiplikation mit den kovarianten Metrikkoeffizienten kann ein Index heruntergezogen werden.

Man kann ebenso leicht auch die Regel vom Heraufziehen des Index für Tensoren bestätigen:

Durch Multiplikation mit den kontravarianten Metrikkoeffizienten kann ein Index heraufgezogen werden:

$$t_k{}^j = g^{jl}\, t_{kl} \tag{2.15}$$

$$t^{ij} = g^{ik}\, t_k{}^j \tag{2.16}$$

$$t^{ij} = g^{ik}\, g^{jl}\, t_{kl}. \tag{2.17}$$

Beispiel: Gegeben sei der Tensor 2. Stufe

$$\begin{aligned} \boldsymbol{T} = {} & \boldsymbol{e}_1 \boldsymbol{e}_1 - \boldsymbol{e}_1 \boldsymbol{e}_2 + 2\, \boldsymbol{e}_1 \boldsymbol{e}_3 \\ & + 2\, \boldsymbol{e}_2 \boldsymbol{e}_1 + 2\, \boldsymbol{e}_2 \boldsymbol{e}_2 - \boldsymbol{e}_2 \boldsymbol{e}_3 \\ & - \boldsymbol{e}_3 \boldsymbol{e}_1 - 2\, \boldsymbol{e}_3 \boldsymbol{e}_2 + \boldsymbol{e}_3 \boldsymbol{e}_3, \end{aligned}$$

wobei $\boldsymbol{e}_i$ die orthonormierte Vektorbasis ist. Weiterhin sind die kovariante Basis $\boldsymbol{g}_i$ und die kontravariante Basis $\boldsymbol{g}^i$ des Beispiels 1 auf Seite 29 gegeben:

$$\begin{aligned} & \boldsymbol{g}_1 = \boldsymbol{e}_1, && \boldsymbol{g}_2 = \boldsymbol{e}_1 + \boldsymbol{e}_2, && \boldsymbol{g}_3 = \boldsymbol{e}_1 + \boldsymbol{e}_2 + \boldsymbol{e}_3 \\ & \boldsymbol{g}^1 = \boldsymbol{e}_1 - \boldsymbol{e}_2, && \boldsymbol{g}^2 = \boldsymbol{e}_2 - \boldsymbol{e}_3, && \boldsymbol{g}^3 = \boldsymbol{e}_3. \end{aligned}$$

Gesucht sind für diese Basen die kovarianten, gemischten und kontravarianten Komponenten des Tensors $\boldsymbol{T}$.

Um diese Aufgabe zu lösen, multipliziert man den Tensor

$$\boldsymbol{T} = T^{kl}\, \boldsymbol{g}_k \boldsymbol{g}_l$$

im verjüngenden Produkt von links mit $\boldsymbol{g}^i$ und von rechts mit $\boldsymbol{g}^j$ und rechnet:

$$\begin{aligned} \boldsymbol{g}^i \cdot \boldsymbol{T} \cdot \boldsymbol{g}^j &= T^{kl} (\boldsymbol{g}^i \cdot \boldsymbol{g}_k)(\boldsymbol{g}_l \cdot \boldsymbol{g}^j) \\ &= T^{kl}\, \delta^i_k\, \delta^j_l = T^{ij}. \end{aligned}$$

Damit ergibt sich für die kontravarianten Komponenten:

$$T^{ij} = \boldsymbol{g}^i \cdot \boldsymbol{T} \cdot \boldsymbol{g}^j. \tag{2.18}$$

Entsprechend erhält man die anderen Komponenten:

$$T^i{}_j = \boldsymbol{g}^i \cdot \boldsymbol{T} \cdot \boldsymbol{g}_j \tag{2.19}$$

$$T_i^j = \boldsymbol{g}_i \cdot \boldsymbol{T} \cdot \boldsymbol{g}^j \tag{2.20}$$

$$T_{ij} = \boldsymbol{g}_i \cdot \boldsymbol{T} \cdot \boldsymbol{g}_j. \tag{2.21}$$

Wir bilden also

$$\begin{aligned} \boldsymbol{g}^1 \cdot \boldsymbol{T} &= -\boldsymbol{e}_1 - 3\boldsymbol{e}_2 + 3\boldsymbol{e}_3 \\ \boldsymbol{g}^2 \cdot \boldsymbol{T} &= 3\boldsymbol{e}_1 + 4\boldsymbol{e}_2 - 2\boldsymbol{e}_3 \\ \boldsymbol{g}^3 \cdot \boldsymbol{T} &= -\boldsymbol{e}_1 - 2\boldsymbol{e}_2 + \boldsymbol{e}_3 \end{aligned}$$

und

$$\begin{aligned} \boldsymbol{g}_1 \cdot \boldsymbol{T} &= \boldsymbol{e}_1 - \boldsymbol{e}_2 + 2\boldsymbol{e}_3 \\ \boldsymbol{g}_2 \cdot \boldsymbol{T} &= 3\boldsymbol{e}_1 + \boldsymbol{e}_2 + \boldsymbol{e}_3 \\ \boldsymbol{g}_3 \cdot \boldsymbol{T} &= 2\boldsymbol{e}_1 - \boldsymbol{e}_2 + 2\boldsymbol{e}_3 . \end{aligned}$$

Damit erhält man u.a. durch Multiplikation von rechts

$$\begin{aligned} T^{11} &= \boldsymbol{g}^1 \cdot \boldsymbol{T} \cdot \boldsymbol{g}^1 = -1 + 3 = +2 \\ T^{12} &= \boldsymbol{g}^1 \cdot \boldsymbol{T} \cdot \boldsymbol{g}^2 = -3 - 3 = -6 \\ T^{13} &= \boldsymbol{g}^1 \cdot \boldsymbol{T} \cdot \boldsymbol{g}^3 = \qquad = +3 . \end{aligned}$$

Im ganzen ergibt sich:

$$(T^{ij}) = \begin{pmatrix} 2 & -6 & 3 \\ -1 & 6 & -2 \\ 1 & -3 & 1 \end{pmatrix} \qquad (T^i{}_j) = \begin{pmatrix} -1 & -4 & -1 \\ 3 & 7 & 5 \\ -1 & -3 & -2 \end{pmatrix}$$

$$(T_i{}^j) = \begin{pmatrix} 2 & -3 & 2 \\ 2 & 0 & 1 \\ 3 & -3 & 2 \end{pmatrix} \qquad (T_{ij}) = \begin{pmatrix} 1 & 0 & 2 \\ 3 & 4 & 5 \\ 2 & 1 & 3 \end{pmatrix}.$$

Kontrolle: Es muß z. B. sein

$$T^i{}_j = T^{im} g_{mj}$$

und

$$T_{ij} = T^m{}_j g_{mi} .$$

Tatsächlich ist

$$\begin{pmatrix} 2 & -6 & 3 \\ -1 & 6 & -2 \\ 1 & -3 & 1 \end{pmatrix} \cdot \begin{pmatrix} 1 & 1 & 1 \\ 1 & 2 & 2 \\ 1 & 2 & 3 \end{pmatrix} = \begin{pmatrix} -1 & -4 & -1 \\ 3 & 7 & 5 \\ -1 & -3 & -2 \end{pmatrix}$$

und

$$\begin{pmatrix} 1 & 1 & 1 \\ 1 & 2 & 2 \\ 1 & 2 & 3 \end{pmatrix} \cdot \begin{pmatrix} -1 & -4 & -1 \\ 3 & 7 & 5 \\ -1 & -3 & -2 \end{pmatrix} = \begin{pmatrix} 1 & 0 & 2 \\ 3 & 4 & 5 \\ 2 & 1 & 3 \end{pmatrix}.$$

(Bei der letzten Matrizenmultiplikation mußte die Reihenfolge der Faktoren vertauscht werden, weil über den ersten Index summiert wurde.) Entsprechend muß gelten:

$$T_i^j = T_{im} g^{mj}.$$

Tatsächlich ist

$$\begin{pmatrix} 1 & 0 & 2 \\ 3 & 4 & 5 \\ 2 & 1 & 3 \end{pmatrix} \cdot \begin{pmatrix} 2 & -1 & 0 \\ -1 & 2 & -1 \\ 0 & -1 & 1 \end{pmatrix} = \begin{pmatrix} 2 & -3 & 2 \\ 2 & 0 & 1 \\ 3 & -3 & 2 \end{pmatrix}.$$

Damit sind die Komponenten T^{ij}, $T^i{}_j$, T_i^j, T_{ij} des Tensors

$$\boldsymbol{T} = T^{ij} \boldsymbol{g}_i \boldsymbol{g}_j = T^i{}_j \boldsymbol{g}_i \boldsymbol{g}^j = T_i^j \boldsymbol{g}^i \boldsymbol{g}_j = T_{ij} \boldsymbol{g}^i \boldsymbol{g}^j$$

kontrolliert.

4. Der Metriktensor

Ebenso wie es bei der Matrizenmultiplikation ein „Eins-Element" gibt, nämlich die Einheitsmatrix, so gibt es auch im Tensorkalkül hinsichtlich der verjüngenden Multiplikation ein Eins-Element, den **Einheitstensor** $\boldsymbol{E}$. Er zeichnet sich dadurch aus, daß sein verjüngendes Produkt mit einem Vektor $\boldsymbol{a}$ sowohl von rechts als auch von links wieder den Vektor $\boldsymbol{a}$ ergibt:

$$\boldsymbol{E} \cdot \boldsymbol{a} = \boldsymbol{a} \cdot \boldsymbol{E} = \boldsymbol{a}. \tag{2.22}$$

Schreibt man

$$\boldsymbol{E} = E^{ij} \boldsymbol{g}_i \boldsymbol{g}_j$$

und

$$\boldsymbol{a} = a^k \boldsymbol{g}_k,$$

so folgt aus (2.22):

$$E^{ij} \boldsymbol{g}_i \boldsymbol{g}_j \cdot a^k \boldsymbol{g}_k = a^k \boldsymbol{g}_k \cdot E^{ij} \boldsymbol{g}_i \boldsymbol{g}_j$$

oder

$$E^{ij} a^k \boldsymbol{g}_i g_{jk} = E^{ij} a^k g_{ik} \boldsymbol{g}_j = a^k \boldsymbol{g}_k.$$

Daraus folgt

$$E^{ij} a_j \boldsymbol{g}_i = E^{ij} a_i \boldsymbol{g}_j = a^k \boldsymbol{g}_k.$$

Wir vertauschen in der Mitte die Summationsindizes i und j und ändern rechts k in i:

$$E^{ij} a_j \boldsymbol{g}_i = E^{ji} a_j \boldsymbol{g}_i = a^i \boldsymbol{g}_i. \tag{2.22a}$$

Die erste Gleichheit in (2.22a) ist bei beliebigem Vektor $\boldsymbol{a}$ nur erfüllt, wenn der Tensor $\boldsymbol{E}$ symmetrisch ist:

$$E^{ij} = E^{ji}.$$

Aus der 2. Gleichheit in (2.22a) folgt

$$a^i = E^{ij} a_j. \tag{2.23}$$

Mit den kontravarianten Komponenten des Tensors $\boldsymbol{E}$ kann man demnach einen „Index heraufziehen". Es ist also zu vermuten, daß der Tensor $\boldsymbol{E}$ mit den Metrikkoeffizienten zu tun hat. Wir setzen gemäß (2.3) den Tensor $\boldsymbol{E}$ in anderer Basis an:

$$\boldsymbol{E} = E^i{}_j \boldsymbol{g}_i \boldsymbol{g}^j.$$

Wir schreiben nun die Beziehung

$$\boldsymbol{E} \cdot \boldsymbol{a} = \boldsymbol{a}$$

in Komponenten:

$$E^i{}_j a^k \boldsymbol{g}_i (\boldsymbol{g}^j \cdot \boldsymbol{g}_k) = a^i \boldsymbol{g}_i$$

oder

$$E^i{}_j a^k \delta^j_k \boldsymbol{g}_i = a^i \boldsymbol{g}_i.$$

Daraus folgt:

$$a^i = E^i{}_j a^j. \tag{2.24}$$

Entsprechend erhält man

$$a_i = E_i{}^j a_j \tag{2.25}$$

und

$$a_i = E_{ij} a^j. \tag{2.26}$$

Durch Vergleich von (2.23) bis (2.26) mit (1.36) bis (1.38) ergibt sich für die Komponenten des Einheitstensors:

$$\left.\begin{aligned} E^{ij} &= g^{ij} \\ E^i{}_j &= E_j{}^i = g^i_j = \delta^i_j \\ E_{ij} &= g_{ij}. \end{aligned}\right\} \tag{2.27}$$

Die kovarianten, gemischten und kontravarianten Metrikkoeffizienten sind, wie vermutet, Komponenten ein und desselben Tensors $\boldsymbol{E}$. Man nennt deshalb $\boldsymbol{E}$ den **Metriktensor**[1].

So heißen z.B. die g^{ij} kontravariante Komponenten des Metriktensors oder kürzer und nachlässiger: Kontravarianter Metriktensor. Der gemischte Metriktensor ist das Kronecker-Symbol. Deshalb spricht man auch vom „Kronecker-Tensor".

5. Anwendung: Der Spannungstensor

Denken wir uns einen irgendwie belasteten Körper, in dem ein Koordinatensystem x^1, x^2, x^3 gegeben ist. Wir schneiden ihn längs einer beliebigen Koordinatenebene $x^i = \text{const.}$ auseinander und bringen nach

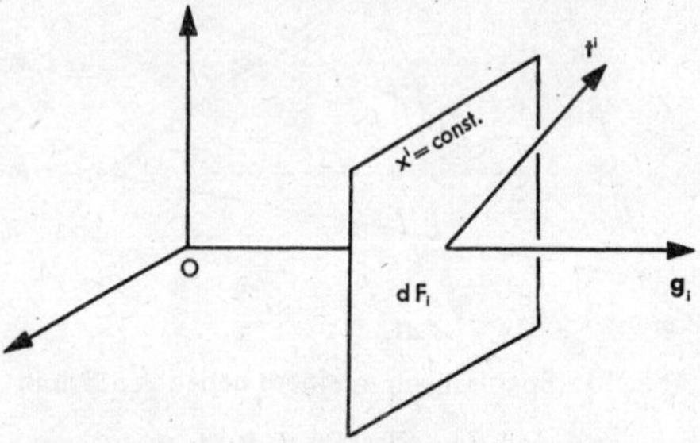

Abb. 9: Spannungen im Schnitt $x^i = \text{const.}$

dem Schnittprinzip eine Ersatzkraft $\boldsymbol{P}^i$ an (siehe Abb. 9). Ist $\boldsymbol{t}^i$ der Spannungsvektor in der Ebene $x^i = \text{const}$, und $\mathrm{d}F_i$ deren Flächenelement, so gilt für den Kraftvektor

$$\boldsymbol{P}^i = \boldsymbol{t}^{(i)}\,\mathrm{d}F_{(i)}.$$

Die runden Klammern deuten an, daß über i **nicht** summiert werden darf.

Man zerlegt nun den Spannungsvektor $\boldsymbol{t}^i$ in seine Komponenten τ^{ij} längs der Basis $\boldsymbol{g}_j$:

$$\boldsymbol{t}^i = \tau^{ij}\boldsymbol{g}_j. \tag{2.28}$$

Wir interessieren uns jetzt für den Spannungsvektor $\boldsymbol{t}$ in einer beliebigen Ebene, die schief zu den Koordinatenachsen liegt und durch ihren Einheitsnormalenvektor

$$\boldsymbol{n} = n^k \boldsymbol{g}_k \quad \text{mit} \quad |\boldsymbol{n}| = 1 \tag{2.29}$$

[1] Im Tensorkalkül verwendet man im obigen Sinne für $\boldsymbol{E}$ nur das Wort „Metriktensor". Vom „Einheitstensor" spricht man dagegen meistens nur im Zusammenhang mit dem gemischten Kronecker-Symbol $\delta_i^{\,j}$.

festgelegt wird. Man schneidet dazu ein infinitesimales Tetraeder (Abb. 10) aus dem Körper heraus und betrachtet an ihm das Gleichgewicht der Kräfte. Dieses liefert

$$\boldsymbol{t}\,\mathrm{d}F = \boldsymbol{t}^1\,\mathrm{d}F_1 + \boldsymbol{t}^2\,\mathrm{d}F_2 + \boldsymbol{t}^3\,\mathrm{d}F_3 = \boldsymbol{t}^i\,\mathrm{d}F_i. \qquad (2.30)$$

Die Flächen $\mathrm{d}F_i$ der von den Koordinatenebenen abgeschnittenen Dreiecke lassen sich durch die Fläche $\mathrm{d}F$ ausdrücken. Weil $\boldsymbol{n}$ und $\boldsymbol{g}_i$

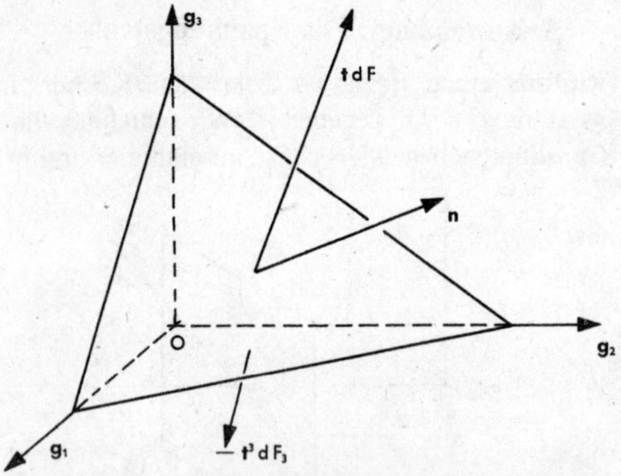

Abb. 10: Spannungen in einem beliebigen Schnitt

Einheitsvektoren sind, ist das Skalarprodukt $\boldsymbol{n} \cdot \boldsymbol{g}_i$ der Kosinus des Winkels, den die $\mathrm{d}F$-Ebene mit der $\mathrm{d}F_i$-Ebene bildet. Demnach gilt

$$\begin{aligned}\mathrm{d}F_i &= \mathrm{d}F(\boldsymbol{n} \cdot \boldsymbol{g}_i)\\ &= \mathrm{d}F(n^k g_{ik}) = n_i\,\mathrm{d}F.\end{aligned}$$

Das setzt man in (2.30) ein:

$$\boldsymbol{t} = \boldsymbol{t}^i\,n_i.$$

Mit (2.28) folgt daraus

$$\boldsymbol{t} = \tau^{ij}\,n_i\,\boldsymbol{g}_j.$$

Setzt man noch

$$\boldsymbol{t} = t^j\,\boldsymbol{g}_j, \qquad (2.31)$$

so ergibt sich

$$t^j = \tau^{ij}\,n_i.$$

Diese Beziehung läßt vermuten, daß sich der Spannungsvektor $\boldsymbol{t}$ in der durch den Einheitsvektor $\boldsymbol{n}$ festgelegten Ebene als verjüngendes Produkt eines Tensors $\boldsymbol{T}$ mit dem Vektor $\boldsymbol{n}$ darstellen läßt:

$$\boldsymbol{t} = \boldsymbol{T} \cdot \boldsymbol{n}.$$

Wir machen für den Tensor den Ansatz

$$\boldsymbol{T} = \tau^{ij} \boldsymbol{g}_i \boldsymbol{g}_j$$

und rechnen

$$\boldsymbol{t} = \tau^{ij} \boldsymbol{g}_i n^k (\boldsymbol{g}_j \cdot \boldsymbol{g}_k)$$

$$= \tau^{ij} n_j \boldsymbol{g}_i$$

oder

$$t^i = \tau^{ij} n_j.$$

Wie man leicht mit Hilfe des Momentengleichgewichts zeigen kann, ist die Matrix der τ^{ij} symmetrisch. Demnach entspricht das der Beziehung (2.31).

Der symmetrische Tensor

$$\boldsymbol{T} = \tau^{ij} \boldsymbol{g}_i \boldsymbol{g}_j \tag{2.32}$$

heißt **Spannungstensor.**

Seine kontravarianten Komponenten τ^{ij} sind die Elemente der Spannungsmatrix. Vom Spannungstensor dürfte der Name „Tensor" herkommen, da dieses Wort vom lateinischen Verb „tendere = spannen" herrührt.

Wir kommen jetzt zum Hauptspannungsproblem. Gesucht ist die „Hauptspannungsebene", nämlich die Ebene, in der nur Normalspannungen wirken. Der Spannungsvektor $\boldsymbol{t}$ muß also die Richtung des Normalenvektors $\boldsymbol{n}$ haben. Mit dem Proportionalitätsfaktor λ wird

$$\boldsymbol{t} = \lambda \boldsymbol{n}$$

oder

$$\tau^{ij} n_i \boldsymbol{g}_j = \lambda n^j \boldsymbol{g}_j.$$

Wegen

$$n^j = g^{ji} n_i$$

folgt daraus

$$n_i (\tau^{ij} - \lambda g^{ij}) = 0.$$

Die Basis $\boldsymbol{g}^i$ war orthonormiert. Deshalb kann man schreiben

$$n_i (\tau^{ij} - \lambda \delta^{ij}) = 0.$$

In dem vorliegenden orthonormierten Koordinatensystem fallen die kovariante und kontravariante Basis zusammen. Man könnte deshalb sämtliche Indizes unten anbringen, wie man es zuweilen in der Literatur findet. Es gilt dann

$$n_i (\tau_{ij} - \lambda \delta_{ij}) = 0. \tag{2.33}$$

Das ist ein homogenes Gleichungssystem für die n_i. Es hat nur nichttriviale Lösungen, wenn seine Determinante verschwindet. Für das räumliche Hauptspannungsproblem muß also gelten:

$$\begin{vmatrix} \tau_{11}-\lambda & \tau_{12} & \tau_{13} \\ \tau_{12} & \tau_{22}-\lambda & \tau_{23} \\ \tau_{13} & \tau_{23} & \tau_{33}-\lambda \end{vmatrix} = 0. \tag{2.34}$$

Diese Beziehung nennt man **charakteristische Gleichung.**

Sie ist eine kubische Gleichung zur Bestimmung von λ. Ihre drei Lösungen $\lambda_1, \lambda_2, \lambda_3$ heißen „Eigenwerte".

Sind sie bekannt, so kann man jeweils aus den drei Gleichungen (2.33) die drei Komponenten n_i bestimmen. Zu jedem Eigenwert gehört also ein „Eigenvektor" $\boldsymbol{n}$, der die „Eigenrichtung" festlegt.

Die Eigenwerte und Eigenvektoren sind bei symmetrischem Spannungstensor reell.

Um das (indirekt) zu beweisen, geht man von (2.33) aus

$$\tau_{ij}\, n_i = \lambda\, n_j. \tag{2.35}$$

Die Spannungen τ_{ij} sind reell vorausgesetzt. Wir denken uns nun, komplexe Eigenvektoren erhalten zu haben. Die konjugiert komplexe Zahl zu n_j sei $\bar{n}_j$. Wir multiplizieren (2.35) beiderseits mit $\bar{n}_j$:

$$\tau_{ij}\, n_i\, \bar{n}_j = \lambda\, n_j\, \bar{n}_j\,.$$

Weil τ_{ij} symmetrisch ist, können wir dafür schreiben

$$\tfrac{1}{2}\, \tau_{ij}(n_i\, \bar{n}_j + n_j\, \bar{n}_i) = \lambda\, n_j\, \bar{n}_j\,.$$

Die rechte Seite ist bis auf λ reell. Auf der linken Seite setzen wir

$$n_i = a_i + i\, b_i$$

$$\bar{n}_i = a_i - i\, b_i$$

und erhalten

$$\tfrac{1}{2}\,(n_i\, \bar{n}_j + n_j\, \bar{n}_i) = a_i\, a_j + b_i\, b_j\,.$$

Das sind reelle Zahlen. Damit sind in der Gleichung alle Größen bis auf λ reell. Also muß auch λ selbst reell sein. Weil aber (2.35) ein lineares Gleichungssystem für die n_i ist, ergeben sich auch reelle Eigenvektoren, was wir beweisen wollten. Setzt man voraus, daß

$$\boldsymbol{n}_1 = n_i^{(1)}\, \boldsymbol{g}_i$$

und

$$\boldsymbol{n}_2 = n_j^{(2)}\, \boldsymbol{g}_j$$

zwei (reelle) Eigenvektoren sind, die zu den Eigenwerten λ_1 und λ_2 gehören, dann gelten gemäß (2.35) die Beziehungen

$$\tau_{ij} n_j^{(1)} = n_i^{(1)} \lambda_1 \qquad (2.36\,a)$$

$$\tau_{ij} n_j^{(2)} = n_i^{(2)} \lambda_2 \,. \qquad (2.36\,b)$$

Wir bilden das Skalarprodukt $\boldsymbol{n}_1 \cdot \boldsymbol{n}_2$ und erhalten mit (2.36b):

$$\boldsymbol{n}_1 \cdot \boldsymbol{n}_2 = n_i^{(1)} n_i^{(2)} = n_i^{(1)} \cdot \frac{1}{\lambda_2} \tau_{ij} n_j^{(2)} \,.$$

Mit Berücksichtigung der Symmetrie von τ_{ij} setzt man aus (2.36a) ein und erhält

$$\boldsymbol{n}_1 \cdot \boldsymbol{n}_2 = \frac{\lambda_1}{\lambda_2} n_j^{(1)} n_j^{(2)} = \frac{\lambda_1}{\lambda_2} \boldsymbol{n}_1 \cdot \boldsymbol{n}_2 \,.$$

Weil $\lambda_1 \neq \lambda_2$ ist, folgt daraus

$$\boldsymbol{n}_1 \cdot \boldsymbol{n}_2 = 0 \,.$$

Also gilt der Satz:

Die Eigenvektoren stehen aufeinander senkrecht.

Die Transformation von einer beliebigen Basis $\boldsymbol{g}_i$ auf die Basis $\boldsymbol{n}_i$ der Eigenvektoren heißt „Hauptachsentransformation“. Weil nach obigem Satz die Basis $\boldsymbol{n}_i$ orthogonal ist, handelt es sich um eine „orthogonale Transformation“. Diese soll jetzt näher betrachtet werden.

6. Transformation und Abbildung

Wir hatten bereits die allgemeine lineare Transformation kennengelernt, z. B. nach (1.50) für die kovarianten Basen:

$$\bar{\boldsymbol{g}}_i = \underline{a}_i^k \boldsymbol{g}_k \,, \qquad \boldsymbol{g}_i = \bar{a}_i^k \bar{\boldsymbol{g}}_k \,.$$

Wenn beide Basen $\boldsymbol{g}_i$ und $\bar{\boldsymbol{g}}_i$ orthonormiert sind, liegt eine **orthogonale Transformation** vor. Man bezeichnet wie vorher die Basis mit $\boldsymbol{e}$ statt $\boldsymbol{g}$.

Die Transformation lautet dann:

$$\bar{\boldsymbol{e}}_i = \underline{a}_i^k \boldsymbol{e}_k \,, \qquad \boldsymbol{e}_i = \bar{a}_i^k \bar{\boldsymbol{e}}_k \,, \qquad (2.37)$$

wobei für die Basen gemäß (1.24) gilt:

$$\boldsymbol{e}_i \cdot \boldsymbol{e}_j = \delta_{ij} \,, \quad \bar{\boldsymbol{e}}_i \cdot \bar{\boldsymbol{e}}_j = \delta_{ij} \,. \qquad (2.38)$$

Setzt man nun (2.37) in (2.38) ein, so ergibt sich entweder

$$\delta_{ij} = \underline{a}_i^k \underline{a}_j^l \delta_{kl}$$

oder

$$\delta_{ij} = \bar{a}_i^k \bar{a}_j^l \delta_{kl} \,.$$

Bei einer orthogonalen Transformation müssen demnach die Transformationsmatrizen die folgenden Orthogonalitätsbeziehungen erfüllen:

$$\sum_k \underline{a}_i^k \underline{a}_j^k = \delta_{ij}$$

oder (2.39)

$$\sum_k \bar{a}_i^k \bar{a}_j^k = \delta_{ij} .$$

Eine Matrix a_i^k, für die (2.39) gilt, heißt **orthogonale Matrix**. Bildet man im Matrizenprodukt

$$\sum_k a_i^k a_j^k = \delta_{ij}$$

die Determinanten, so erhält man

$$[\det(a_i^k)]^2 = 1$$

oder (2.40)

$$\det(a_i^k) = \pm 1 .$$

Die Determinante einer orthogonalen Matrix ist demnach gleich $+1$ oder -1.

Vergleicht man (2.39) mit (1.41), so ergibt sich, wenn wir uns eine Nachlässigkeit in der Indexschreibweise erlauben:

$$\bar{a}_k^j = \underline{a}_j^k . \tag{2.41}$$

Daraus folgt der Satz:
Für eine orthogonale Matrix ist die inverse Matrix gleich der transponierten.

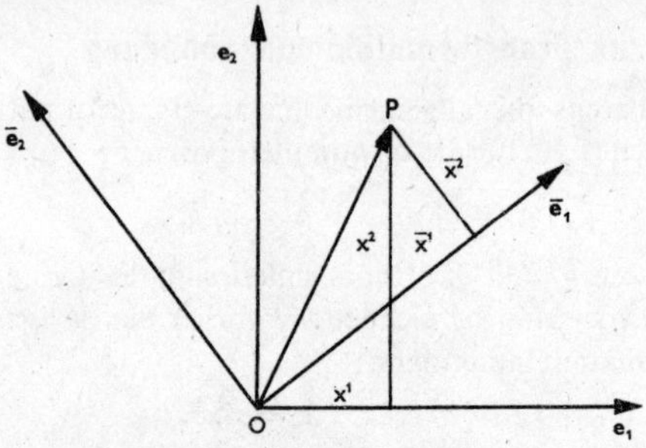

Abb. 11: Transformation

Ein Punkt P habe in der Basis $\boldsymbol{e}_i$ die Koordinaten x^i. Sein Ortsvektor ist (Abb. 11):

$$\boldsymbol{OP} = x^i \boldsymbol{e}_i .$$

Derselbe Ortsvektor lautet in der anderen Basis $\bar{\boldsymbol{e}}_i$:

$$\boldsymbol{OP} = \bar{x}^i \bar{\boldsymbol{e}}_i .$$

Gemäß (1.50 b) transformieren sich die Koordinaten x^i ebenfalls durch orthogonale Transformation:

$$\bar{x}^i = \bar{a}^i_k \, x^k .$$

Denkt man sich jetzt die Basis erhalten ($\bar{e}_i = e_i$) und nur die Koordinaten x^i orthogonal transformiert, so geht der Vektor ***OP*** durch Drehung um den Ursprung *O* in den Vektor ***OP'*** über (Abb. 12). In diesem Fall handelt es sich um eine **Abbildung** des Vektors ***OP*** auf den Vektor ***OP'***. Durch orthogonale Transformation der Koordinaten bleibt eine geometrische Figur demnach erhalten. Sie wird **kongruent** abgebildet. Ist die Determinante der Transformationsmatrix gleich +1, so liegt eine **Drehung** vor, ist sie gleich −1, so kommt eine **Spiegelung** hinzu.

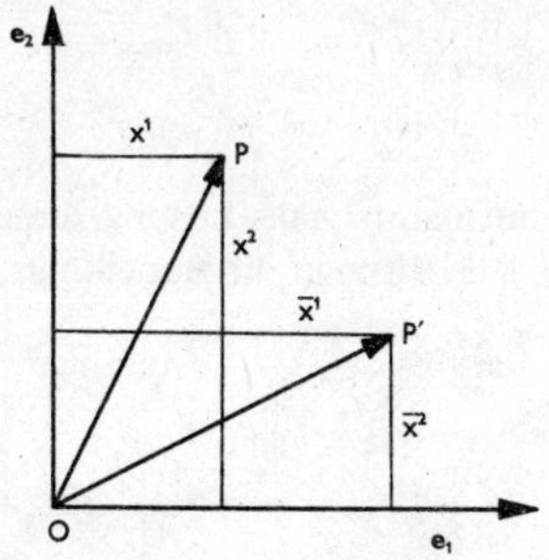

Abb. 12: Abbildung

Unterwirft man die Koordinaten einer allgemeinen linearen Transformation, so wird eine geometrische Figur ähnlich oder „affin“ abgebildet. Es entsprechen also einander
lineare Transformation und **affine Abbildung,**
orthogonale Transformation und **kongruente Abbildung.**

7. Die Hauptachsentransformation des symmetrischen Tensors 2. Stufe

Unter Hauptachsentransformation eines Tensors 2. Stufe wollen wir jetzt folgendes verstehen:

Nach Ausführung einer linearen Transformation soll die Matrix des Tensors nur noch Diagonalglieder enthalten. Beim Spannungstensor hatten wir bereits gesehen, daß die Hauptspannungsrichtungen aufeinander senkrecht stehen. Der Einfachheit halber denken wir uns einen kovarianten Tensor T_{kl} bereits in einer orthogonalen Basis gegeben. Dann handelt es sich um eine orthogonale Transformation. Gemäß (2.7b) gilt dafür

$$\bar{T}_{ij} = \underline{a}_i^k \, \underline{a}_j^l \, T_{kl}$$

wobei die $\underline{a}_i^k$ die Beziehung (2.39) erfüllen müssen. Unter Berücksichtigung von (1.42) multipliziert man auf beiden Seiten mit $\bar{a}_m^i$:

$$\bar{a}_m^i \, \bar{T}_{ij} = \delta_m^k \, \underline{a}_j^l \, T_{kl} \, .$$

Weil die Matrix $\bar{T}_{ij}$ nur Glieder in der Hauptdiagonalen enthalten soll, schreibt man

$$\bar{a}_m^i \, \bar{T}_{(ii)} = \underline{a}_i^l \, T_{ml} \, .$$

Berücksichtigt man (2.41) für orthogonale Transformationen, so gilt

$$\underline{a}_i^m \, \bar{T}_{(ii)} = \underline{a}_i^l \, T_{ml}$$

oder

$$\underline{a}_i^l (T_{ml} - \delta_l^m \, \bar{T}_{(ii)}) = 0 \, .$$

Als Bedingung für eine nichttriviale Lösung dieses homogenen Gleichungssystems für die $\underline{a}_i^l$ erhält man die Beziehung:

$$\begin{vmatrix} T_{11} - \bar{T}_{(ii)} & T_{12} & T_{13} \\ T_{12} & T_{22} - \bar{T}_{(ii)} & T_{23} \\ T_{13} & T_{23} & T_{33} - \bar{T}_{(ii)} \end{vmatrix} = 0 \, . \tag{2.42}$$

Wir vergleichen sie mit (2.34) und stellen fest, daß wir wieder bei der charakteristischen Gleichung sind. Sie besitzt für symmetrische Matrizen stets reelle Eigenwerte. Demnach ist für den symmetrischen Tensor 2. Stufe in kartesischen Koordinaten stets eine Hauptachsentransformation ausführbar.

Wir schreiben (2.42) als kubische Gleichung:

$$T^3 - J_1 T^2 + J_2 T - J_3 = 0$$

Ihre Wurzeln sind die Komponenten $\bar{T}_{(ii)}$. Sie sind invariant. Deshalb müssen auch die Koeffizienten J_1, J_2, J_3 invariant sein. Man nennt sie die skalaren Invarianten des Tensors 2. Stufe. Nach dem Viétaschen Satz lauten sie:

$$J_1 = T_{ii} = T_{11} + T_{22} + T_{33}$$

$$J_2 = T_{11} T_{22} + T_{22} T_{33} + T_{33} T_{11} - (T_{12})^2 - (T_{23})^2 - (T_{31})^2 \tag{2.43}$$

$$J_3 = \det(T_{ij}) \, .$$

Diese skalaren Invarianten sind typisch für den symmetrischen Tensor 2. Stufe. Der Tensor 1. Stufe hatte demgegenüber nur eine Invariante, seine Länge.

Anwendungsbeispiel: Fläche 2. Ordnung.

Die Gleichung einer Fläche 2. Ordnung, die symmetrisch zu den Koordinatenebenen $x^i = \text{const.}$ liegt, wird gegeben durch die quadratische Form.

$$u_{11}\,x^1\,x^1 + u_{22}\,x^2\,x^2 + u_{33}\,x^3\,x^3$$
$$+ 2\,u_{12}\,x^1\,x^2 + 2\,u_{23}\,x^2\,x^3 + 2\,u_{31}\,x^3\,x^1 = v$$

oder kürzer geschrieben:

$$u_{ij}\,x^i\,x^j = v$$

mit

$$u_{ij} = u_{ji}\,.$$

Die quadratische Form ist invariant.

Nach orthogonaler Transformation der Koordinaten entsteht die neue Gleichung

$$\bar{u}_{ij}\,\bar{x}^i\,\bar{x}^j = v\,.$$

Setzt man gemäß (1.50)

$$x^i = \underline{a}^i_k\,\bar{x}^k\,,$$

so sieht man durch Vergleich:

$$\bar{u}_{kl} = \underline{a}^i_k\,\underline{a}^j_l\,u_{ij}\,.$$

Nach (2.7b) ist demnach die Koeffizientenmatrix u_{ij} ein kovarianter Tensor 2. Stufe[1]. Um die Hauptachsen einer Fläche 2. Ordnung zu bestimmen, kann man also wieder die charakteristische Gleichung heranziehen[2].

Rechenbeispiel: Kurve 2. Ordnung.

In der (x, y)-Ebene ist die Gleichung eines Kegelschnitts gegeben:

$$5\,x^2 + 4\,x\,y + 8\,y^2 = 36\,.$$

Man führe die Hauptachsentransformation durch.

[1] Zum Vergleich schlage man Seite 38 auf: Dort war die Koeffizientenmatrix der Ebenengleichung ein Tensor 1. Stufe.

[2] Die Betrachtung ist unvollständig, weil nur die Drehung berücksichtigt wurde und keine Parallelverschiebung. Wer sich dafür tiefergehend interessiert, kann z. B. im Lehrbuch von L. Bieberbach: Einführung in die analytische Geometrie, Bielefeld 1950, Seite 132 bis 149 nachschlagen.

Die Komponenten des Tensors sind

$$(u_{ij}) = \begin{pmatrix} 5 & 2 \\ 2 & 8 \end{pmatrix}.$$

Die charakteristische Gleichung lautet dann

$$\begin{vmatrix} 5-\lambda & 2 \\ 2 & 8-\lambda \end{vmatrix} = 0$$

oder

$$\lambda^2 - 13\,\lambda + 36 = 0\,.$$

Die Eigenwerte sind

$$\lambda_1 = 4 \quad \text{und} \quad \lambda_2 = 9\,.$$

Die Gleichung des Kegelschnitts lautet also in Hauptachsenform:

$$4\,x^2 + 9\,y^2 = 36$$

oder

$$\left(\frac{x}{3}\right)^2 + \left(\frac{y}{2}\right)^2 = 1\,.$$

Das ist eine Ellipse mit den Halbachsen

$$a = 3 \quad \text{und} \quad b = 2\,.$$

8. Tensoren höherer Stufe

Wir haben bis jetzt nur den Tensor $\boldsymbol{T}^{(1)}$ erster Stufe und den Tensor $\boldsymbol{T}^{(2)}$ zweiter Stufe betrachtet:

$$\boldsymbol{T}^{(1)} = T^i\,\boldsymbol{g}_i$$
$$\boldsymbol{T}^{(2)} = T^{ij}\,\boldsymbol{g}_i\,\boldsymbol{g}_j.$$

Dabei waren die Größen $\boldsymbol{T}^{(1)}$ und $\boldsymbol{T}^{(2)}$ invariant gegen Koordinatentransformationen, was bis jetzt stillschweigend vorausgesetzt wurde. Denn transformiert man z.B. den Tensor

$$\boldsymbol{T}^{(2)} = T^{ij}\,\boldsymbol{g}_i\,\boldsymbol{g}_j$$

auf eine neue Basis $\bar{\boldsymbol{g}}_i$, so entsteht daraus der Tensor

$$\bar{\boldsymbol{T}}^{(2)} = \bar{T}^{ij}\,\bar{\boldsymbol{g}}_i\,\bar{\boldsymbol{g}}_j.$$

Weil aber die Größe $\boldsymbol{T}^{(2)}$ invariant sein soll, muß gelten:

$$\bar{\boldsymbol{T}}^{(2)} = \boldsymbol{T}^{(2)}.$$

Hierauf beruhte die Beziehung (2.5):

$$\bar{T}^{(2)} = \bar{T}^{ij} \bar{g}_i \bar{g}_j = T^{ij} g_i g_j = T^{(2)}.$$

Sie war grundlegend zur Herleitung der Transformationsregeln des Tensors 2. Stufe.

In der Betrachtung der Nr. 1 dieses Kapitels (Seite 41ff.) sei das tensorielle Produkt von zwei Faktoren auf beliebig viele erweitert. So gelangt man zum Tensor höherer Stufe. Man definiert:

Ein **Tensor N-ter Stufe** ist eine invariante Größe $T^{(N)}$, deren Basis ein tensorielles Produkt von N Grundvektoren ist:

$$T^{(N)} = T^{ijk\dots l} g_i g_j g_k \cdots g_l. \tag{2.44}$$

Dabei sind in (2.44) die Komponenten $T^{ijk\dots l}$ rein kontravariant. Natürlich lassen sich für den Tensor je nach Wahl der Basisvektoren auch rein kovariante Komponenten angeben, ferner gemischte Komponenten verschiedener Art. Wie man leicht nachzählt, gibt es für den Tensor N-ter Stufe insgesamt 2^N Arten von Komponenten: Rein kovariante, rein kontravariante und $(2^N - 2)$ Arten von gemischten Komponenten. Dabei besteht jede Komponentenart im dreidimensionalen Raum aus 3^N Komponenten. Der Tensor 3. Stufe hat z.B. $2^3 = 8$ Arten von Komponenten:

$$T^{ijk},\ T_i^{jk},\ T^{i\ k}_{\ j},\ T^{ij}_{\ \ k},\ T_{ijk},\ T^i_{\ jk},\ T_{i\ k}^{\ j},\ T_{ij}^{\ \ k}.$$

Jede davon, z.B. T^{ijk} besteht aus $3^3 = 27$ Komponenten.

Zum besseren Verständnis schreiben wir noch die Tensoren bis $N = 4$ in kontravarianten Komponenten auf:

$$\begin{aligned} T^{(0)} &= T \\ T^{(1)} &= T^i g_i \\ T^{(2)} &= T^{ij} g_i g_j \\ T^{(3)} &= T^{ijk} g_i g_j g_k \\ T^{(4)} &= T^{ijkl} g_i g_j g_k g_l. \end{aligned}$$

Man sieht daran, daß sich in diese Reihe auch die skalare Invariante T als Tensor nullter Stufe einordnet. So ist z.B. die Länge eines Vektors $\boldsymbol{x}$ gemäß (1.26) ein Tensor nullter Stufe.

Auf demselben Weg wie für den Tensor 2. Stufe unter Nr. 2 dieses Kapitels (Seite 43ff.) lassen sich leicht die Transformationsgesetzte für den Tensor N-ter Stufe herleiten. So ergibt sich die folgende **allgemeine Transformationsregel:**

Für jeden kovarianten bzw. kontravarianten Index gilt dieselbe Transformationsregel (1.50b) wie für die kovarianten bzw. kontravarianten Komponenten eines Tensors 1. Stufe.

Beispiele hierfür:

1. $$\bar{T}^{ijkl} = \bar{a}^i_m \, \bar{a}^j_n \, \bar{a}^k_p \, \bar{a}^l_q \, T^{mnpq}$$

2. $$\bar{T}^{ij}{}_k{}^l = \bar{a}^i_m \, \bar{a}^j_n \, \underline{a}^p_k \, \bar{a}^l_q \, T^{mn}{}_p{}^q$$

3. $$T_{ij}{}^{kl} = \bar{a}^m_i \, \bar{a}^n_j \, \underline{a}^k_p \, \underline{a}^l_q \, \bar{T}_{mn}{}^{pq}$$

4. Für den Tensor 2. Stufe sieht man sofort an (2.6) bis (2.9) bestätigt, daß diese Transformationsregel gilt.

Wie für Tensoren 1. und 2. Stufe kann man allgemein die obige Transformationsregel zur **Definition des Tensors N-ter Stufe** heranziehen, indem man sagt:

Transformiert sich in einer *N*-fach indizierten Größe jeder obere Index wie ein kontravarianter Vektor, jeder untere Index wie ein kovarianter Vektor, so handelt es sich um Komponenten eines Tensors *N*-ter Stufe.

9. Rechenregeln für Tensoren

Die Rechenregeln sind teilweise von den Vektoren und den Tensoren 2. Stufe her bekannt. Wir wollen sie für Tensoren höherer Stufe zusammenstellen:

a) Addition

Tensoren gleicher Stufe werden addiert, indem man ihre entsprechenden Komponenten addiert.

Beispiel: Die Addition der Tensoren 3. Stufe $\boldsymbol{u}$ und $\boldsymbol{v}$ ergibt den Tensor $\boldsymbol{w}$:

$$\boldsymbol{u} + \boldsymbol{v} = \boldsymbol{w}$$

oder

$$u^{ijk} \boldsymbol{g}_i \boldsymbol{g}_j \boldsymbol{g}_k + v^{ijk} \boldsymbol{g}_i \boldsymbol{g}_j \boldsymbol{g}_k = w^{ijk} \boldsymbol{g}_i \boldsymbol{g}_j \boldsymbol{g}_k$$

mit

$$w^{ijk} = u^{ijk} + v^{ijk}.$$

Die Addition ist kommutativ:

$$\boldsymbol{u} + \boldsymbol{v} = \boldsymbol{v} + \boldsymbol{u}.$$

b) Tensorielles Produkt

Das tensorielle Produkt $\boldsymbol{u}\,\boldsymbol{v}$ eines Tensors M-ter Stufe $\boldsymbol{u}$ mit einem Tensor N-ter Stufe $\boldsymbol{v}$ ergibt einen Tensor $(M+N)$-ter Stufe $\boldsymbol{w}$.

Beispiel:

$$\boldsymbol{u} = u^{ij} \boldsymbol{g}_i \boldsymbol{g}_j, \qquad \boldsymbol{v} = v^{klm} \boldsymbol{g}_k \boldsymbol{g}_l \boldsymbol{g}_m$$

$$\boldsymbol{u}\,\boldsymbol{v} = u^{ij} \boldsymbol{g}_i \boldsymbol{g}_j v^{klm} \boldsymbol{g}_k \boldsymbol{g}_l \boldsymbol{g}_m$$

$$= w^{ijklm} \boldsymbol{g}_i \boldsymbol{g}_j \boldsymbol{g}_k \boldsymbol{g}_l \boldsymbol{g}_m.$$

In Vektorschreibweise ist das tensorielle Produkt nicht kommutativ: Die Grundvektoren dürfen nicht vertauscht werden, weil das verjüngende Produkt unter c) sonst nicht sinnvoll definiert wäre. In Komponentenschreibweise ist es jedoch kommutativ[1]:

$$w^{ijklm} = u^{ij} v^{klm} = v^{klm} u^{ij}.$$

Außerdem gilt das assoziative Gesetz:

$$\boldsymbol{u}(\boldsymbol{v}\,\boldsymbol{w}) = (\boldsymbol{u}\,\boldsymbol{v})\,\boldsymbol{w}.$$

Für die Verknüpfung mit der Addition gilt das distributive Gesetz gemäß 1., Seite 41. Die Multiplikation mit Skalaren gemäß 2., Seite 41, ist jetzt hierin enthalten, weil ja der Skalar ein Tensor nullter Stufe ist.

c) Verjüngendes Produkt

Das verjüngende Produkt zweier Tensoren entsteht durch skalare Multiplikation der zugehörigen Grundvektoren.

Beispiel:

$$(u^{ijk} \boldsymbol{g}_i \boldsymbol{g}_j \boldsymbol{g}_k) \cdot (v^{lm} \boldsymbol{g}_l \boldsymbol{g}_m)$$

$$= u^{ijk} v^{lm} g_{kl} \boldsymbol{g}_i \boldsymbol{g}_j \boldsymbol{g}_m$$

$$= u^{ijk} v_k{}^m \boldsymbol{g}_i \boldsymbol{g}_j \boldsymbol{g}_m$$

$$= w^{ijm} \boldsymbol{g}_i \boldsymbol{g}_j \boldsymbol{g}_m.$$

In Komponenten:

$$u^{ijk} v_k{}^m = w^{ijm}.$$

Man nennt das verjüngende Produkt in Komponentendarstellung **Überschiebung.**

Das verjüngende Produkt selbst ist nicht kommutativ, denn wir hatten z.B. beim Tensor 2. Stufe Multiplikation von rechts und von links unterschieden. Dagegen ist die Überschiebung (Komponentendarstellung) kommutativ[1]:

$$u^{ijk} v_k{}^m = v_k{}^m u^{ijk}.$$

[1] In der Tensorrechnung bedient man sich meistens nur der Komponentendarstellung, in welcher der Tensor nur durch sein Transformationsverhalten erklärt wird. Hier wurden jedoch die Tensoren außerdem stets mit Vektorbasen eingeführt. Deshalb muß der obige kleine Unterschied in Kauf genommen werden.

Für die Überschiebung gilt der **Satz:**

Die Überschiebung eines Tensors M-ter Stufe mit einem Tensor N-ter Stufe führt auf einen Tensor $(M+N-2)$-ter Stufe.

Das kann man auch mit Hilfe der Transformationsregeln beweisen. Im Beispiel gilt:

$$\bar{u}^{ijk}\,\bar{v}_k{}^m = \bar{a}^i_n\,\bar{a}^j_p\,\bar{a}^k_q\,\underline{a}^r_k\,\bar{a}^m_s\,u^{npq}\,v_r{}^s.$$

Wegen

$$\bar{a}^k_q\,\underline{a}^r_k = \delta^r_q$$

entsteht daraus

$$\bar{w}^{ijm} = \bar{a}^i_n\,\bar{a}^j_p\,\bar{a}^m_s\,w^{nps},$$

als Transformationsgesetz für die w^{ijk}. Es handelt sich dabei also um einen Tensor 3. Stufe. Für den Tensor N-ter Stufe verläuft der Beweis entsprechend.

Sonderfall: Bei Tensoren 1. Stufe wird die Überschiebung zum Skalarprodukt von Vektoren:

$$(u^i\,\boldsymbol{g}_i)\cdot(v^j\,\boldsymbol{g}_j) = u^i\,v_i = w.$$

Das Skalarprodukt

$$w = u^i\,v_i$$

ist also ein Tensor nullter Stufe.

d) Herauf- und Herunterziehen der Indizes

Eine wichtige Anwendung der Überschiebung ist das Herauf- und Herunterziehen der Indizes mit Hilfe des Metriktensors. Will man z.B. im Tensor 3. Stufe $u^{ij}{}_k$ den Index k heraufziehen, so überschiebt man mit dem kontravarianten Metriktensor g^{kl} und erhält

$$u^{ij}{}_k\,g^{kl} = u^{ijl}.$$

Die Herleitung für das Herauf- und Herunterziehen des Index erfolgt für Tensoren N-ter Stufe genauso wie beim Tensor 2. Stufe unter Nr. 3 dieses Kapitels.

e) Verjüngung

Bei der Verjüngung wird in einem Tensor N-ter Stufe ein oberer Index einem unteren gleichgesetzt. Durch Summation über dieses Indexpaar entsteht ein Tensor $(N-2)$-ter Stufe, wie man wieder leicht mit Hilfe der Transformationsgesetze zeigen kann.

Beispiele:

1. $$u^{ijk}{}_k{}^l = v^{ijl}.$$

2. Verjüngung des Kronecker-Tensors: Im dreidimensionalen Raum ist $\delta^i_i = 3$, und in der Ebene gilt $\delta^i_i = 2$.

3. In (2.43) ist die Invariante $J_1 = T_{ii}$ als „Spur" der Matrix T_{ij} die Verjüngung eines Tensors 2. Stufe.

4. Ein Spezialfall der Verjüngung ist die Überschiebung, denn diese läßt sich als Verjüngung eines tensoriellen Produkts auffassen.

f) Quotientenregel

Sind in der Beziehung

$$u^i{}_{jk}\, v^{jk} = w^i$$

die Komponenten $u^i{}_{jk}$ und v^{jk} Tensoren, so folgt sofort aus dem vorangehenden Satz für Überschiebungen, daß w^i ein Tensor ist. Um festzustellen, ob ein Tensor vorliegt, ist oft der umgekehrte Weg bedeutsam. Er führt auf die sogenannte **Quotientenregel**, die hier am Beispiel formuliert werden soll:

Sind in der Beziehung

$$u^i{}_{jk}\, v^{jk} = w^i$$

die Größen v^{jk} und w^i Tensoren, so ist auch $u^i{}_{jk}$ ein Tensor.

Beweis:

$$\bar{u}^i{}_{jk}\, \bar{v}^{jk} = \bar{w}^i = \bar{a}^i_l\, w^l = \bar{a}^i_l\, u^l{}_{mn}\, v^{mn}.$$

Weiter gilt

$$v^{mn} = \underline{a}^m_j\, \underline{a}^n_k\, \bar{v}^{jk}.$$

Demnach ist

$$\bar{u}^i{}_{jk}\, \bar{v}^{jk} = \bar{a}^i_l\, \underline{a}^m_j\, \underline{a}^n_k\, u^l{}_{mn}\, \bar{v}^{jk}.$$

Weil $\bar{v}^{jk}$ ein beliebiger Tensor ist, kann man $\bar{v}^{jk}$ ausklammern und erhält

$$\bar{u}^i{}_{jk} = \bar{a}^i_l\, \underline{a}_j{}^m\, \underline{a}^n_k\, u^l{}_{mn}.$$

Also ist $u^i{}_{jk}$ ein Tensor 3. Stufe.

Beispiel: Heraufziehen des Index.

Es gilt

$$x^i = g^{ij}\, x_j.$$

Weil x^i ein kontravarianter und x_j ein kovarianter Vektor ist, folgt mit der Quotientenregel sofort, daß g^{ij} ein Tensor 2. Stufe sein muß.

Aus der Quotientenregel ergibt sich eine weitere **Tensordefinition,** die in der Literatur sehr häufig verwendet wird:
Eine invariante Multilinearform in den Vektorkomponenten x^{i_κ} (Indizes i_1 bis i_N) heißt Tensor N-ter Stufe:

$$J = T_{i_1 i_2 \dots i_N} x^{i_1} x^{i_2} \cdots x^{i_N}.$$

Die Koeffizienten $T_{i_1 \dots i_N}$ sind die Komponenten des Tensors. Man sieht sofort ein, daß auch diese Definition möglich ist. Weil nämlich J eine skalare Invariante ist und x^{i_κ} Vektorkomponenten sind, folgt aus der Quotientenregel, daß die $T_{i_1 \dots i_N}$ Komponenten eines Tensors N-ter Stufe sein müssen.

In dieser Weise wird z. B. ein kovarianter Vektor mit Komponenten A_i als invariante Linearform $A_i x^i$ erklärt:

$$A_i x^i = \bar{A}_j \bar{x}^j.$$

Ein kovarianter Tensor 2. Stufe mit Komponenten B_{ij} ist dann die invariante Bilinearform $B_{ij} x^i y^j$ mit

$$B_{ij} x^i y^j = \bar{B}_{kl} \bar{x}^k \bar{y}^l.$$

Beispiele hierfür waren bereits die Ebenengleichung (Seite 38) und die Fläche 2. Ordnung (Seite 59).

10. Antisymmetrische Tensoren

Ein Tensor 2. Stufe u^{ij} ist **symmetrisch,** wenn

$$u^{ij} = u^{ji}$$

und **antisymmetrisch,** wenn

$$u^{ij} = -u^{ji}.$$

Dann gilt der **Satz:**

Ein beliebiger Tensor 2. Stufe ist stets als Summe eines symmetrischen und eines antisymmetrischen Tensors darstellbar.

Man zeigt das leicht: Sei t^{ij} der beliebige Tensor. Dann ist der Tensor

$$\overset{(s)}{t}{}^{ij} = \tfrac{1}{2}(t^{ij} + t^{ji})$$

symmetrisch und der Tensor

$$\overset{(a)}{t}{}^{ij} = \tfrac{1}{2}(t^{ij} - t^{ji})$$

antisymmetrisch. Durch Addition erhält man die Zerlegung:

$$t^{ij} = \overset{(s)}{t^{ij}} + \overset{(a)}{t^{ij}}. \tag{2.45}$$

Bei Tensoren **höherer** Stufe definiert man:
Ein Tensor höherer Stufe ist **symmetrisch hinsichtlich der Indizes** m **und** n, wenn

$$t^{k\ldots m\ldots n\ldots r} = t^{k\ldots n\ldots m\ldots r}.$$

Ein Tensor höherer Stufe ist **antisymmetrisch hinsichtlich der Indizes** m **und** n, wenn

$$t^{k\ldots m\ldots n\ldots r} = -\,t^{k\ldots n\ldots m\ldots r}.$$

Gilt die Symmetrie bzw. Antisymmetrie für die Vertauschung beliebiger Indizes, heißt der Tensor **vollständig symmetrisch** bzw. **vollständig antisymmetrisch.**

Daß es vollständig symmetrische Tensoren gibt, sieht man sofort ein. Dagegen muß gezeigt werden, daß die Definition des vollständig antisymmetrischen Tensors nicht widersprüchlich ist: Sei

$$t^{k\ldots m \overset{R}{\ldots} n\ldots r}$$

ein vollständig antisymmetrischer Tensor. Zwischen den beliebig angeordneten Indizes m und n liegen R Indizes. Durch fortlaufende Vertauschung benachbarter Indizes sollen m und n vertauscht werden. Das ist mit $(2\,R+1)$ Vertauschungen möglich. Nach Definition gilt demnach

$$t^{k\ldots m\ldots n\ldots r} = (-1)^{2\,R+1}\, t^{k\ldots n\ldots m\ldots r}.$$

Weil $(2\,R+1)$ ungerade ist, gilt

$$t^{k\ldots m\ldots n\ldots r} = -\,t^{k\ldots n\ldots m\ldots r}$$

für beliebige Indexplätze m und n. Die Definition ist also widerspruchsfrei.

Betrachten wir den **vollständig antisymmetrischen Tensor 3. Sufe** T^{ijk} **im dreidimensionalen Raum.**

Offensichtlich hat er nur eine unabhängige Komponente

$$T^{123} = T^{231} = T^{312} = -\,T^{132} = -\,T^{213} = -\,T^{321}. \tag{2.46}$$

Alle anderen Komponenten verschwinden, denn z.B. für T^{112} folgt bei Vertauschung der ersten beiden Indizes

$$T^{112} = -\,T^{112}$$

was nur für $T^{112} = 0$ erfüllt sein kann.

Jetzt suchen wir für T^{123} das Transformationsgesetz. Man rechnet unter Berücksichtigung von (2.46):

$$\begin{aligned}\bar{T}^{123} &= \bar{a}_i^1\, \bar{a}_k^2\, \bar{a}_l^3\, T^{ikl} \\ &= (\bar{a}_1^1\, \bar{a}_2^2\, \bar{a}_3^3 + \bar{a}_2^1\, \bar{a}_3^2\, \bar{a}_1^3 \\ &+ \bar{a}_3^1\, \bar{a}_1^2\, \bar{a}_2^3 - \bar{a}_1^1\, \bar{a}_3^2\, \bar{a}_2^3 \\ &- \bar{a}_3^1\, \bar{a}_2^2\, \bar{a}_1^3 - \bar{a}_2^1\, \bar{a}_1^2\, \bar{a}_3^3)\, T^{123}.\end{aligned}$$

In der Klammer steht offensichtlich eine Determinante und es entsteht die Transformationsregel:

$$\bar{T}^{123} = |\bar{a}_l^k|\, T^{123}. \tag{2.47}$$

Jetzt soll das Transformationsgesetz für den Skalar $\frac{1}{\sqrt{g}}$ aufgestellt werden, worin g die Determinante des kovarianten Metriktensors ist. Gemäß (2.6a) ist

$$g_{ij} = \bar{a}_i^k\, \bar{a}_j^l\, \bar{g}_{kl}.$$

Daraus folgt

$$|g_{ij}| = |\bar{a}_i^k| \cdot |\bar{a}_j^l| \cdot |\bar{g}_{kl}|$$

oder

$$g = |\bar{a}_i^k|^2\, \bar{g}$$

oder

$$\frac{1}{\sqrt{\bar{g}}} = |\bar{a}_i^k|\, \frac{1}{\sqrt{g}}. \tag{2.48}$$

Vergleicht man (2.48) mit (2.47), so erkennt man, daß ein vollständig antisymmetrischer Tensor 3. Stufe entsteht, wenn man setzt

$$T^{123} = \frac{1}{\sqrt{g}}.$$

Man nennt ihn den **ε-Tensor.** Seine kontravarianten Komponenten sind

$$\varepsilon^{klm} = \begin{cases} \frac{1}{\sqrt{g}} & \text{für } k\,l\,m \text{ zyklisch} = 1\,2\,3 \\ -\frac{1}{\sqrt{g}} & \text{für } k\,l\,m \text{ zyklisch} = 1\,3\,2 \\ 0 & \text{sonst.} \end{cases} \tag{2.49}$$

Durch Herunterziehen der Indizes folgt für $k\,l\,m$ zyklisch $= 1\,2\,3$:

$$\begin{aligned}\varepsilon_{klm} &= g_{kp}\, g_{lq}\, g_{mr}\, \varepsilon^{pqr} \\ &= |g_{kl}|\, \frac{1}{\sqrt{g}} = \sqrt{g}\,.\end{aligned}$$

Der kovariante ε-Tensor hat also die Komponenten

$$\varepsilon_{klm} = \begin{cases} \sqrt{g} & \text{für } k\,l\,m \text{ zyklisch} = 1\,2\,3 \\ -\sqrt{g} & \text{für } k\,l\,m \text{ zyklisch} = 1\,3\,2 \\ 0 & \text{sonst.} \end{cases} \tag{2.50}$$

Das tensorielle Produkt des kovarianten und kontravarianten Metriktensors muß ein Tensor 6. Stufe sein. Er heißt **Kronecker-Tensor 6. Stufe:**

$$\delta^{pqr}_{klm} = \varepsilon_{klm}\, \varepsilon^{pqr}. \tag{2.51}$$

Seine Komponenten sind

$$\delta^{pqr}_{klm} = \begin{cases} 1 & \text{für } k\,l\,m \text{ und } p\,q\,r \text{ zyklisch gleich} \\ -1 & \text{für } k\,l\,m \text{ und } p\,q\,r \text{ zyklisch ungleich} \\ 0 & \text{sonst.} \end{cases}$$

Hierfür läßt sich noch eine Darstellung als Determinante angeben:

$$\delta^{pqr}_{klm} = \begin{vmatrix} \delta^p_k & \delta^p_l & \delta^p_m \\ \delta^q_k & \delta^q_l & \delta^q_m \\ \delta^r_k & \delta^r_l & \delta^r_m \end{vmatrix}. \tag{2.52}$$

Die Verjüngung für $r = m$ soll δ^{pq}_{kl} heißen und ist

$$\delta^{pq}_{kl} = \delta^{pqm}_{klm} = \begin{vmatrix} \delta^p_k & \delta^p_l \\ \delta^q_k & \delta^q_l \end{vmatrix}. \tag{2.52a}$$

Weitere Verjüngungen:

$$\begin{aligned}\delta^{pl}_{kl} &= \delta^{plm}_{klm} = 2\,\delta^p_k \\ \delta^{kl}_{kl} &= \delta^{klm}_{klm} = 2\,\delta^k_k = 6\,.\end{aligned} \tag{2.52b}$$

Als Anwendung des ε-Tensors und des Kronecker-Tensors 6. Stufe soll jetzt das äußere Vektorprodukt betrachtet werden. Wir hatten es zwar auf Seite 28 einmal benutzt, aber noch nicht vom Tensorstandpunkt her untermauert.

11. Das äußere Produkt

Wir definieren:

Das äußere Produkt zweier Vektoren $x = x^k g_k$ und $y = y^l g_l$ wird gegeben durch die Komponenten

$$s^{kl} = \sqrt{g}\,(x^k y^l - x^l y^k)\,. \tag{2.53}$$

Es handelt sich nicht um einen Tensor, sondern eine „Tensordichte". Jetzt muß gezeigt werden, daß diese Definition für den dreidimensionalen Raum wirklich auf das äußere Produkt des Vektorkalküls führt. Im dreidimensionalen Raum hat die antisymmetrische Matrix der s^{ij} die Form

$$\begin{pmatrix} 0 & s^{12} & s^{13} \\ s^{21} & 0 & s^{23} \\ s^{31} & s^{32} & 0 \end{pmatrix}$$

mit

$$s^{21} = -s^{12}, \quad s^{32} = -s^{23}, \quad s^{13} = -s^{31}.$$

Demnach sind nur drei unabhängige Komponenten

$$u_i = s^{kl} \quad (i, k, l \text{ zyklisch})$$

vorhanden.

Unter Verwendung des kovarianten ε-Tensors nach (2.50) kann man offensichtlich für die rechte Seite von (2.53) schreiben:

$$\varepsilon_{ikl}\, x^k y^l .$$

Damit wird also

$$u_i = \varepsilon_{ikl}\, x^k y^l . \tag{2.54}$$

Es handelt sich bei u_i um eine Überschiebung des Tensors ε_{ikl} mit den Vektoren x^k und y^l. Also sind die u_i kovariante Komponenten eines Vektors. Das äußere Produkt ist demnach im dreidimensionalen Fall wirklich ein Vektor.

Um auch die quantitative Übereinstimmung zu zeigen, bilden wir das äußere Produkt des Vektorkalküls:

$$x \times y = x^k y^l (g_k \times g_l)\,.$$

Weil bekanntlich

$$(g_l \times g_k) = -(g_k \times g_l)$$

gilt, kann man dafür schreiben

$$\begin{aligned} \boldsymbol{x}\times\boldsymbol{y} &= (x^1 y^2 - x^2 y^1)(\boldsymbol{g}_1\times\boldsymbol{g}_2) \\ &+ (x^2 y^3 - x^3 y^2)(\boldsymbol{g}_2\times\boldsymbol{g}_3) \\ &+ (x^3 y^1 - x^1 y^3)(\boldsymbol{g}_3\times\boldsymbol{g}_1)\,. \end{aligned}$$

Nach (1.35) folgt daraus:

$$\begin{aligned} \boldsymbol{x}\times\boldsymbol{y} &= [\boldsymbol{g}_1, \boldsymbol{g}_2, \boldsymbol{g}_3]\,\{(x^1 y^2 - x^2 y^1)\,\boldsymbol{g}^3 \\ &+ (x^2 y^3 - x^3 y^2)\,\boldsymbol{g}^1 + (x^3 y^1 - x^1 y^3)\,\boldsymbol{g}^2\}\,. \end{aligned}$$

Für drei linear unabhängige Vektoren $\boldsymbol{a}, \boldsymbol{b}, \boldsymbol{c}$ gilt im Vektorkalkül die Regel

$$[\boldsymbol{a}, \boldsymbol{b}, \boldsymbol{c}]^2 = \begin{vmatrix} \boldsymbol{a}\cdot\boldsymbol{a} & \boldsymbol{a}\cdot\boldsymbol{b} & \boldsymbol{a}\cdot\boldsymbol{c} \\ \boldsymbol{b}\cdot\boldsymbol{a} & \boldsymbol{b}\cdot\boldsymbol{b} & \boldsymbol{b}\cdot\boldsymbol{c} \\ \boldsymbol{c}\cdot\boldsymbol{a} & \boldsymbol{c}\cdot\boldsymbol{b} & \boldsymbol{c}\cdot\boldsymbol{c} \end{vmatrix}.$$

Auf das Spatprodukt $[\boldsymbol{g}_1, \boldsymbol{g}_2, \boldsymbol{g}_3]$ angewandt, liefert sie mit (1.28)

$$[\boldsymbol{g}_1, \boldsymbol{g}_2, \boldsymbol{g}_3]^2 = |g_{ij}| = g$$

oder

$$[\boldsymbol{g}_1, \boldsymbol{g}_2, \boldsymbol{g}_3] = \sqrt{g}\,. \tag{2.55}$$

Damit erhalten wir für das äußere Produkt:

$$\boldsymbol{x}\times\boldsymbol{y} = \sqrt{g}\,(x^k y^l - x^l y^k)\,\boldsymbol{g}^i \quad (i, k, l \text{ zyklisch}).$$

Nimmt man den ε-Tensor zu Hilfe, so entsteht daraus

$$\boldsymbol{x}\times\boldsymbol{y} = \varepsilon_{ikl}\, x^k y^l \boldsymbol{g}^i$$

oder

$$\boldsymbol{x}\times\boldsymbol{y} = \varepsilon_{klm}\, x^k y^l \boldsymbol{g}^m\,. \tag{2.56}$$

Vergleicht man (2.56) mit (2.54), so erkennt man, daß das äußere Produkt nach obiger Definition im dreidimensionalen Raum wirklich mit dem äußeren Produkt der Vektorrechnung übereinstimmt.

Beispiel:

Mit Hilfe der Tensorrechnung läßt sich die aus der Vektorrechnung bekannte Formel für das dreifache Kreuzprodukt besonders einfach herleiten:

$$\boldsymbol{a}\times(\boldsymbol{b}\times\boldsymbol{c}) = (\boldsymbol{a}\cdot\boldsymbol{c})\,\boldsymbol{b} - (\boldsymbol{a}\cdot\boldsymbol{b})\,\boldsymbol{c}\,.$$

Dazu bezeichnet man den Vektor $\boldsymbol{b} \times \boldsymbol{c}$ mit $\boldsymbol{d}$ und das dreifache Kreuzprodukt mit $\boldsymbol{x}$. Dann kann man wegen (2.56) schreiben

$$\boldsymbol{d} = \boldsymbol{b} \times \boldsymbol{c} = \varepsilon_{ijk}\, b^i\, c^j\, \boldsymbol{g}^k$$

und

$$\boldsymbol{x} = \boldsymbol{a} \times \boldsymbol{d} = \varepsilon^{lkm}\, a_l\, d_k\, \boldsymbol{g}_m\,.$$

Hierin setzt man von oben

$$d_k = \varepsilon_{ijk}\, b^i\, c^j$$

ein und es entsteht:

$$\begin{aligned} \boldsymbol{x} &= \varepsilon^{lkm}\, \varepsilon_{ijk}\, a_l\, b^i\, c^j\, \boldsymbol{g}_m \\ &= -\varepsilon^{lmk}\, \varepsilon_{ijk}\, a_l\, b^i\, c^j\, \boldsymbol{g}_m \\ &= -\delta^{lm}_{ij}\, a_l\, b^i\, c^j\, \boldsymbol{g}_m\,. \end{aligned}$$

Mit der Verjüngung des Kroneckertensors 6. Stufe gemäß (2.52a) rechnet man:

$$\begin{aligned} \boldsymbol{x} &= -\delta^l_i\, \delta^m_j\, a_l\, b^i\, c^j\, \boldsymbol{g}_m + \delta^l_j\, \delta^m_i\, a_l\, b^i\, c^j\, \boldsymbol{g}_m \\ &= a_j\, c^j\, b^m\, \boldsymbol{g}_m - a_i\, b^i\, c^m\, \boldsymbol{g}_m \\ &= (\boldsymbol{a} \cdot \boldsymbol{c})\, \boldsymbol{b} - (\boldsymbol{a} \cdot \boldsymbol{b})\, \boldsymbol{c} \end{aligned}$$

womit die gesuchte Formel hergeleitet ist.

KAPITEL 3

TENSORANALYSIS IM EUKLIDISCHEN RAUM

1. Geradlinige Koordinaten

Der Ortsvektor $\boldsymbol{x}$ eines Punktes P im Euklidischen Raum sei gegeben durch

$$\boldsymbol{x} = x^i \boldsymbol{g}_i .$$

Die Komponenten x^i sind die festen geradlinigen Koordinaten des Punktes P. Gegeben sei weiterhin eine skalare Funktion

$$u = u(x^i) \qquad (i = 1 \dots n) .$$

Zu jedem n-tupel von Koordinaten gehört ein Wert u. Man sagt, u ist ein „skalares Feld" über x^i. Für $n = 2$ kann man sich u als Fläche über der (x^1, x^2)-Ebene vorstellen. Ist $u(x^i)$ differenzierbar, so gibt es die partiellen Ableitungen $\frac{\partial u}{\partial x^1}$ und $\frac{\partial u}{\partial x^2}$ oder kürzer gesagt $\frac{\partial u}{\partial x^i}$ mit $(i = 1, 2)$. In Tensorschreibweise wird die Ableitung durch ein Komma bezeichnet:

$$u_{,i} = \frac{\partial u}{\partial x^i} \tag{3.1 a}$$

Dabei wird vereinbart:

Steht bei einer partiellen Ableitung der Index im Nenner oben bzw. unten, so bringt man den entsprechenden Index nach dem Differentiationskomma unten bzw. oben an.

Demnach bedeutet

$$u_,^{\,i} = \frac{\partial u}{\partial x_i} . \tag{3.1 b}$$

Die Zweckmäßigkeit dieser Vereinbarung erkennt man am vollständigen Differential der Funktion $u(x^i)$:

$$\mathrm{d}u = \frac{\partial u}{\partial x^1}\,\mathrm{d}x^1 + \frac{\partial u}{\partial x^2}\,\mathrm{d}x^2 .$$

Dafür können wir nämlich jetzt schreiben:

$$\mathrm{d}u = \frac{\partial u}{\partial x^i}\,\mathrm{d}x^i = u_{,i}\,\mathrm{d}x^i . \tag{3.2}$$

Hängen nun bei einer Transformation die Koordinaten x^i von anderen Koordinaten y^j ab, so gelangt man mit (3.2) zur **„Kettenregel“** bei der partiellen Differentiation:

$$\frac{\partial u}{\partial y^j} = \frac{\partial u}{\partial x^i}\frac{\partial x^i}{\partial y^j}\,. \tag{3.3}$$

Jetzt betrachten wir ein Vektorfeld

$$\boldsymbol{v} = \boldsymbol{v}(x^i)$$

mit

$$\boldsymbol{v} = v^k(x^i)\,\boldsymbol{g}_k\,.$$

Weil die Basis $\boldsymbol{g}_i$ festliegt und nicht von den Koordinaten x^i abhängt, liefert Differentiation:

$$\frac{\partial \boldsymbol{v}}{\partial x^i} = \frac{\partial v^k}{\partial x^i}\,\boldsymbol{g}_k\,.$$

Nach unserer Vereinbarung kann man dafür schreiben:

$$\boldsymbol{v}_{,i} = v^k{}_{,i}\,\boldsymbol{g}_k\,. \tag{3.4}$$

Entsprechendes gilt für ein Tensorfeld

$$\boldsymbol{T} = T^{ij}(x^k)\,\boldsymbol{g}_i\,\boldsymbol{g}_j\,.$$

Man erhält

$$\boldsymbol{T}_{,k} = T^{ij}{}_{,k}\,\boldsymbol{g}_i\,\boldsymbol{g}_j\,. \tag{3.5}$$

Weil die Ableitung $v^i{}_{,k}$ eines Vektors v^i eine doppelt indizierte Größe ist, könnte man vermuten, daß $v^i{}_{,k}$ ein Tensor 2. Stufe ist. Um das zu untersuchen, erinnern wir uns an die Transformationsregeln. Nach der Kettenregel ist

$$\bar{v}^i{}_{,k} = \frac{\partial \bar{v}^i}{\partial \bar{x}^k} = \frac{\partial \bar{v}^i}{\partial x^n}\frac{\partial x^n}{\partial \bar{x}^k}\,. \tag{3.6}$$

Für den Vektor $\bar{v}^i$ gilt nach (1.50b):

$$\bar{v}^i = \bar{a}^i_j\,v^j.$$

Weil es sich sowohl bei den x^n als auch bei den $\bar{x}^k$ um feste Koordinaten handelt, sind die $\bar{a}^i_j$ Konstanten mit

$$\frac{\partial \bar{a}^i_j}{\partial x^n} = 0 \tag{3.7}$$

und man erhält

$$\frac{\partial \bar{v}^i}{\partial x^n} = \bar{a}^i_j\frac{\partial v^j}{\partial x^n} = \bar{a}^i_j\,v^j{}_{,n}\,.$$

Damit folgt aus (3.6):

$$\bar{v}^i{}_{,k} = \bar{a}^i_j \, v^j{}_{,n} \, \frac{\partial x^n}{\partial \bar{x}^k} \, .$$

Nun war nach (1.50b):

$$x^n = \underline{a}^n_k \, \bar{x}^k \, .$$

Also ist

$$\frac{\partial x^n}{\partial \bar{x}^k} = \underline{a}^n_k \, .$$

Damit erhält man schließlich aus (3.6) die Transformationsregel:

$$\bar{v}^i{}_{,k} = \bar{a}^i_j \, \underline{a}^n_k \, v^j{}_{,n} \, . \tag{3.8}$$

Die partielle Ableitung $v^i{}_{,k}$ des Vektors v^i ist also ein Tensor 2. Stufe.

Allgemein ist die partielle Ableitung eines Tensors N-ter Stufe ein Tensor $(N+1)$-ter Stufe. Das gilt aber nur bei geradlinigen festen Koordinaten, weil nur dann (3.7) erfüllt ist.

Die partiellen Ableitungen eines Skalars u nach den Koordinaten x^i bilden demnach kovariante Komponenten $u_{,i}$ eines Vektors $\boldsymbol{v}$:

$$\boldsymbol{v} = u_{,i} \, \boldsymbol{g}^i \, .$$

Dieser Vektor $\boldsymbol{v}$ ist aus der Vektoranalysis als **Gradient** bekannt. Im dreidimensionalen Raum lautet er:

$$\boldsymbol{v} = \textbf{grad} \; u = u_{,i} \, \boldsymbol{g}^i \tag{3.9}$$

$$= \frac{\partial u}{\partial x^1} \boldsymbol{g}^1 + \frac{\partial u}{\partial x^2} \boldsymbol{g}^2 + \frac{\partial u}{\partial x^3} \boldsymbol{g}^3 \, .$$

Schließlich schreiben wir noch die **Divergenz** und die **Rotation** eines Vektors $\boldsymbol{v}$ in Tensorschreibweise auf:

$$\operatorname{div} \boldsymbol{v} = \frac{\partial v^1}{\partial x^1} + \frac{\partial v^2}{\partial x^2} + \frac{\partial v^3}{\partial x^3} = v^k{}_{,k} \tag{3.10}$$

$$\textbf{rot} \; \boldsymbol{v} = \begin{vmatrix} \boldsymbol{g}_1 & \boldsymbol{g}_2 & \boldsymbol{g}_3 \\ \dfrac{\partial}{\partial x^1} & \dfrac{\partial}{\partial x^2} & \dfrac{\partial}{\partial x^3} \\ v_1 & v_2 & v_3 \end{vmatrix} = \varepsilon^{klm} \, v_{l,k} \, \boldsymbol{g}_m \, . \tag{3.11}$$

Diese Größen kann man auch mit dem in der Vektoranalysis gebräuchlichen **Nablaoperator** darstellen. Er lautet in unserer Schreibweise

$$\nabla(\;) = \boldsymbol{g}^1 \, \frac{\partial(\;)}{\partial x^1} + \boldsymbol{g}^2 \, \frac{\partial(\;)}{\partial x^2} + \boldsymbol{g}^3 \, \frac{\partial(\;)}{\partial x^3} = \boldsymbol{g}^i \, \frac{\partial(\;)}{\partial x^i} \tag{3.12}$$

und ist ein „Vektor". Seine kovarianten Komponenten bezeichnet man auch mit

$$\nabla_i = \frac{\partial}{\partial x^i}.$$

Damit wird

$$\boldsymbol{\nabla} = \boldsymbol{g}^i \, \nabla_i. \tag{3.13}$$

Der Gradient eines Skalars u läßt sich dann auffassen als tensorielles Produkt des Nabla-Vektors mit dem Tensor nullter Stufe u:

$$\textbf{grad} \; u = \boldsymbol{\nabla} u = \boldsymbol{g}^i \, \nabla_i(u) = \frac{\partial u}{\partial x^i} \, \boldsymbol{g}^i = u_{,i} \, \boldsymbol{g}^i. \tag{3.14}$$

Die Divergenz eines Vektors $\boldsymbol{v}$ ist das verjüngende Produkt des Nabla-Vektors mit dem Vektor $\boldsymbol{v}$:

$$\operatorname{div} \boldsymbol{v} = \boldsymbol{\nabla} \cdot \boldsymbol{v} = \boldsymbol{g}^i \, \nabla_i \cdot (v^j \, \boldsymbol{g}_j).$$

Weil die Basis $\boldsymbol{g}_j$ unabhängig von den Koordinaten x^i ist, folgt daraus:

$$\operatorname{div} \boldsymbol{v} = \delta^i_j \, \nabla_i \, v^j = v^i_{\;,i}. \tag{3.15}$$

Die Rotation eines Vektors $\boldsymbol{v}$ ist das äußere Produkt des Nabla-Vektors mit dem Vektor $\boldsymbol{v}$:

$$\textbf{rot} \; \boldsymbol{v} = \boldsymbol{\nabla} \times \boldsymbol{v} = \varepsilon^{klm} \, \nabla_k \, v_l \, \boldsymbol{g}_m = \varepsilon^{klm} \, v_{l,k} \, \boldsymbol{g}_m. \tag{3.16}$$

In diesen Darstellungen (3.14) bis (3.16) steckt eine Erweiterung im Sinne des Tensorkalküls. Auf diese Weise kann man nämlich auch den Gradienten von Tensoren höherer als nullter Stufe definieren, ebenso auch die Divergenz von Tensoren höherer als erster Stufe. Dann schreibt man Grad und Div mit großen Anfangsbuchstaben. Für den Gradienten des Vektors $\boldsymbol{v}$ erhält man beispielsweise:

$$\textbf{Grad} \; \boldsymbol{v} = \boldsymbol{\nabla} \boldsymbol{v} = \boldsymbol{g}^i \, \nabla_i(v^j \, \boldsymbol{g}_j) = v^j_{\;,i} \, \boldsymbol{g}^i \, \boldsymbol{g}_j. \tag{3.17}$$

Die Divergenz eines Tensors $\boldsymbol{T}$ zweiter Stufe lautet z. B.

$$\textbf{Div} \; \boldsymbol{T} = \boldsymbol{\nabla} \cdot \boldsymbol{T} = \boldsymbol{g}^i \, \nabla_i \cdot T^{kl} \, \boldsymbol{g}_k \, \boldsymbol{g}_l = \delta^i_k \, T^{kl}_{\;\;,i} \, \boldsymbol{g}_l = T^{il}_{\;\;,i} \, \boldsymbol{g}_l. \tag{3.18}$$

Beispiel:

Man beweise mit Tensorrechnung die Formel:

$$\operatorname{div} (\lambda \boldsymbol{A}) = \boldsymbol{A} \cdot \textbf{grad} \, \lambda + \lambda \operatorname{div} \boldsymbol{A}.$$

Man setzt

$$\boldsymbol{A} = A^i \, \boldsymbol{g}_i$$

und rechnet

$$\begin{aligned}
\operatorname{div}(\lambda \boldsymbol{A}) &= \boldsymbol{g}^j \, \nabla_j \cdot \lambda A^i \boldsymbol{g}_i \\
&= (\lambda A^i)_{,j} \boldsymbol{g}^j \cdot \boldsymbol{g}_i \\
&= \lambda_{,j} \boldsymbol{g}^j \cdot A^i \boldsymbol{g}_i + \lambda A^i_{,j} \delta^j_i \\
&= \boldsymbol{A} \cdot \lambda_{,j} \boldsymbol{g}^j + \lambda A^i_{,i} \\
&= \boldsymbol{A} \cdot \mathbf{grad}\, \lambda + \lambda \operatorname{div} \boldsymbol{A}\,.
\end{aligned}$$

2. Anwendung: Bewegungsgleichungen für Elastizitätstheorie und Hydrodynamik

Zunächst wollen wir die Gleichgewichtsbedingungen für ein statisches Kontinuum aufstellen. Dazu denkt man sich ein kleines Quader als Volumenelement (Abb. 13) ausgeschnitten. Auf eine Schnittfläche $x^1 = \text{const.}$ wirke der Kraftvektor

$$\boldsymbol{t}^1 \, dx^2 \, dx^3.$$

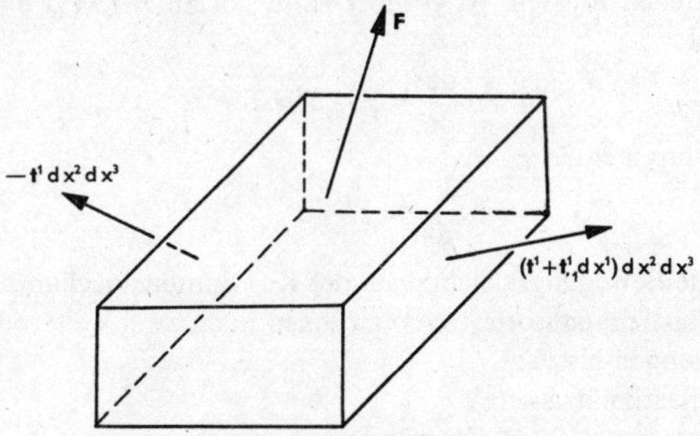

Abb. 13: Gleichgewicht am Volumenelement

Dann wirkt auf die um dx^1 benachbarte Fläche nach dem Taylorschen Satz der Kraftvektor $(\boldsymbol{t}^1 + \boldsymbol{t}^1_{,1} \, dx^1 + \cdots) \, dx^2 \, dx^3$. Die Massenkraft pro Volumeneinheit für das Quader soll $\boldsymbol{F}$ heißen. Setzt man die Summe aller am Volumenelement angreifenden Kräfte gleich Null, dann erhält man:

$$\boldsymbol{t}^i_{,i} + \boldsymbol{F} = \boldsymbol{0}.$$

Wir setzen für die Kraft

$$\boldsymbol{F} = F^i \boldsymbol{g}_i$$

und nach (2.28) für den Spannungsvektor:

$$\boldsymbol{t}^i = \tau^{ij}\, \boldsymbol{g}_j .$$

So entsteht die Beziehung

$$\tau^{ij}{}_{,i}\, \boldsymbol{g}_j + F^j\, \boldsymbol{g}_j = \boldsymbol{0} .$$

Gemäß (3.18) kann man dafür schreiben

$$\mathbf{Div}\ \boldsymbol{T} + \boldsymbol{F} = \boldsymbol{0}, \tag{3.19}$$

wenn wir nach (2.32) mit $\boldsymbol{T}$ den Spannungstensor bezeichnen. In Komponentenschreibweise lauten die Gleichgewichtsbedingungen (3.19):

$$\tau^{ij}{}_{,i} + F^j = 0. \tag{3.20}$$

Beenden wir damit die Statik und nehmen jetzt an, daß Bewegungen im Kontinuum stattfinden. Das Volumenelement in Abb. 13 habe die von der Zeit t abhängige Geschwindigkeit $\boldsymbol{v}(t)$. Dann wirkt als weitere Massenkraft nach dem d'Alembertschen Prinzip der Trägheitswiderstand $-m\,\frac{\mathrm{d}\boldsymbol{v}}{\mathrm{d}t}$, den wir aber zwecks Einführung in (3.19) auf die Volumeneinheit beziehen müssen. Ist ρ die Dichte, so lautet (3.19) mit diesem Zusatzglied:

$$\rho\,\frac{\mathrm{d}\boldsymbol{v}}{\mathrm{d}t} = \boldsymbol{F} + \mathbf{Div}\,\boldsymbol{T} \tag{3.21}$$

oder in Komponenten:

$$\rho\,\frac{\mathrm{d}v^j}{\mathrm{d}t} = F^j + \tau^{ij}{}_{,i}. \tag{3.22}$$

Das sind die Bewegungsgleichungen der Kontinuumsmechanik.

In der **Elastizitätstheorie** treten zu ihnen noch zwei weitere Gruppen von Gleichungen hinzu:

1. Das Elastizitätsgesetz,
2. Die „geometrischen" Formänderungsbeziehungen.

Das Elastizitätsgesetz gibt die Abhängigkeit des Spannungstensors vom Verzerrungstensor an. In der physikalisch linearen Theorie ist es das Hookesche Gesetz. Die Formänderungsbeziehungen liefern den Zusammenhang des Verzerrungstensors mit den Verschiebungen. Hierauf gehen wir in Kapitel 5 näher ein.

Durch eine andere Spezialisierung des Spannungstensors kommen wir zur **Hydrodynamik.** In der reibungsfreien Flüssigkeit gibt es nur Normalspannungen, die in allen Richtungen den gleichen Wert haben, nämlich den „Druck" p. Demnach gilt

$$\tau^{ij} = -\,p\,\delta^{ij}. \tag{3.23}$$

Weil $\boldsymbol{v} = \boldsymbol{v}(x^i, t)$ ist, kann man die Beschleunigung $\frac{\mathrm{d}\boldsymbol{v}}{\mathrm{d}t}$ in folgender Weise schreiben

$$\frac{\mathrm{d}\boldsymbol{v}}{\mathrm{d}t} = \frac{\partial \boldsymbol{v}}{\partial t} + \frac{\partial \boldsymbol{v}}{\partial x^k}\,\frac{\mathrm{d}x^k}{\mathrm{d}t},$$

oder

$$\frac{\mathrm{d}\boldsymbol{v}}{\mathrm{d}t} = \frac{\partial \boldsymbol{v}}{\partial t} + \boldsymbol{v}_{,k}\, v^k.$$

Mit

$$\boldsymbol{v} = v^j \boldsymbol{g}_j$$

und (3.23) erhält man aus (3.22):

$$\frac{\partial v^j}{\partial t} + v^j{}_{,k}\, v^k = \frac{1}{\rho}\, F^j - \frac{1}{\rho}\, p_{,i}\, \delta^{ij}. \tag{3.24a}$$

Das sind die **Eulerschen Bewegungsgleichungen** der idealen Flüssigkeiten und Gase. In Vektorschreibweise kennt man sie in der Form

$$\frac{\partial \boldsymbol{v}}{\partial t} + \mathbf{grad}\,\frac{\boldsymbol{v}^2}{2} - \boldsymbol{v} \times \mathbf{rot}\,\boldsymbol{v} = \frac{1}{\rho}\,\boldsymbol{F} - \frac{1}{\rho}\,\mathbf{grad}\,p. \tag{3.24b}$$

Man sieht die Übereinstimmung bis auf das zweite Glied in (3.24a) sofort ein. Für dieses muß gelten:

$$\mathbf{grad}\,\frac{\boldsymbol{v}^2}{2} - \boldsymbol{v} \times \mathbf{rot}\,\boldsymbol{v} = v^j{}_{,k}\, v^k \boldsymbol{g}_j.$$

Um das zu zeigen, rechnet man mit (3.14) und (3.16) und (2.52):

$$\begin{aligned}\mathbf{grad}\,\frac{\boldsymbol{v}^2}{2} - \boldsymbol{v} \times \mathbf{rot}\,\boldsymbol{v} &= \left[\tfrac{1}{2}\,\boldsymbol{v}^2{}_{,i} - \varepsilon_{kli}\, v^k\, \varepsilon^{mnl}\, v_{n,m}\right] \boldsymbol{g}^i \\ &= \left[\boldsymbol{v} \cdot \boldsymbol{v}_{,i} + \delta^{mn}_{ki}\, v^k\, v_{n,m}\right] \boldsymbol{g}^i \\ &= \left[v^j\, v_{j,i} + v^k\, v_{i,k} - v^k\, v_{k,i}\right] \boldsymbol{g}^i \\ &= (v^k\, v_{i,k})\, \boldsymbol{g}^i = (v^k\, v^j{}_{,k})\, \boldsymbol{g}_j.\end{aligned}$$

Die Gleichungen (3.24a) und (3.24b) stimmen also überein.

Für die **zähe** Flüssigkeit muß der Spannungstensor anders spezialisiert werden, weil jetzt zusätzlich Schubspannungen auftreten. Sie sind aber nicht, wie in der linearen Elastizitätstheorie, nach dem Hookeschen Gesetz den Verzerrungen proportional, sondern ihren zeitlichen Veränderungen, d.h. den Komponenten der Strömungsgeschwindigkeit. Der Proportionalitätsfaktor ist die „Zähigkeit“ η. Es gilt für den Spannungstensor der zähen Flüssigkeit statt (3.23) folgende Beziehung:

$$\tau_{ij} = \eta\,(v_{i,j} + v_{j,i}) - p\,\delta_{ij}. \tag{3.25}$$

Dabei schreiben wir jetzt die Indizes nur unten, was erlaubt ist, weil eine orthonormierte Basis vorliegt. Die Ableitung $\tau_{ij,i}$ ist dann

$$\tau_{ij,i} = \eta\, v_{i,ji} + \eta\, v_{j,ii} - p_{,i}\,\delta_{ij}.$$

Das setzen wir in (3.22) ein und erhalten

$$\frac{\partial v_j}{\partial t} + v_{j,k}\, v_k = \frac{1}{\rho}\, F_j + \frac{\eta}{\rho}\, v_{j,ii} + \frac{\eta}{\rho}\, v_{i,ij} - p_{,i}\,\delta_{ij}. \tag{3.26}$$

Dieses sind die **Navier-Stokesschen Bewegungsgleichungen** für zähe Flüssigkeiten. Wie man leicht bestätigt, lauten sie in Vektorschreibweise:

$$\frac{\partial \boldsymbol{v}}{\partial t} + \mathbf{grad}\left(\frac{\boldsymbol{v}^2}{2}\right) - \boldsymbol{v} \times \mathbf{rot}\, \boldsymbol{v}$$
$$= \frac{1}{\rho}\, \boldsymbol{F} - \frac{1}{\rho}\, \mathbf{grad}\, p + \frac{\eta}{\rho}\, \Delta \boldsymbol{v} + \frac{\eta}{\rho}\, \mathbf{grad}\, \mathrm{div}\, \boldsymbol{v}. \tag{3.27}$$

3. Krummlinige Koordinaten

Bisher hatten wir immer nur mit geradlinigen Koordinaten zu tun. Jetzt wollen wir uns auch mit krummlinigen Koordinaten befassen. Im dreidimensionalen Raum (Abb. 14) habe der Ortsvektor $\boldsymbol{R}$ zunächst die rechtwinkligen Koordinaten x^i und die zugehörige orthonormierte Basis $\boldsymbol{e}_i$:

$$\boldsymbol{R} = x^i\, \boldsymbol{e}_i.$$

Das vollständige Differential des Vektors $\boldsymbol{R}$ lautet dann

$$\mathrm{d}\boldsymbol{R} = \frac{\partial \boldsymbol{R}}{\partial x^i}\, \mathrm{d}x^i. \tag{3.28}$$

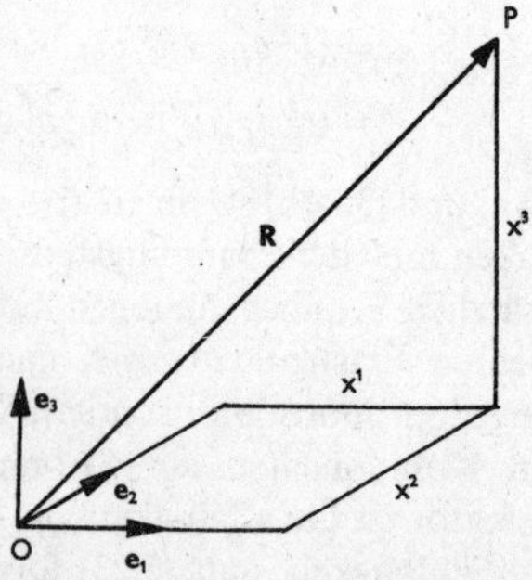

Abb. 14: Geradlinie Koordinaten

Weil die Basis $\boldsymbol{e}_i$ ortsunabhängig ist, gilt andererseits

$$\mathrm{d}\boldsymbol{R} = \mathrm{d}x^i\, \boldsymbol{e}_i .$$

Man kann also für die Basis $\boldsymbol{e}_i$ schreiben:

$$\boldsymbol{e}_i = \frac{\partial \boldsymbol{R}}{\partial x^i} . \tag{3.29}$$

Jetzt gehen wir auf krummlinige Koordinaten über. Dazu überzieht man den dreidimensionalen Raum mit einem krummlinigen Koordinatennetz, wie es Abb. 15 zeigt. Der Ortsvektor $\boldsymbol{R}$ des Punktes P soll jetzt

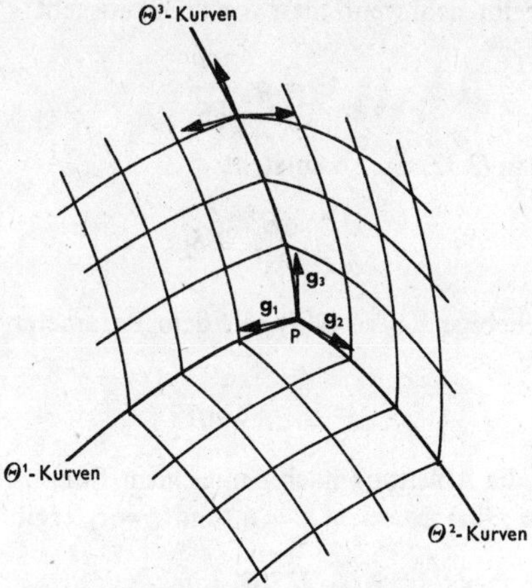

Abb. 15: Krummlinige Koordinaten

die krummlinigen Koordinaten $\Theta^1, \Theta^2, \Theta^3$ haben. Sein vollständiges Differential ist demnach

$$\mathrm{d}\boldsymbol{R} = \boldsymbol{R}_{,i}\, \mathrm{d}\Theta^i . \tag{3.30}$$

Analog wie in (3.29) verwenden wir jetzt als Basis

$$\boldsymbol{g}_i = \boldsymbol{R}_{,i} . \tag{3.31}$$

Im Gegensatz zur ortsunabhängigen Basis $\boldsymbol{e}_i$ bei geradlinigen Koordinaten ändert sich die Basis $\boldsymbol{g}_i$ bei krummlinigen Koordinaten von Punkt zu Punkt.

Hält man z.B. die Koordinaten Θ^1 und Θ^2 konstant und schreitet längs der Θ^3-Kurve vor, so erkennt man, daß der Vektor $\boldsymbol{R}_{,3} = \boldsymbol{g}_3$ in Punkt P auf der Tangente an die Θ^3-Kurve liegen muß. Zu jedem Punkt $P(\Theta^i)$ gehört demnach ein Vektordreibein $\boldsymbol{g}_i(\Theta^i)$, das die Θ^i-Koordinatenlinien tangiert.

Wie hängt nun diese Basis $\boldsymbol{g}_i(\Theta^i)$ mit der festen Basis $\boldsymbol{e}_i$ zusammen? Aus (3.28) und (3.29) folgt

$$\frac{\partial \boldsymbol{R}}{\partial \Theta^k} = \boldsymbol{e}_i \frac{\partial x^i}{\partial \Theta^k}$$

und mit (3.31):

$$\boldsymbol{g}_k = \boldsymbol{e}_i \frac{\partial x^i}{\partial \Theta^k}. \tag{3.32}$$

Entsprechend ergibt sich, wenn man von (3.30) ausgeht:

$$\boldsymbol{e}_i = \boldsymbol{g}_j \frac{\partial \Theta^j}{\partial x^i}. \tag{3.33}$$

Setzt man (3.33) in (3.32) ein, so entsteht:

$$\frac{\partial x^i}{\partial \Theta^k} \frac{\partial \Theta^j}{\partial x^i} = \delta^j_k. \tag{3.34}$$

Nun sei eine beliebige Kurve $\Theta^i(t)$ mit dem Parameter t gegeben. Ihr Bogenelement ist

$$\mathrm{d}s^2 = \mathrm{d}\boldsymbol{R} \cdot \mathrm{d}\boldsymbol{R}.$$

Wir bezeichnen die Ableitung nach t mit einem Punkt. Für die Bogenlänge der Kurve $\Theta^i(t)$ zwischen $t = t_0$ und $t = t_1$ ergibt sich dann

$$s = \int_{t_0}^{t_1} \sqrt{\dot{\boldsymbol{R}} \cdot \dot{\boldsymbol{R}}}\; \mathrm{d}t.$$

Gemäß (3.30) wird

$$\dot{\boldsymbol{R}} = \boldsymbol{g}_i \dot{\Theta}^i$$

und man erhält

$$s = \int_{t_0}^{t_1} \sqrt{g_{ij} \dot{\Theta}^i \dot{\Theta}^j}\; \mathrm{d}t. \tag{3.35}$$

Damit ist für den Tensor mit den kovarianten Komponenten

$$g_{ij}(\Theta^k) = \boldsymbol{g}_i \cdot \boldsymbol{g}_j$$

auch hier der Name „Metriktensor" gerechtfertigt. Wir wollen jetzt die partiellen Ableitungen der kovarianten Basis $\boldsymbol{g}_i$ bestimmen. Mit (3.32) erhält man

$$\boldsymbol{g}_{k,l} = \boldsymbol{e}_i \frac{\partial^2 x^i}{\partial \Theta^k \partial \Theta^l}$$

und mit (3.33):

$$\boldsymbol{g}_{k,l} = \frac{\partial \Theta^j}{\partial x^i} \frac{\partial^2 x^i}{\partial \Theta^k \partial \Theta^l} \boldsymbol{g}_j.$$

Damit ist die Ableitung $\boldsymbol{g}_{k,l}$ wieder auf die Basis bezogen:

$$\boldsymbol{g}_{k,l} = \Gamma^j_{kl} \boldsymbol{g}_j. \tag{3.36a}$$

Die Größen

$$\Gamma^j_{kl} = \frac{\partial \Theta^j}{\partial x^i} \frac{\partial^2 x^i}{\partial \Theta^k \partial \Theta^l} \tag{3.36b}$$

heißen **Christoffel-Symbole.** Wie man sieht, sind sie symmetrisch in den unteren Indizes:

$$\Gamma^j_{kl} = \Gamma^j_{lk}. \tag{3.37}$$

4. Die Christoffel-Symbole

Die Christoffel-Symbole waren in (3.36) definiert, um die partiellen Ableitungen der kovarianten Basisvektoren auf die Basis zurückzuführen. Entsprechend führen wir für die partiellen Ableitungen der kontravarianten Basis andere Größen $\tilde{\Gamma}^i_{jn}$ ein, mit denen gelten soll

$$\boldsymbol{g}^i{}_{,j} = \tilde{\Gamma}^i_{jn} \boldsymbol{g}^n. \tag{3.38}$$

Wir bilden

$$(\boldsymbol{g}^i \cdot \boldsymbol{g}_j)_{,k} = (\delta^i_j)_{,k} = 0 = \boldsymbol{g}^i{}_{,k} \cdot \boldsymbol{g}_j + \boldsymbol{g}_{j,k} \cdot \boldsymbol{g}^i,$$

und setzen aus (3.36) und (3.38) ein:

$$\tilde{\Gamma}^i_{kl} \boldsymbol{g}_j \cdot \boldsymbol{g}^l + \Gamma^l_{jk} \boldsymbol{g}^i \cdot \boldsymbol{g}_l = 0.$$

Daraus folgt

$$\tilde{\Gamma}^i_{jk} = -\Gamma^i_{jk}.$$

Demnach sind auch die $\tilde{\Gamma}^i_{jk}$ auf Christoffel-Symbole zurückgeführt und es gelten die grundlegenden Formeln für die **Ableitungen der Basisvektoren:**

$$\begin{aligned} \boldsymbol{g}_{k,l} &= \Gamma^m_{kl} \boldsymbol{g}_m, \\ \boldsymbol{g}^k{}_{,l} &= -\Gamma^k_{lm} \boldsymbol{g}^m. \end{aligned} \tag{3.39}$$

Die Christoffel-Symbole lassen sich allein durch den Metriktensor und seine Ableitungen ausdrücken. Zu dem Zweck gewinnen wir zunächst aus (3.39) durch skalare Multiplikation:

$$\begin{aligned} \boldsymbol{g}_{k,l} \cdot \boldsymbol{g}^n &= \Gamma^n_{kl}, \\ \boldsymbol{g}^k{}_{,l} \cdot \boldsymbol{g}_n &= -\Gamma^k_{ln}. \end{aligned} \tag{3.40}$$

Differenziert man die Basis

$$\boldsymbol{g}_l = g_{kl}\,\boldsymbol{g}^k$$

nach Θ^n, so entsteht:

$$\boldsymbol{g}_{l,n} = g_{kl,n}\,\boldsymbol{g}^k + g_{kl}\,\boldsymbol{g}^k{}_{,n}.$$

Skalare Multiplikation mit $\boldsymbol{g}^p$ liefert bei Berücksichtigung von (3.40) und (3.39):

$$\Gamma^p_{ln} = g^{kp}\,g_{kl,n} - g_{kl}\,g^{pq}\,\Gamma^k_{nq}.$$

Wir überschieben mit g_{pm} und erhalten

$$\underline{g_{pm}\,\Gamma^p_{ln}} + \underline{g_{kl}\,\Gamma^k_{mn}} = g_{lm,n}.$$

Durch zyklische Vertauschung der Indizes l, m, n gewinnt man die weiteren beiden Zeilen:

$$\begin{aligned} g_{pn}\,\Gamma^p_{ml} + \underline{g_{km}\,\Gamma^k_{nl}} &= g_{mn,l}, \\ \underline{g_{pl}\,\Gamma^p_{nm}} + g_{kn}\,\Gamma^k_{lm} &= g_{nl,m}. \end{aligned}$$

Die beiden letzten Zeilen multiplizieren wir mit $\frac{1}{2}$ und die erste dieser drei Zeilen mit $-\frac{1}{2}$ und addieren. Mit Berücksichtigung der Symmetrien und Umbenennung von Summationsindizes fallen die unterstrichenen Glieder weg und man erhält:

$$g_{pn}\,\Gamma^p_{lm} = \tfrac{1}{2}(g_{mn,l} + g_{nl,m} - g_{lm,n}).$$

Die Überschiebung mit dem kontravarianten Metriktensor g^{kn} liefert schließlich die gesuchte Formel:

$$\Gamma^k_{lm} = \tfrac{1}{2}\,g^{kn}(g_{mn,l} + g_{nl,m} - g_{lm,n}). \tag{3.41}$$

Beispiel: Für die Transformation von cartesischen Koordinaten x, y, z auf Kugelkoordinaten r, ϕ, λ gilt:

$$\begin{aligned} x &= r \sin\phi \cos\lambda \\ y &= r \sin\phi \sin\lambda \\ z &= r \cos\phi. \end{aligned}$$

Man berechne die kovarianten und kontravarianten Komponenten des Metriktensors und die Christoffel-Symbole für die krummlinigen Koordinaten.

Wir ordnen r, ϕ, λ die Indizes 1, 2, 3 zu. Aus (3.32) erhält man dann die kovariante Basis:

$$\begin{aligned} \boldsymbol{g}_1 &= \boldsymbol{e}_1 \sin\phi\cos\lambda + \boldsymbol{e}_2 \sin\phi\sin\lambda + \boldsymbol{e}_3 \cos\phi, \\ \boldsymbol{g}_2 &= \boldsymbol{e}_1 r\cos\phi\cos\lambda + \boldsymbol{e}_2 r\cos\phi\sin\lambda - \boldsymbol{e}_3 r\sin\phi, \\ \boldsymbol{g}_3 &= -\boldsymbol{e}_1 r\sin\phi\sin\lambda + \boldsymbol{e}_2 r\sin\phi\cos\lambda. \end{aligned}$$

Gemäß

$$g_{ij} = \boldsymbol{g}_i \cdot \boldsymbol{g}_j$$

folgen die kovarianten Komponenten des Metriktensors:

$$(g_{ij}) = \begin{pmatrix} 1 & 0 & 0 \\ 0 & r^2 & 0 \\ 0 & 0 & r^2\sin^2\phi \end{pmatrix}.$$

Hieraus folgt z. B. gemäß (3.35) das bekannte Bogenelement auf der Kugel r = const. zu

$$s = \int_{t_0}^{t_1} \sqrt{r^2\dot{\phi}^2 + r^2\dot{\lambda}^2\sin^2\phi}\,\mathrm{dt}.$$

Die Inverse zur Matrix (g_{ij}) liefert die kontravarianten Komponenten des Metriktensors:

$$(g^{ij}) = \begin{pmatrix} 1 & 0 & 0 \\ 0 & \frac{1}{r^2} & 0 \\ 0 & 0 & \frac{1}{r^2\sin^2\phi} \end{pmatrix}.$$

Jetzt berechnen wir die Christoffel-Symbole. Weil in der Matrix (g^{ij}) nur die Hauptdiagonale besetzt ist, entsteht aus (3.41):

$$\Gamma^k_{lm} = \tfrac{1}{2} g^{(kk)}(g_{mk,l} + g_{kl,m} - g_{lm,k}).$$

Man rechnet z. B.

$$\begin{aligned} \Gamma^3_{23} &= \tfrac{1}{2} g^{33}(g_{33,2} + g_{32,3} - g_{23,3}) \\ &= \tfrac{1}{2} g^{33}\, g_{33,2} = \tfrac{1}{2}\,\frac{1}{r^2\sin^2\phi}\,2r^2\sin\phi\cos\phi = \cot\phi. \end{aligned}$$

Auf diese Weise erhält man alle Christoffel-Symbole:

$$(\Gamma^1_{ij}) = \begin{pmatrix} 0 & 0 & 0 \\ 0 & -r & 0 \\ 0 & 0 & -r\sin^2\phi \end{pmatrix}, \quad (\Gamma^2_{ij}) = \begin{pmatrix} 0 & \frac{1}{r} & 0 \\ \frac{1}{r} & 0 & 0 \\ 0 & 0 & -\sin\phi\cos\phi \end{pmatrix},$$

$$(\Gamma^3_{ij}) = \begin{pmatrix} 0 & 0 & \frac{1}{r} \\ 0 & 0 & \cot\phi \\ \frac{1}{r} & \cot\phi & 0 \end{pmatrix}.$$

5. Transformationseigenschaften bei krummlinigen Koordinaten

Jetzt soll eine Transformation von einem System von krummlinigen Koordinaten Θ^l auf ein anderes System krummliniger Koordinaten $\bar{\Theta}^k$ ausgeführt werden. Wir haben also die Abhängigkeit

$$\bar{\Theta}^k = \bar{\Theta}^k(\Theta^l) \quad \text{bzw.} \quad \Theta^l = \Theta^l(\bar{\Theta}^k).$$

In beiden Fällen bilden wir die vollständigen Differentiale:

$$\mathrm{d}\bar{\Theta}^k = \frac{\partial\bar{\Theta}^k}{\partial\Theta^l}\,\mathrm{d}\Theta^l \quad \text{bzw.} \quad \mathrm{d}\Theta^l = \frac{\partial\Theta^l}{\partial\bar{\Theta}^k}\,\mathrm{d}\bar{\Theta}^k. \tag{3.42}$$

Für das vollständige Differential eines Vektors $\boldsymbol{R}$ gilt gemäß (3.30) und (3.31) im Koordinatensystem Θ^k:

$$\mathrm{d}\boldsymbol{R} = \boldsymbol{g}_k\,\mathrm{d}\Theta^k.$$

Entsprechend ist im Koordinatensystem $\bar{\Theta}^k$:

$$\mathrm{d}\boldsymbol{R} = \bar{\boldsymbol{g}}_k\,\mathrm{d}\bar{\Theta}^k.$$

Demnach ist

$$\bar{\boldsymbol{g}}_k\,\mathrm{d}\bar{\Theta}^k = \boldsymbol{g}_l\,\mathrm{d}\Theta^l.$$

Wir führen $\mathrm{d}\bar{\Theta}^k$ aus (3.42) ein und erhalten

$$\bar{\boldsymbol{g}}_k\frac{\partial\bar{\Theta}^k}{\partial\Theta^l}\,\mathrm{d}\Theta^l = \boldsymbol{g}_l\,\mathrm{d}\Theta^l.$$

Daraus folgt

$$\boldsymbol{g}_l = \frac{\partial \bar{\Theta}^k}{\partial \Theta^l} \bar{\boldsymbol{g}}_k \tag{3.43}$$

und entsprechend:

$$\bar{\boldsymbol{g}}_l = \frac{\partial \Theta^k}{\partial \bar{\Theta}^l} \boldsymbol{g}_k . \tag{3.44}$$

Durch Vergleich von (3.43) und (3.44) mit (1.50a) erhalten wir die **Transformationskoeffizienten für krummlinige Koordinaten:**

$$\begin{aligned} \bar{a}_l^k &= \frac{\partial \bar{\Theta}^k}{\partial \Theta^l} \\ \underline{a}_l^k &= \frac{\partial \Theta^k}{\partial \bar{\Theta}^l} . \end{aligned} \tag{3.45}$$

Die Formeln (3.45) gestatten die Anwendung der Tensoralgebra in einem Punkt des Raumes. Vergleichen wir weiter (3.42) mit (1.50b), so sehen wir, daß sich kontravariante Vektorkomponenten wie die Koordinatendifferentiale transformieren. Allgemeiner gilt dann für Tensoren die Regel:

Bei krummlinigen Koordinaten transformiert sich jeder kontravariante Index eines Tensors wie die Koordinatendifferentiale.

6. Die kovariante Ableitung

Untersuchen wir jetzt die partielle Ableitung auf ihre Tensoreigenschaft. Zunächst bilden wir die partielle Ableitung eines Skalars u. Für eine Transformation $\bar{\Theta}^i(\Theta^j)$ gilt für ihn als Tensor nullter Stufe:

$$\bar{u} = u .$$

Demnach rechnet man

$$\bar{u}_{,i} = \frac{\partial \bar{u}}{\partial \bar{\Theta}^i} = \frac{\partial u}{\partial \bar{\Theta}^i} = \frac{\partial u}{\partial \Theta^j} \frac{\partial \Theta^j}{\partial \bar{\Theta}^i}$$

und mit (3.45)

$$\bar{u}_{,i} = u_{,j} \underline{a}_i^j .$$

Die partielle Ableitung $u_{,i}$ des Skalars u ist demnach ein kovarianter Tensor 1. Stufe oder eine **kovariante Ableitung.** Wir wollen solche „kovarianten Ableitungen" mit einem senkrechten Strich bezeichnen, so daß wir schreiben können:

$$u|_i = u_{,i} \tag{3.46}$$

Jetzt kommen wir zur partiellen Ableitung eines Tensors 1. Stufe: Für einen kontravarianten Vektor A^k gilt nach (3.45) und (1.50 b):

$$\bar{A}^i = \bar{a}^i_k A^k = \frac{\partial \bar{\Theta}^i}{\partial \Theta^k} A^k .$$

Wir bilden die partielle Ableitung:

$$\bar{A}^i{}_{,j} = \frac{\partial}{\partial \bar{\Theta}^j} \left(\frac{\partial \bar{\Theta}^i}{\partial \Theta^k} A^k \right).$$

Wegen der Kettenregel

$$\frac{\partial}{\partial \bar{\Theta}^j} = \frac{\partial \Theta^l}{\partial \bar{\Theta}^j} \frac{\partial}{\partial \Theta^l}$$

kann man dafür schreiben:

$$\bar{A}^i{}_{,j} = A^k{}_{,l} \frac{\partial \Theta^l}{\partial \bar{\Theta}^j} \frac{\partial \bar{\Theta}^i}{\partial \Theta^k} + A^k \frac{\partial^2 \bar{\Theta}^i}{\partial \Theta^k \partial \Theta^l} \frac{\partial \Theta^l}{\partial \bar{\Theta}^j}. \tag{3.47}$$

Wäre auf der rechten Seite nur das 1. Glied vorhanden, so hätten wir in $A^k{}_{,l}$ gemäß (2.8 b) und (3.45) einen gemischten Tensor 2. Stufe. Das 2. Glied stört aber. Demnach ist bei **krummlinigen Koordinaten die partielle Ableitung von Tensoren im allgemeinen kein Tensor.**

Wir wollen jetzt aber versuchen, durch ein Korrekturglied eine kovariante Ableitung für Tensoren 1. Stufe zu definieren, die dennoch das tensorielle Transformationsgesetz erfüllt:

$$A^i|_j = A^i{}_{,j} + \Gamma^i_{jk} A^k. \tag{3.48}$$

Diese Definition ist nicht so willkürlich, wie sie aussieht. Denn bildet man die partielle Ableitung des Vektors

$$\boldsymbol{A} = A^i \boldsymbol{g}_i$$

so entsteht

$$\boldsymbol{A}_{,j} = A^i{}_{,j} \boldsymbol{g}_i + A^i \boldsymbol{g}_{i,j}.$$

Aus (3.36) setzen wir $\boldsymbol{g}_{i,j}$ ein und erhalten mit (3.48):

$$\boldsymbol{A}_{,j} = A^i|_j \boldsymbol{g}_i. \tag{3.49}$$

Obwohl man jetzt eigentlich schon den Tensorcharakter von $A^i|_j$ erkennt, wollen wir noch das Transformationsgesetz herleiten. Wir transformieren das 2. Glied der rechten Seite von (3.48). Nach (3.40) ist

$$\bar{\Gamma}^i_{jk} \bar{A}^k = -\bar{\boldsymbol{g}}^i{}_{,j} \cdot \bar{\boldsymbol{g}}_k \bar{A}^k.$$

Wir wenden die Transformationsgesetze (1.50) an und rechnen:

$$\bar{\Gamma}^i_{jk}\,\bar{A}^k = -\left(\frac{\partial\bar{\Theta}^i}{\partial\Theta^l}\,g^l\right)_{,q}\frac{\partial\Theta^q}{\partial\bar{\Theta}^j}\cdot\frac{\partial\Theta^n}{\partial\bar{\Theta}^k}\,g_n\,A^m\,\frac{\partial\bar{\Theta}^k}{\partial\Theta^m}.$$

Mit (3.40) folgt daraus:

$$\bar{\Gamma}^i_{jk}\,\bar{A}^k = -\left(\frac{\partial^2\bar{\Theta}^i}{\partial\Theta^l\,\partial\Theta^q}\,\frac{\partial\Theta^q}{\partial\bar{\Theta}^j}\,\frac{\partial\Theta^n}{\partial\bar{\Theta}^k}\,\delta^l_n - \Gamma^l_{qn}\,\frac{\partial\bar{\Theta}^i}{\partial\Theta^l}\,\frac{\partial\Theta^q}{\partial\bar{\Theta}^j}\,\frac{\partial\Theta^n}{\partial\bar{\Theta}^k}\right)A^m\,\frac{\partial\bar{\Theta}^k}{\partial\Theta^m}$$

oder

$$\bar{\Gamma}^i_{jk}\,\bar{A}^k = A^m\left(\Gamma^l_{qm}\,\frac{\partial\bar{\Theta}^i}{\partial\Theta^l}\,\frac{\partial\Theta^q}{\partial\bar{\Theta}^j} - \frac{\partial^2\bar{\Theta}^i}{\partial\Theta^m\,\partial\Theta^q}\,\frac{\partial\Theta^q}{\partial\bar{\Theta}^j}\right). \tag{3.50}$$

Mit (3.47) und (3.50) entsteht bei Umbenennung von Summationsindizes aus (3.48):

$$\bar{A}^i|_j = A^k{}_{,l}\,\frac{\partial\Theta^l}{\partial\bar{\Theta}^j}\,\frac{\partial\bar{\Theta}^i}{\partial\Theta^k} + A^k\,\frac{\partial^2\bar{\Theta}^i}{\partial\Theta^k\,\partial\Theta^l}\,\frac{\partial\Theta^l}{\partial\bar{\Theta}^j}$$

$$+ A^m\,\Gamma^k_{lm}\,\frac{\partial\bar{\Theta}^i}{\partial\Theta^k}\,\frac{\partial\Theta^l}{\partial\bar{\Theta}^j} - A^k\,\frac{\partial^2\bar{\Theta}^i}{\partial\Theta^k\,\partial\Theta^q}\,\frac{\partial\Theta^q}{\partial\bar{\Theta}^j}$$

oder

$$\bar{A}^i|_j = A^k|_l\,\frac{\partial\bar{\Theta}^i}{\partial\Theta^k}\,\frac{\partial\Theta^l}{\partial\bar{\Theta}^j}. \tag{3.51}$$

Also gilt der **Satz:**
Die gemäß (3.48) gebildete kovariante Ableitung ist ein Tensor 2. Stufe.

Aus (3.50) folgt das Transformationsgesetz für die Christoffel-Symbole

$$\bar{\Gamma}^i_{jk} = \Gamma^l_{mn}\,\frac{\partial\bar{\Theta}^i}{\partial\Theta^l}\,\frac{\partial\Theta^m}{\partial\bar{\Theta}^j}\,\frac{\partial\Theta^n}{\partial\bar{\Theta}^k} - \frac{\partial^2\bar{\Theta}^i}{\partial\Theta^m\,\partial\Theta^n}\,\frac{\partial\Theta^m}{\partial\bar{\Theta}^j}\,\frac{\partial\Theta^n}{\partial\bar{\Theta}^k}. \tag{3.52}$$

Das zweite Glied auf der rechten Seite von (3.52) stört das tensorielle Transformationsverhalten. Die Christoffel-Symbole bilden also **keinen** Tensor 3. Stufe.

Mit (3.48) war uns die kovariante Ableitung eines kontravarianten Vektors gegeben. Auf demselben Weg erhält man für den kovarianten Vektor:

$$A_i|_j = A_{i,j} - \Gamma^k_{ij}\,A_k. \tag{3.53}$$

Für die kovarianten Ableitungen eines Tensors 2. Stufe ergibt sich entsprechend:

$$\begin{aligned} A_{ij}|_k &= A_{ij,k} - \Gamma^m_{ik}\, A_{mj} - \Gamma^m_{jk}\, A_{im}, \\ A^i{}_j|_k &= A^i{}_{j,k} + \Gamma^i_{km}\, A^m{}_j - \Gamma^m_{jk}\, A^i{}_m, \\ A_i{}^j|_k &= A_i{}^j{}_{,k} - \Gamma^m_{ik}\, A_m{}^j + \Gamma^j_{km}\, A_i{}^m, \\ A^{ij}|_k &= A^{ij}{}_{,k} + \Gamma^i_{km}\, A^{mj} + \Gamma^j_{km}\, A^{im}. \end{aligned} \tag{3.54}$$

Wir hatten das vollständige Differential $\mathrm{d}A^i$ mit der partiellen Ableitung $A^i{}_{,j}$ geschrieben:

$$\mathrm{d}A^i = A^i{}_{,j}\,\mathrm{d}\Theta^j.$$

Entsprechend definiert man mit der kovarianten Ableitung $A^i|_j$ ein **absolutes Differential** $\mathrm{D}A^i$:

$$\mathrm{D}A^i = A^i|_j\,\mathrm{d}\Theta^j. \tag{3.55}$$

Für das absolute Differential erhält man

$$\mathrm{D}A^i = (A^i{}_{,j} + \Gamma^i_{jk}\,A^k)\,\mathrm{d}\Theta^j = \mathrm{d}A^i + \Gamma^i_{jk}\,A^k\,\mathrm{d}\Theta^j. \tag{3.56}$$

So gilt z. B. für die absolute Ableitung eines Vektors $A^i(\Theta^j)$ nach einem Kurvenparameter t:

$$\frac{\mathrm{D}A^i}{\mathrm{d}t} = A^i|_j\,\dot{\Theta}^j = \dot{A}^i + \Gamma^i_{jk}\,A^k\,\dot{\Theta}^j. \tag{3.57}$$

Das absolute Differential hängt mit dem vollständigen Differential eines Vektors $\boldsymbol{A}$ zusammen. Dieses lautet

$$\mathrm{d}\boldsymbol{A} = \boldsymbol{A}_{,j}\,\mathrm{d}\Theta^j = A^i|_j\,\mathrm{d}\Theta^j\,\boldsymbol{g}_i.$$

Mit (3.55) entsteht daraus

$$\mathrm{d}\boldsymbol{A} = \boldsymbol{g}_i\,DA^i. \tag{3.58}$$

Das absolute Differential bildet also die Komponenten des vollständigen Vektordifferentials.

7. Der Nabla-Operator in krummlinigen Koordinaten

Jetzt soll der „Nabla-Vektor" in krummlinigen Koordinaten ausgedrückt werden. Für geradlinige Koordinaten galt (3.12):

$$\boldsymbol{\nabla} = \boldsymbol{e}^i\,\frac{\partial}{\partial x^i}.$$

Mit der Kettenregel beziehen wir auf krummlinige Koordinaten:

$$\frac{\partial}{\partial x^i} = \frac{\partial \Theta^j}{\partial x^i} \frac{\partial}{\partial \Theta^j}.$$

Für die kontravariante Basis gilt gemäß (1.50a) und (3.45):

$$e^i = \frac{\partial x^i}{\partial \Theta^k} \boldsymbol{g}^k.$$

So erhält man für den „Nabla-Vektor" unter Berücksichtigung von (3.34):

$$\nabla = \frac{\partial \Theta^j}{\partial x^i} \frac{\partial x^i}{\partial \Theta^k} \boldsymbol{g}^k \frac{\partial}{\partial \Theta^j} = \delta^j_k \boldsymbol{g}^k \frac{\partial}{\partial \Theta^j},$$

oder

$$\nabla = \boldsymbol{g}^k \frac{\partial}{\partial \Theta^k}. \tag{3.59}$$

Für den Gradienten eines Skalars u gilt demnach in krummlinigen Koordinaten

$$\nabla u = \boldsymbol{g}^k \frac{\partial u}{\partial \Theta^k} = u_{,k} \boldsymbol{g}^k$$

oder mit (3.46):

$$\textbf{grad}\, u = \nabla u = u|_k \boldsymbol{g}^k. \tag{3.60}$$

Für die Divergenz eines Vektors $\boldsymbol{v}$ gehen wir von (3.14) aus:

$$\operatorname{div} \boldsymbol{v} = \nabla \cdot \boldsymbol{v} = \left(\boldsymbol{g}^i \frac{\partial}{\partial \Theta^i}\right) \cdot \left(v^j \boldsymbol{g}_j\right).$$

Die Basis $\boldsymbol{g}_j$ ist jetzt aber von den Koordinaten Θ^j abhängig. Unter Berücksichtigung von (3.39) entsteht:

$$\operatorname{div} \boldsymbol{v} = \boldsymbol{g}^i \cdot (v^j{}_{,i} \boldsymbol{g}_j + v^j \Gamma^k_{ji} \boldsymbol{g}_k),$$

oder nach Umbenennung von Indizes

$$\operatorname{div} \boldsymbol{v} = \boldsymbol{g}^i \cdot \boldsymbol{g}_j (v^j{}_{,i} + v^k \Gamma^j_{ki}).$$

Mit (3.48) folgt daraus

$$\operatorname{div} \boldsymbol{v} = v^i|_i. \tag{3.61}$$

Für die Rotation des Vektors $\boldsymbol{v}$ gilt entsprechend (3.16):

$$\textbf{rot}\, \boldsymbol{v} = \nabla \times \boldsymbol{v} = \left(\boldsymbol{g}^k \frac{\partial}{\partial \Theta^k}\right) \times \left(v_l \boldsymbol{g}^l\right)$$

oder

$$\textbf{rot}\, \boldsymbol{v} = (\boldsymbol{g}^k \times \boldsymbol{g}^l) v_{l,k} + v_l (\boldsymbol{g}^k \times \boldsymbol{g}^l{}_{,k}).$$

Der zweite Summand auf der rechten Seite lautet nach (3.39):

$$\boldsymbol{g}^k \times \boldsymbol{g}^l{}_{,k} = -\Gamma^l_{km}(\boldsymbol{g}^k \times \boldsymbol{g}^m).$$

Wegen der Antisymmetrie des Kreuzprodukts und der Symmetrie der Christoffel-Symbole hinsichtlich der unteren Indizes muß gelten

$$\boldsymbol{g}^k \times \boldsymbol{g}^l{}_{,k} = 0$$

und man erhält für die Rotation:

$$\mathbf{rot}\,\boldsymbol{v} = (\boldsymbol{g}^k \times \boldsymbol{g}^l)\, v_{l,k}.$$

Mit (2.56) entsteht daraus:

$$\mathbf{rot}\,\boldsymbol{v} = \varepsilon^{klm}\, v_{l,k}\, \boldsymbol{g}_m. \tag{3.62}$$

Befassen wir uns jetzt noch mit dem Gradienten eines Vektors gemäß (3.17):

$$\mathbf{Grad}\,\boldsymbol{v} = \boldsymbol{\nabla}\boldsymbol{v} = \boldsymbol{g}^i \frac{\partial}{\partial \Theta^i}\, v^j \boldsymbol{g}_j.$$

Auf demselben Weg wie bei der Divergenz entsteht daraus:

$$\mathbf{Grad}\,\boldsymbol{v} = v^j|_i\, \boldsymbol{g}^i \boldsymbol{g}_j. \tag{3.63}$$

Für den Gradienten eines Tensors 2. Stufe $\boldsymbol{T}$ erhält man entsprechend

$$\mathbf{Grad}\,\boldsymbol{T} = T^{ij}|_k\, \boldsymbol{g}^k \boldsymbol{g}_i \boldsymbol{g}_j. \tag{3.64}$$

Aus (3.60), (3.63) und (3.64) erkennen wir, daß Gradientenbildung und kovariante Differentiation einander entsprechen. So erklärt sich die „halbsymbolische Schreibweise" für die kovariante Ableitung

$$\nabla_i(\ \ ) = (\ \ )|_i. \tag{3.65}$$

Übernehmen wir die Darstellung (3.13) des „Nabla-Vektors"

$$\boldsymbol{\nabla} = \boldsymbol{g}^i\, \nabla_i,$$

so darf hierin der Operator ∇_i **nur auf Komponenten** angewandt werden und **nicht** auf die Basis. Denn die kovariante Ableitung ist nur für Komponenten erklärt. Man rechnet beispielsweise einerseits:

$$\mathbf{Grad}\,\boldsymbol{v} = \boldsymbol{g}^i\, \nabla_i(v^j \boldsymbol{g}_j) = \boldsymbol{g}^i \boldsymbol{g}_j\, \nabla_i v^j.$$

Gemäß (3.63) ist andererseits

$$\mathbf{Grad}\,\boldsymbol{v} = v^j|_i\, \boldsymbol{g}^i \boldsymbol{g}_j.$$

Wir vergleichen und finden in diesem Fall (3.65) bestätigt:

$$\nabla_i v^j = v^j|_i.$$

In der halbsymbolischen Darstellung wird für die partielle Ableitung geschrieben:

$$\partial_i(\ ) = (\ )_{,i}. \tag{3.66}$$

So lautet z. B. (3.48)

$$A^i|_j = A^i_{\ ,j} + \Gamma^i_{jk} A^k$$

in halbsymbolischer Darstellung:

$$\nabla_j A^i = \partial_j A^i + \Gamma^i_{jk} A^k. \tag{3.67}$$

Beispiel: Die Eulerschen Bewegungsgleichungen für reibungsfreie Flüssigkeiten in krummlinigen Koordinaten.

Wir gehen zurück auf (3.21):

$$\rho \frac{\mathrm{d}\boldsymbol{v}}{\mathrm{d}t} = \boldsymbol{F} + \mathbf{Div}\, \boldsymbol{T}. \tag{3.68}$$

Anstelle von (3.22) gilt jetzt gemäß (3.58) in Komponentenschreibweise

$$\rho \frac{\mathrm{D}v^j}{\mathrm{d}t} = F^j + \tau^{ij}|_i.$$

Hierin ist

$$\frac{\mathrm{d}\boldsymbol{v}}{\mathrm{d}t} = \frac{\partial \boldsymbol{v}}{\partial t} + \frac{\partial \boldsymbol{v}}{\partial \Theta^i}\, \dot{\Theta}^i.$$

Mit (3.49) folgt daraus:

$$\frac{\mathrm{d}v^j}{\mathrm{d}t} = \frac{\partial v^j}{\partial t} + v^j|_i\, \dot{\Theta}^i.$$

Das setzen wir in (3.68) ein und es entsteht:

$$\frac{\partial v^j}{\partial t} + v^j|_k\, \dot{\Theta}^k = \frac{1}{\rho}\, F^j + \frac{1}{\rho}\, \tau^{ij}|_i.$$

So erhalten wir anstelle von (3.24a) die **Eulerschen Bewegungsgleichungen** nunmehr **in krummlinigen Koordinaten:**

$$\frac{\partial v^j}{\partial t} + v^j|_k\, v^k = \frac{1}{\rho}\, F^j - \frac{1}{\rho}\, P|_i\, \delta^{ij}. \tag{3.69}$$

8. Anwendung: Gradient, Divergenz und Rotation in Kugelkoordinaten

Für den Ortsvektor $\boldsymbol{R}$ gilt in Kugelkoordinaten r, ϕ, λ die Darstellung

$$\begin{aligned} \boldsymbol{R} = {} & \boldsymbol{e}_1 r \sin\phi \cos\lambda \\ & + \boldsymbol{e}_2 r \sin\phi \sin\lambda \\ & + \boldsymbol{e}_3 r \cos\phi . \end{aligned}$$

Wir können an das Beispiel von Seite 84 anschließen. Dort hatten wir bereits die kovariante Basis $\boldsymbol{g}_i$, die kovarianten und kontravarianten Metriktensoren und die Christoffel-Symbole berechnet. Für die kontravariante Basis $\boldsymbol{g}^i$ gilt:

$$\boldsymbol{g}^i = g^{ij} \boldsymbol{g}_j .$$

Weil der Tensor g^{ij} nur Diagonalglieder hat, findet man sofort

$$\boldsymbol{g}^1 = \boldsymbol{g}_1$$

$$\boldsymbol{g}^2 = \frac{1}{r^2} \boldsymbol{g}_2$$

$$\boldsymbol{g}^3 = \frac{1}{r^2 \sin^2\phi} \boldsymbol{g}_3 .$$

Wir bilden den **Gradienten** eines Skalars P nach (3.60):

$$\textbf{grad}\, P = P_{,i} \boldsymbol{g}^i .$$

Hierin drückt man die kontravariante Basis durch die kovariante aus:

$$\textbf{grad}\, P = \frac{\partial P}{\partial r} \boldsymbol{g}_1 + \frac{1}{r^2} \frac{\partial P}{\partial \phi} \boldsymbol{g}_2 + \frac{1}{r^2 \sin^2\phi} \frac{\partial P}{\partial \lambda} \boldsymbol{g}_3 .$$

Wir wollen physikalische Komponenten haben, müssen also auf Einheitsvektoren $\boldsymbol{g}_i^*$ beziehen:

$$\boldsymbol{g}_i^* = \frac{1}{\sqrt{g_{(ii)}}} \boldsymbol{g}_i .$$

Dann gilt

$$\boldsymbol{g}_1 = \boldsymbol{g}_1^* \qquad \boldsymbol{g}_2 = r\, \boldsymbol{g}_2^* \qquad \boldsymbol{g}_3 = r \sin\phi\, \boldsymbol{g}_3^*$$

und man erhält für den Gradienten:

$$\textbf{grad}\, P = \frac{\partial P}{\partial r} \boldsymbol{g}_1^* + \frac{1}{r} \frac{\partial P}{\partial \phi} \boldsymbol{g}_2^* + \frac{1}{r \sin\phi} \frac{\partial P}{\partial \lambda} \boldsymbol{g}_3^* .$$

Seine Komponenten sind also

$$\begin{aligned} \mathrm{grad}_r P &= \frac{\partial P}{\partial r} \\ \mathrm{grad}_\phi P &= \frac{1}{r}\frac{\partial P}{\partial \phi} \\ \mathrm{grad}_\lambda P &= \frac{1}{r\sin\phi}\frac{\partial P}{\partial \lambda}. \end{aligned} \tag{3.70}$$

Für die **Divergenz** eines Vektors A gilt nach (3.61):

$$\mathrm{div}\, A = A^i|_i \,.$$

Nach (3.48) ist

$$A^i|_i = A^i{}_{,i} + \Gamma^i_{ik} A^k.$$

So gilt z. B.

$$A^1|_1 = A^1{}_{,1} + \Gamma^1_{11} A^1 + \Gamma^1_{12} A^2 + \Gamma^1_{13} A^3.$$

Mit den Christoffelsymbolen von Seite 86 findet man

$$\begin{aligned} A^1|_1 &= A^1{}_{,1} \\ A^2|_2 &= A^2{}_{,2} + \frac{1}{r} A^1 \\ A^3|_3 &= A^3{}_{,3} + \frac{1}{r} A^1 + \cot\phi\, A^2. \end{aligned}$$

Die Divergenz des Vektors A lautet demnach

$$\mathrm{div}\, A = \frac{\partial A_r}{\partial r} + \frac{1}{r}\frac{\partial A_\phi}{\partial \phi} + \frac{1}{r\sin\phi}\frac{\partial A_\lambda}{\partial \lambda} + \frac{2}{r} A_r + \frac{\cot\phi}{r} A_\phi\,. \tag{3.71}$$

Nun kommen wir zur **Rotation** des Vektors A. Sie lautet nach (3.62):

$$\mathbf{rot}\, A = \varepsilon^{klm} A_{l,k}\, \boldsymbol{g}_m\,,$$

oder

$$\begin{aligned} \mathbf{rot}\, A = &\frac{1}{\sqrt{g}}(A_{3,2} - A_{2,3})\, \boldsymbol{g}_1 \\ &+ \frac{1}{\sqrt{g}}(A_{1,3} - A_{3,1})\, \boldsymbol{g}_2 \\ &+ \frac{1}{\sqrt{g}}(A_{2,1} - A_{1,2})\, \boldsymbol{g}_3\,. \end{aligned}$$

Wir drücken die kovarianten Komponenten des Vektors $\boldsymbol{A}$ durch die kontravarianten aus

$$A_1 = g_{11} A^1 = A^1$$
$$A_2 = g_{22} A^2 = r^2 A^2$$
$$A_3 = g_{33} A^3 = r^2 \sin^2 \phi \, A^3 .$$

Die physikalischen Komponenten des Vektors $\boldsymbol{A}$ nennen wir A_r, A_ϕ, und A_λ. Für sie gilt

$$A^1 = A_r \qquad A^2 = \frac{1}{r} A_\phi \qquad A^3 = \frac{1}{r \sin \phi} A_\lambda .$$

Die Determinante des Metriktensors ist

$$g = r^4 \sin^2 \phi$$

und demnach

$$\sqrt{g} = r^2 \sin \phi .$$

Für die Einheitsvektoren $\boldsymbol{g}_i^*$ gilt wieder

$$\boldsymbol{g}_1 = \boldsymbol{g}_1^* \qquad \boldsymbol{g}_2 = r \, \boldsymbol{g}_2^* \qquad \boldsymbol{g}_3 = r \sin \phi \, \boldsymbol{g}_3^* .$$

Diese Angaben setzen wir in den obigen Ausdruck für die Rotation ein und erhalten:

$$\begin{aligned} \textbf{rot}\, \boldsymbol{A} = & \left[\frac{\partial (r \sin \phi \, A_\lambda)}{\partial \phi} - \frac{\partial (r A_\phi)}{\partial \lambda} \right] \frac{1}{r^2 \sin \phi} \boldsymbol{g}_1^* \\ & + \left[\frac{\partial A_\lambda}{\partial \lambda} - \frac{\partial (r \sin \phi \, A_\lambda)}{\partial r} \right] \frac{1}{r \sin \phi} \boldsymbol{g}_2^* \\ & + \left[\frac{\partial (r A_\phi)}{\partial r} - \frac{\partial A_r}{\partial \phi} \right] \frac{1}{r} \boldsymbol{g}_3^* . \end{aligned}$$

Die Komponenten der Rotation des Vektors $\boldsymbol{A}$ lauten demnach in Kugelkoordinaten:

$$\begin{aligned} \textbf{rot}_r\, A &= \frac{1}{r} \frac{\partial A_\lambda}{\partial \phi} - \frac{1}{r \sin \phi} \frac{\partial A_\phi}{\partial \lambda} + \frac{\cot \phi}{r} A_\lambda \\ \textbf{rot}_\phi\, A &= \frac{1}{r \sin \phi} \frac{\partial A_r}{\partial \lambda} - \frac{\partial A_\lambda}{\partial r} - \frac{1}{r} A_\lambda \\ \textbf{rot}_\lambda\, A &= \frac{\partial A_\phi}{\partial r} - \frac{1}{r} \frac{\partial A_r}{\partial \phi} + \frac{1}{r} A_\phi . \end{aligned} \tag{3.72}$$

Das hier behandelte Beispiel ist eine schöne Anwendung der Tensoranalysis: Ohne Zuhilfenahme irgendwelcher sonstigen Kenntnisse oder gar einer Zeichnung wurden die allgemeinen Formeln (3.60), (3.61), (3.62) allein durch einfaches Einsetzen und formales Rechnen auf Kugelkoordinaten spezialisiert.

KAPITEL 4

GEOMETRIE AUF DER FLÄCHE IM EUKLIDISCHEN RAUM

1. Vorbemerkung

Der Tensorkalkül ist dem Leser jetzt im wesentlichen bekannt, so daß wir nun zu Anwendungen kommen. Beginnen wir mit der elementaren Differentialgeometrie, die sich mit den im dreidimensionalen Raum eingebetteten Raumkurven und Flächen beschäftigt. Man spricht von „Kurventheorie" und „Flächentheorie".

Dieses Kapitel befaßt sich mit der Flächentheorie. In den meisten Lehrbüchern der Tensorrechnung wird der Stoff anders gegliedert. Die elementare Differentialgeometrie steht am Anfang und die Flächentheorie dient zur Einführung und Erläuterung der Tensoranalysis. Weil aber dem Ingenieur die Differentialgeometrie oft wenig geläufig ist, gehen wir anders vor. Die Tensorrechnung wurde von der Vektorrechnung her aufgebaut. Die Flächentheorie wird dagegen jetzt eine Anwendung der im vorigen Kapitel behandelten Tensoranalysis darstellen.

2. Der Metriktensor und die 1. Grundform der Flächentheorie

Erinnern wir uns an die krummlinigen Koordinaten im dreidimensionalen Euklidischen Raum und schlagen wir Abbildung 15 von Seite 81 auf. Wir denken uns die Θ^3-Koordinatenlinien ($\Theta^1 = \text{const}$, $\Theta^2 = \text{const}$) als Geraden. Die Fläche $\Theta^3 = 0$ soll unsere zu untersuchende Fläche im dreidimensionalen Raum sein. Abbildung 16 zeigt einen Schnitt der Fläche $\Theta^3 = \text{const}$. Irgendein Punkt P im Raum außerhalb der Fläche soll dann den Ortsvektor $\boldsymbol{R}$ haben. Wir fällen vom Punkt P das Lot auf die Fläche und erhalten den Punkt Q mit dem Ortsvektor $\boldsymbol{r}$. Dann ist

$$\boldsymbol{R}(\Theta^1, \Theta^2, \Theta^3) = \boldsymbol{r}(\Theta^1, \Theta^2) + \Theta^3\, \boldsymbol{a}_3(\Theta^1, \Theta^2). \tag{4.1}$$

Der Vektor $\boldsymbol{a}_3(\Theta^1, \Theta^2)$ ist der Einheitsvektor, der im Punkt $Q(\Theta^1, \Theta^2)$ auf der Fläche $\Theta^3 = 0$ senkrecht steht. Wir treffen nun folgende **Vereinbarung:**

Lateinische Indizes laufen von 1 bis 3, griechische Indizes nur von 1 bis 2.

Die krummlinigen Koordinaten Θ^1 und Θ^2, kurz Θ^α, heißen „Gaußsche Flächenparameter". Ein Beispiel ist in Abb. 17 gezeichnet.

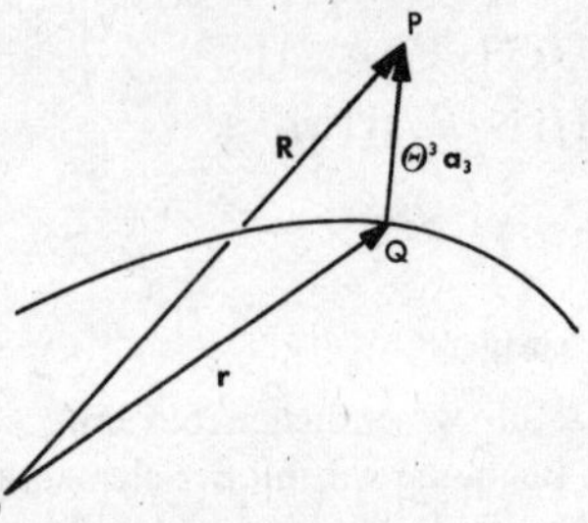

Abb. 16: Spezialisierung der krummlinigen Koordinaten für die Fläche

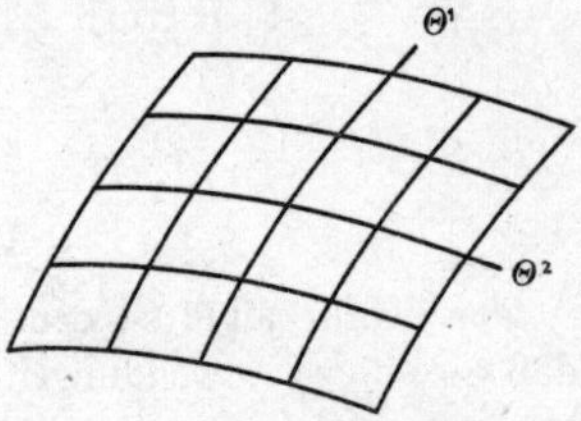

Abb. 17: Gaußsche Koordinaten auf der Fläche

Wir überziehen nun die Fläche mit einem anderen Netz von Koordinatenlinien mit den Gaußschen Flächenparametern $\bar{\Theta}^\alpha$. Die Transformation soll durch folgende Beziehungen gegeben sein:

$$\bar{\Theta}^\alpha = \bar{\Theta}^\alpha(\Theta^\beta)$$
$$\Theta^\beta = \Theta^\beta(\bar{\Theta}^\alpha)\,.$$

Den Begriff des **Flächentensors** definieren wir jetzt in folgender Weise:

Werden für eine griechisch indizierte Größe (z. B. $t^{\alpha\beta}$) in bezug auf die zwei Gaußschen Flächenparameter die Transformationsgesetze eines Tensors (Seite 62) erfüllt, so nennt man sie Flächentensor.

Wir kommen nun zu (4.1) zurück. Die kovariante Basis im Raum war gemäß (3.31):

$$\boldsymbol{g}_i = \boldsymbol{R}_{,i}\,.$$

Entsprechend definieren wir eine Basis $\boldsymbol{a}_\alpha$ auf der Fläche:

$$\boldsymbol{a}_\alpha = \boldsymbol{r}_{,\alpha}\,. \tag{4.2}$$

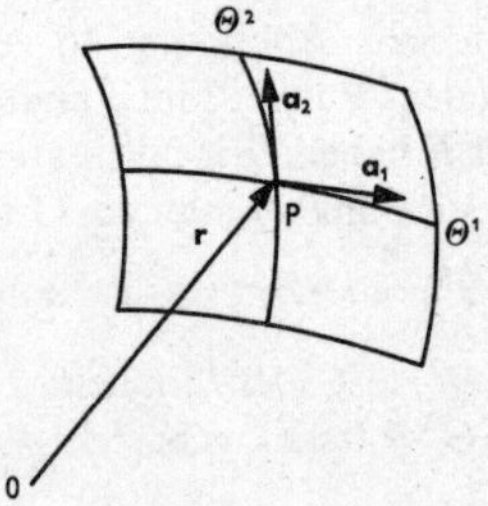

Abb. 18: Die Vektorbasis auf der Fläche

Ihre anschauliche Bedeutung zeigt Abb. 18: Die Basisvektoren $\boldsymbol{a}_\alpha(\Theta^1, \Theta^2)$ liegen in der Tangentialebene, die die Fläche im Punkt $P(\Theta^1, \Theta^2)$ berührt. Wir differenzieren (4.1) nach Θ^i und erhalten die Beziehungen

$$\begin{aligned} \boldsymbol{g}_\alpha &= \boldsymbol{a}_\alpha + \Theta^3 \boldsymbol{a}_{3,\alpha} \\ \boldsymbol{g}_3 &= \boldsymbol{a}_3 . \end{aligned} \tag{4.3}$$

Definitionsgemäß ist

$$\boldsymbol{a}_3 \cdot \boldsymbol{a}_\alpha = 0, \qquad \boldsymbol{a}_3 \cdot \boldsymbol{a}_3 = 1. \tag{4.4}$$

Durch Differenzieren folgt weiterhin

$$\boldsymbol{a}_3 \cdot \boldsymbol{a}_{3,\alpha} = 0. \tag{4.5}$$

Wir kommen nun zu der Frage, ob die Basisvektoren $\boldsymbol{a}_\alpha$ Flächentensoren 1. Stufe sind.

In Koordinaten Θ^α gilt nach (4.2):

$$\boldsymbol{a}_\alpha = \frac{\partial \boldsymbol{r}}{\partial \Theta^\alpha}.$$

Entsprechend gilt in Koordinaten $\bar{\Theta}^\alpha$:

$$\bar{\boldsymbol{a}}_\alpha = \frac{\partial \boldsymbol{r}}{\partial \bar{\Theta}^\alpha}.$$

Mit der Kettenregel kann man dafür schreiben

$$\bar{\boldsymbol{a}}_\alpha = \frac{\partial \boldsymbol{r}}{\partial \Theta^\beta} \frac{\partial \Theta^\beta}{\partial \bar{\Theta}^\alpha}$$

oder

$$\bar{\boldsymbol{a}}_\alpha = \boldsymbol{a}_\beta \frac{\partial \Theta^\beta}{\partial \bar{\Theta}^\alpha}.$$

Gemäß (3.45) ist das die Transformationsregel für einen kovarianten Tensor 1. Stufe. Die Basisvektoren sind demnach kovariante Flächentensoren 1. Stufe. Mit anderen Worten: $\boldsymbol{a}_\alpha$ ist die kovariante Basis auf der Fläche.

Entsprechend der Definition des Metriktensors g_{ij} definiert man jetzt eine Matrix $a_{\alpha\beta}$ durch

$$a_{\alpha\beta} = \boldsymbol{a}_\alpha \cdot \boldsymbol{a}_\beta. \tag{4.6}$$

Aus (4.3) folgt mit (4.4) und (4.5) für den Metriktensor g_{ij}:

$$\begin{aligned} g_{\alpha\beta} &= a_{\alpha\beta} + \Theta^3(\boldsymbol{a}_\alpha \cdot \boldsymbol{a}_{3,\beta} + \boldsymbol{a}_\beta \cdot \boldsymbol{a}_{3,\alpha}) + (\Theta^3)^2\, \boldsymbol{a}_{3,\alpha} \cdot \boldsymbol{a}_{3,\beta} \\ g_{\alpha 3} &= 0 \qquad g_{33} = 1. \end{aligned} \tag{4.7}$$

Ist nun die Matrix $a_{\alpha\beta}$ von (4.6) ein Flächentensor? Diese Frage kann man mit dem Transformationsgesetz der Basis beantworten. Wir wollen hier jedoch vom Metriktensor g_{ij} des einbettenden Raumes ausgehen. Für ihn gilt gemäß (2.7b) und (3.45) die Transformationsregel

$$\bar{g}_{ij} = \frac{\partial \Theta^k}{\partial \bar{\Theta}^i} \frac{\partial \Theta^l}{\partial \bar{\Theta}^j} g_{kl}.$$

Wir berücksichtigen nur die Untermatrix $\bar{g}_{\alpha\beta}$. Die Transformation sei

$$\bar{\Theta}^\alpha = \bar{\Theta}^\alpha(\Theta^\beta), \qquad \bar{\Theta}^3 = \Theta^3,$$

und wegen

$$g_{\alpha 3} = 0$$

ergibt sich dann

$$\bar{g}_{\alpha\beta} = \frac{\partial \Theta^\rho}{\partial \bar{\Theta}^\alpha} \frac{\partial \Theta^\lambda}{\partial \bar{\Theta}^\beta} g_{\rho\lambda} + \frac{\partial \Theta^3}{\partial \bar{\Theta}^\alpha} \frac{\partial \Theta^3}{\partial \bar{\Theta}^\beta} g_{33}.$$

Weil auf der Fläche $\Theta^3 = \text{const} = 0$ ist, folgt daraus mit (4.7):

$$\bar{a}_{\alpha\beta} = \frac{\partial \Theta^\rho}{\partial \bar{\Theta}^\alpha} \frac{\partial \Theta^\lambda}{\partial \bar{\Theta}^\beta} a_{\rho\lambda}. \tag{4.8}$$

Das ist das Transformationsgesetz für einen kovarianten Tensor 2. Stufe. Die Matrix $a_{\alpha\beta}$ bildet also einen Flächentensor 2. Stufe.

Wir bilden das Bogenelement ds längs einer Kurve $\Theta^\alpha(t)$ in der Fläche mit dem Kurvenparameter t. Sein Quadrat ist

$$\mathrm{d}s^2 = \mathrm{d}\boldsymbol{r} \cdot \mathrm{d}\boldsymbol{r} = \boldsymbol{r}_{,\alpha}\, \mathrm{d}\Theta^\alpha \cdot \boldsymbol{r}_{,\beta}\, \mathrm{d}\Theta^\beta.$$

Mit (4.2) folgt daraus

$$\mathrm{d}s = \sqrt{a_{\alpha\beta}\, \dot{\Theta}^\alpha \dot{\Theta}^\beta}\; \mathrm{d}t. \tag{4.9}$$

Der Flächentensor $a_{\alpha\beta}$ bestimmt also die **Metrik** der Fläche. Er heißt deshalb **Metriktensor der Fläche.** Demgegenüber ist g_{ij} der Metriktensor des einbettenden Raumes. In der Differentialgeometrie heißt (4.9) die **erste Grundform der Flächentheorie.** Die kovarianten Komponenten $a_{\alpha\beta}$ des Metriktensors nennt man dort **Fundamentalgrößen 1. Ordnung*.**

Die Bogenlänge s zwischen den Parameterwerten t_0 und t_1 ergibt sich durch Integration von (4.9):

$$s = \int_{t_0}^{t_1} \sqrt{a_{\alpha\beta}\, \dot{\Theta}^\alpha \dot{\Theta}^\beta}\; \mathrm{d}t. \tag{4.10}$$

* In vielen Lehrbüchern werden die Fundamentalgrößen 1. Ordnung $a_{\alpha\beta}$ mit E, F, G bezeichnet.

Der Metriktensor hat natürlich auch kontravariante Komponenten $a^{\beta\gamma}$, die durch Inversion der Matrix $a_{\alpha\beta}$ gegeben werden:

$$a_{\alpha\beta}\, a^{\beta\gamma} = \delta^{\gamma}_{\alpha}. \tag{4.11}$$

Mit den kontravarianten Komponenten kann man auch die kontravariante Basis $\boldsymbol{a}^{\alpha}$ ausrechnen:

$$\boldsymbol{a}^{\alpha} = a^{\alpha\beta}\, \boldsymbol{a}_{\beta}. \tag{4.12}$$

Auch die kontravariante Basis liegt also in der von der kovarianten Basis aufgespannten Tangentialebene. Für das Skalarprodukt $\boldsymbol{a}^{\alpha} \cdot \boldsymbol{a}_{\beta}$ erhält man nach (4.12) und (4.6):

$$\boldsymbol{a}^{\alpha} \cdot \boldsymbol{a}_{\beta} = a^{\alpha\gamma}\, a_{\gamma\beta}.$$

Mit (4.11) folgen daraus die Beziehungen zwischen kovarianter und kontravarianter Basis:

$$\boldsymbol{a}^{\alpha} \cdot \boldsymbol{a}_{\beta} = \delta^{\alpha}_{\beta}. \tag{4.13}$$

Ein Vektor $\boldsymbol{v}$, der in der kovarianten oder kontravarianten Basis der Fläche gegeben ist, soll „Flächenvektor" heißen:

$$\boldsymbol{v} = v^{\alpha}\, \boldsymbol{a}_{\alpha} = v_{\beta}\, \boldsymbol{a}^{\beta}. \tag{4.14}$$

Flächenvektoren liegen also stets in der von der Basis $\boldsymbol{a}_{\alpha}$ oder $\boldsymbol{a}^{\alpha}$ aufgespannten Tangentialebene der Fläche. Die Fläche, weil sie beliebig gekrümmt sein darf, kann im allgemeinen selbst keine Vektoren enthalten. Wie zu erwarten, sind Flächenvektoren im Sinne der Transformationsregeln Flächentensoren 1. Stufe. Das mag der Leser selbst zeigen. Der Beweis verläuft wie beim Metriktensor.

Wir multiplizieren jetzt (4.14) skalar mit $\boldsymbol{a}^{\gamma}$:

$$v^{\alpha}\, \boldsymbol{a}_{\alpha} \cdot \boldsymbol{a}^{\gamma} = v_{\beta}\, \boldsymbol{a}^{\beta} \cdot \boldsymbol{a}^{\gamma}.$$

Mit (4.13) folgt daraus

$$v^{\gamma} = v_{\beta}\, a^{\beta\gamma}.$$

Mit Hilfe des kontravarianten Metriktensors der Fläche haben wir also einen Index „heraufgezogen". Das gilt auch für Tensoren höherer Stufe, so daß man sagen kann:

Der Metriktensor der Fläche dient zum Herauf- und Herunterziehen der Indizes von Flächentensoren.

Der Metriktensor spielt für die Fläche die gleiche Rolle wie der Metriktensor g_{ij} für den einbettenden Raum. Wie wir gesehen haben, ist der ganze Tensor-Formalismus analog, nur hier mit griechischen Indizes.

Ebenso wichtig wie das Bogenelement ist das **Flächenelement.** Wir leiten es her. Die infinitesimalen Längen der Θ^1- und Θ^2-Kurven sollen durch die Vektoren

$$\boldsymbol{r}_{,1}\,\mathrm{d}\Theta^1 \quad \text{und} \quad \boldsymbol{r}_{,2}\,\mathrm{d}\Theta^2$$

gegeben sein. Dann ist der Flächeninhalt $\mathrm{d}F$ des von diesen beiden Vektoren gebildeten Parallelogramms

$$\mathrm{d}F = |\boldsymbol{r}_{,1} \times \boldsymbol{r}_{,2}|\,\mathrm{d}\Theta^1\,\mathrm{d}\Theta^2,$$

oder nach (4.2):

$$\mathrm{d}F = |\boldsymbol{a}_1 \times \boldsymbol{a}_2|\,\mathrm{d}\Theta^1\,\mathrm{d}\Theta^2.$$

Dafür kann man schreiben

$$\mathrm{d}F = \sqrt{(\boldsymbol{a}_1 \times \boldsymbol{a}_2) \cdot (\boldsymbol{a}_1 \times \boldsymbol{a}_2)}\,\mathrm{d}\Theta^1\,\mathrm{d}\Theta^2.$$

Wir verwenden die Vektor-Rechenregel*

$$(\boldsymbol{u} \times \boldsymbol{v}) \cdot (\boldsymbol{x} \times \boldsymbol{y}) = (\boldsymbol{u} \cdot \boldsymbol{x})\,(\boldsymbol{v} \cdot \boldsymbol{y}) - (\boldsymbol{v} \cdot \boldsymbol{x})\,(\boldsymbol{u} \cdot \boldsymbol{y}).$$

Sie liefert

$$\mathrm{d}F = \sqrt{a_{11}\,a_{22} - (a_{12})^2}\,\mathrm{d}\Theta^1\,\mathrm{d}\Theta^2.$$

Damit erhalten wir schließlich das Flächenelement

$$\mathrm{d}F = \sqrt{a}\,\mathrm{d}\Theta^1\,\mathrm{d}\Theta^2. \tag{4.15}$$

3. Der Krümmungstensor und die 2. Grundform der Flächentheorie

Das Skalarprodukt $\mathrm{d}\boldsymbol{r} \cdot \mathrm{d}\boldsymbol{r}$ des Differentials eines Ortsvektors $\boldsymbol{r}$ eines Flächenpunktes mit sich selbst bildete die erste Grundform der Flächentheorie. Die zweite Grundform soll zunächst formal durch das Skalarprodukt $\mathrm{d}\boldsymbol{r} \cdot \mathrm{d}\boldsymbol{a}_3$ gegeben werden. Beide Vektordifferentiale hängen nur von den Gaußschen Flächenparametern Θ^α ab, weil auf der Fläche $\Theta^3 = 0$ ist. Unter Berücksichtigung von (4.2) erhält man

$$\mathrm{d}\boldsymbol{r} = \boldsymbol{r}_{,\alpha}\,\mathrm{d}\Theta^\alpha = \boldsymbol{a}_\alpha\,\mathrm{d}\Theta^\alpha$$

und

$$\mathrm{d}\boldsymbol{a}_3 = \boldsymbol{a}_{3,\beta}\,\mathrm{d}\Theta^\beta.$$

* Auch diese Regel läßt sich wie die Regel des Beispiels auf Seite 71 mit Hilfe des Kronecker-Tensors 6. Stufe herleiten.

Daraus folgt

$$d\boldsymbol{r} \cdot d\boldsymbol{a}_3 = \boldsymbol{a}_\alpha \cdot \boldsymbol{a}_{3,\beta}\, d\Theta^\alpha\, d\Theta^\beta.$$

Mit der Abkürzung

$$b_{\alpha\beta} = -\boldsymbol{a}_\alpha \cdot \boldsymbol{a}_{3,\beta} \tag{4.16}$$

ergibt sich für die 2. Grundform:

$$d\boldsymbol{r} \cdot d\boldsymbol{a}_3 = -b_{\alpha\beta}\, d\Theta^\alpha\, d\Theta^\beta. \tag{4.17}$$

Die Koeffizienten $b_{\alpha\beta}$ heißen **Fundamentalgrößen 2. Ordnung***. In (4.17) steht links ein Skalarprodukt, also ein Tensor nullter Stufe. Die Koordinatendifferentiale rechts sind Flächentensoren 1. Stufe. Nach der Quotientenregel (Seite 65) müssen dann die $b_{\alpha\beta}$ kovariante Komponenten eines Flächentensors 2. Stufe sein. Das Transformationsgesetz für $b_{\alpha\beta}$ erhalten wir später in (4.42). Nun soll dieser Tensor $b_{\alpha\beta}$ berechnet werden. Wir schreiben (4.4) auf

$$\boldsymbol{a}_3 \cdot \boldsymbol{a}_\alpha = 0$$

und erhalten durch Differenzieren nach Θ^β:

$$\boldsymbol{a}_\alpha \cdot \boldsymbol{a}_{3,\beta} = -\boldsymbol{a}_{\alpha,\beta} \cdot \boldsymbol{a}_3. \tag{4.18}$$

Anstelle von (4.16) ergibt sich demnach

$$b_{\alpha\beta} = \boldsymbol{a}_{\alpha,\beta} \cdot \boldsymbol{a}_3.$$

Genau wie in (1.35) erhält man für $\boldsymbol{a}_3$:

$$\boldsymbol{a}_3 = \boldsymbol{a}^3 = \frac{\boldsymbol{a}_1 \times \boldsymbol{a}_2}{\sqrt{a}}.$$

Demnach ist

$$b_{\alpha\beta} = \frac{[\boldsymbol{a}_{\alpha,\beta}, \boldsymbol{a}_1, \boldsymbol{a}_2]}{\sqrt{a}}. \tag{4.19}$$

Mit dieser Formel (4.19) kann man den Tensor $b_{\alpha\beta}$ berechnen, wie auch das Beispiel unter Nr. 5 zeigen wird. Der Flächentensor $b_{\alpha\beta}$ hängt mit der Krümmung der Fläche zusammen und wird deshalb auch **Krümmungstensor** genannt. Er darf aber nicht mit dem „Riemannschen Krümmungstensor" verwechselt werden, auf den wir später noch zurückkommen wollen.

Den Zusammenhang mit der Krümmung können wir uns kurz auf folgende Weise plausibel machen:

* In vielen Lehrbüchern werden die Fundamentalgrößen 2. Ordnung $b_{\alpha\beta}$ mit L, M, N bezeichnet.

Wir schneiden die Fläche in einem Punkt P längs der Flächennormalen (Vektor $\boldsymbol{a}_3$) mit einer Ebene. Diesen „Normalschnitt" zeigt Abb. 19. Wir bringen die Tangentenvektoren $\boldsymbol{t}$ im Punkt P und $\boldsymbol{t}'$ in einem benachbarten Punkt P' an. Die Normalen in P und P' schneiden sich im Punkt Q.

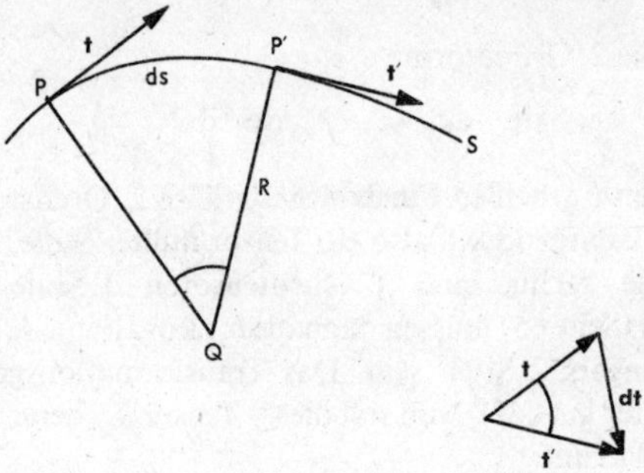

Abb. 19: Normalschnitt einer Fläche

Im Grenzfall $P' \to P$ wird $PQ = R$ der Radius des Krümmungskreises der Schnittkurve S. Daneben ist ein Vektordreieck gezeichnet, aus dem das Vektordifferential $\mathrm{d}\boldsymbol{t}$ hervorgeht. Aus der Ähnlichkeit dieses Dreiecks mit dem Dreieck $P\,P'\,Q$ folgt:

$$\frac{\mathrm{d}s}{R} = \frac{|\mathrm{d}\boldsymbol{t}|}{1}$$

oder

$$\frac{1}{R} = \left|\frac{\mathrm{d}\boldsymbol{t}}{\mathrm{d}s}\right|.$$

Weil der Vektor $\dfrac{\mathrm{d}\boldsymbol{t}}{\mathrm{d}s}$ die Richtung oder Gegenrichtung des Einheitsvektors $\boldsymbol{a}_3$ hat, kann man dafür schreiben:

$$\frac{1}{R} = \frac{\mathrm{d}\boldsymbol{t}}{\mathrm{d}s} \cdot \boldsymbol{a}_3,$$

wenn wir jetzt auch negative Krümmungsradien zulassen. Aus

$$\boldsymbol{a}_3 \cdot \boldsymbol{t} = 0$$

folgt durch Differentiation

$$\frac{\mathrm{d}\boldsymbol{t}}{\mathrm{d}s} \cdot \boldsymbol{a}_3 = -\frac{\mathrm{d}\boldsymbol{a}_3}{\mathrm{d}s} \cdot \frac{\mathrm{d}\boldsymbol{r}}{\mathrm{d}s}.$$

Demnach ist

$$\frac{1}{R} = -\frac{\mathrm{d}\boldsymbol{a}_3}{\mathrm{d}s} \cdot \frac{\mathrm{d}\boldsymbol{r}}{\mathrm{d}s}$$

oder

$$\frac{1}{R} = \frac{b_{\alpha\beta}\,\mathrm{d}\Theta^\alpha\,\mathrm{d}\Theta^\beta}{a_{\alpha\beta}\,\mathrm{d}\Theta^\alpha\,\mathrm{d}\Theta^\beta}. \tag{4.20}$$

Die Krümmung der Schnittkurve eines Normalschnitts längs einer Parameterlinie mit dem Parameter t ist also der Quotient aus der zweiten und der ersten Grundform:

$$\frac{1}{R} = \frac{b_{\alpha\beta}\,\dot{\Theta}^\alpha\,\dot{\Theta}^\beta}{a_{\alpha\beta}\,\dot{\Theta}^\alpha\,\dot{\Theta}^\beta}.$$

Eine Erweiterung dieses Satzes auf schiefe Schnitte liefert der Satz von MEUSNIER:

Der geometrische Ort der Krümmungskreise für alle ebenen Schnittkurven im Punkte P längs eines Tangentenvektors ist die Kugel vom Radius R.

Der Satz von MEUSNIER ist in der Flächentheorie sehr bekannt. Den Beweis findet der Leser in jedem Lehrbuch der Differentialgeometrie. Wir interessieren uns jetzt für die „Hauptkrümmungsrichtungen“ in einem Punkt P der Fläche, d.h. für die Normalschnitte mit maximaler oder minimaler Krümmung. Die Linien, längs deren extremale Krümmung vorliegt, heißen **Krümmungslinien.**

Eine beliebige Schnittrichtung kann durch den Faktor

$$\lambda = \frac{\mathrm{d}\Theta^1}{\mathrm{d}\Theta^2}$$

gegeben werden. Damit schreibt sich (4.20):

$$\frac{1}{R} = \frac{b_{11}\lambda^2 + 2\,b_{12}\lambda + b_{22}}{a_{11}\lambda^2 + 2\,a_{12}\lambda + a_{22}}. \tag{4.21}$$

Für $b_{11}:b_{12}:b_{22} = a_{11}:a_{12}:a_{22}$ wird $\dfrac{1}{R}$ unabhängig von λ, d.h. alle Normalschnitte haben gleiche Krümmung. Es liegt dann ein Kreispunkt oder Nabelpunkt vor. Diesen Fall wollen wir zunächst ausschließen. Wir ordnen (4.21) nach Potenzen von λ:

$$\left(\frac{1}{R}a_{11}-b_{11}\right)\lambda^2+2\left(\frac{1}{R}a_{12}-b_{12}\right)\lambda+\frac{1}{R}a_{22}-b_{22} = 0.$$

Wenn kein Nabelpunkt vorliegt, gehören demnach zu jeder Krümmung zwei Richtungen λ, die sich nach dieser quadratischen Gleichung bestimmen. Für Extremwerte von $\frac{1}{R}$ fallen diese Richtungen zusammen. Die Bedingung dafür ist das Verschwinden der Diskriminante:

$$\begin{vmatrix} \frac{1}{R} a_{11} - b_{11}, & \frac{1}{R} a_{12} - b_{12} \\ \frac{1}{R} a_{12} - b_{12}, & \frac{1}{R} a_{22} - b_{22} \end{vmatrix} = 0.$$

Wir ordnen nach Potenzen von $\frac{1}{R}$ und erhalten folgende quadratische Gleichung für die Hauptkrümmungen $\frac{1}{R_1}$ und $\frac{1}{R_2}$:

$$\frac{1}{R^2} - 2H\frac{1}{R} + K = 0 \tag{4.22}$$

mit den Koeffizienten

$$\begin{aligned} 2H &= \frac{b_{11}a_{22} - 2b_{12}a_{12} + b_{22}a_{11}}{a_{11}a_{22} - a_{12}^{\;2}} \\ K &= \frac{b_{11}b_{22} - (b_{12})^2}{a_{11}a_{22} - (a_{12})^2} = \frac{b}{a}. \end{aligned} \tag{4.23}$$

Nach dem Vietaschen Satz gilt andererseits

$$\begin{aligned} H &= \tfrac{1}{2}\left(\frac{1}{R_1} + \frac{1}{R_2}\right) \\ K &= \frac{1}{R_1} \cdot \frac{1}{R_2}. \end{aligned} \tag{4.24}$$

Wir können (4.23) einfacher schreiben. Wie man nämlich leicht erkennt, ist

$$a^{11} = \frac{a_{22}}{a}, \quad a^{12} = \frac{-a_{12}}{a}, \quad a^{22} = \frac{a_{11}}{a}.$$

Damit erhält man für (4.23):

$$\begin{aligned} 2H &= b_{\alpha\beta}\, a^{\alpha\beta} = b_\alpha^\alpha \\ K &= \frac{b}{a} = \det(b_\alpha^\beta) \end{aligned} \tag{4.25}$$

Die Hauptkrümmungen in einem Punkt der Fläche sind invariant gegen Parametertransformationen. Wegen (4.24) sind dann auch H und K invariant. Mit H und K sind wichtige Eigenschaften der Fläche verknüpft.

Darauf kommen wir später zurück. Deshalb sind H und K grundlegende Invarianten der Differentialgeometrie. Man nennt H die **mittlere Krümmung** und K das **Gaußsche Krümmungsmaß.**

Aus (4.22) lassen sich die Hauptkrümmungen berechnen. Will man weiterhin die Richtungen λ in einem Flächenpunkt bestimmen, längs denen Hauptkrümmungen vorliegen, so muß man für (4.21) verlangen:

$$\frac{\mathrm{d}\left(\frac{1}{R}\right)}{\mathrm{d}\lambda} = 0\,. \tag{4.26}$$

Weil die 1. Grundform stets von Null verschieden ist, liefert (4.26) mit (4.21) folgende quadratische Gleichung für die beiden Richtungen λ:

$$(b_{11}\,a_{12} - b_{12}\,a_{11})\,\lambda^2 + (b_{11}\,a_{22} - b_{22}\,a_{11})\,\lambda + b_{12}\,a_{22} - b_{22}\,a_{12} = 0.$$

Wir untersuchen den Spezialfall, daß die Parameterlinien ein orthogonales Netz bilden. Mit $a_{12} = 0$ folgt dann, wenn man für λ wieder $\mathrm{d}\Theta^1/\mathrm{d}\Theta^2$ setzt:

$$b_{12}\,a_{11}(\mathrm{d}\Theta^1)^2 + (b_{11}\,a_{22} - b_{22}\,a_{11})\,\mathrm{d}\Theta^1\,\mathrm{d}\Theta^2 + b_{12}\,a_{22}(\mathrm{d}\Theta^2)^2 = 0.$$

Setzen wir weiter voraus:

$$b_{12} = 0,$$

so lautet die Bedingung für Krümmungslinien:

$$(b_{11}\,a_{22} - b_{22}\,a_{11})\,\mathrm{d}\Theta^1\,\mathrm{d}\Theta^2 = 0.$$

Sie ist sowohl für $\mathrm{d}\Theta^1 = 0$, als auch für $\mathrm{d}\Theta^2 = 0$ erfüllt. Die Parameterlinien $\Theta^\alpha = \text{const.}$ sind dann Krümmungslinien. Es gilt demnach der Satz:

Die Bedingung dafür, daß die Parameterlinien zugleich Krümmungslinien sind, ist

$$a_{12} = b_{12} = 0.$$

4. Die Christoffel-Symbole und die Ableitungsgleichungen

Zunächst wollen wir die Christoffel-Symbole für unsere Fläche $\Theta^3 = 0$ spezialisieren. Mit (4.7) folgt sofort aus (3.41):

$$\Gamma^\alpha_{\beta\gamma} = \tfrac{1}{2}\,a^{\alpha\lambda}(a_{\lambda\beta,\gamma} + a_{\gamma\lambda,\beta} - a_{\beta\gamma,\lambda})\,. \tag{4.27}$$

Für die restlichen Christoffel-Symbole geht man von (3.40) aus:

(a) $\quad \Gamma^\alpha_{\beta 3} = \boldsymbol{a}^\alpha \cdot \boldsymbol{a}_{3,\beta} = a^{\alpha\gamma}\,\boldsymbol{a}_\gamma \cdot \boldsymbol{a}_{3,\beta}\,,$

(b) $\quad \Gamma^3_{\alpha\beta} = \boldsymbol{a}^3 \cdot \boldsymbol{a}_{\alpha,\beta}\,,$ (4,28)

(c) $$\Gamma^3_{\alpha 3} = \boldsymbol{a}^3 \cdot \boldsymbol{a}_{3,\alpha}\,, \tag{4.28}$$

(d) $$\Gamma^\alpha_{33} = \boldsymbol{a}^\alpha \cdot \boldsymbol{a}_{3,3}\,,$$

(e) $$\Gamma^3_{33} = \boldsymbol{a}^3 \cdot \boldsymbol{a}_{3,3}\,.$$

Aus (4.28 a) folgt mit (4.16):

$$\Gamma^\alpha_{\beta 3} = -a^{\alpha\gamma}\, b_{\gamma\beta} = -b^\alpha_\beta\,. \tag{4.29}$$

(4.28 b) ergibt mit (4.18) und (4.16):

$$\Gamma^3_{\alpha\beta} = -\boldsymbol{a}_\alpha \cdot \boldsymbol{a}_{3,\beta} = b_{\alpha\beta}\,. \tag{4.30}$$

(4.28 c) liefert mit (4.5):

$$\Gamma^3_{\alpha 3} = 0. \tag{4.31}$$

Aus (4.1) folgt

$$\boldsymbol{a}_{3,3} = 0$$

und damit aus (4.28 d) und (4.28 e):

$$\Gamma^\alpha_{33} = 0 \tag{4.32}$$

$$\Gamma^3_{33} = 0\,. \tag{4.33}$$

Die Christoffel-Symbole für die Fläche $\Theta^3 = 0$ sind hiermit berechnet. Die Beziehungen (3.39) führten im einbettenden Raum die Ableitungen der Basisvektoren auf die Basis zurück:

$$\boldsymbol{g}_{k,l} = \Gamma^m_{kl}\, \boldsymbol{g}_m$$

$$\boldsymbol{g}^k{}_{,l} = -\Gamma^k_{lm}\, \boldsymbol{g}^m.$$

Wir nennen sie deshalb „Ableitungsgleichungen“. Wie wollen sie jetzt für unsere Fläche $\Theta^3 = 0$ spezialisieren. Man erhält

$$\boldsymbol{a}_{\alpha,\beta} = \Gamma^\gamma_{\alpha\beta}\, \boldsymbol{a}_\gamma + \Gamma^3_{\alpha\beta}\, \boldsymbol{a}_3\,,$$

$$\boldsymbol{a}_{3,\alpha} = \Gamma^\beta_{3\alpha}\, \boldsymbol{a}_\beta + \Gamma^3_{3\alpha}\, \boldsymbol{a}_3\,.$$

Mit (4.30), (4.29) und (4.31) entsteht daraus:

$$\boldsymbol{a}_{\alpha,\beta} = \Gamma^\gamma_{\alpha\beta}\, \boldsymbol{a}_\gamma + b_{\alpha\beta}\, \boldsymbol{a}_3\,, \tag{4.34}$$

$$\boldsymbol{a}_{3,\alpha} = -b^\beta_\alpha\, \boldsymbol{a}_\beta\,. \tag{4.35}$$

Das sind die Ableitungsgleichungen der Flächentheorie. Man nennt (4.34) **Ableitungsgleichungen von Gauß** und (4.35) **Ableitungsgleichungen von Weingarten.** Die Ableitungsgleichungen von Gauß kann man auch für die kontravariante Basis $\boldsymbol{a}^\alpha$ angeben:

$$\boldsymbol{a}^\alpha{}_{,\beta} = -\Gamma^\alpha_{\beta\gamma}\, \boldsymbol{a}^\gamma + b^\alpha_\beta\, \boldsymbol{a}_3\,. \tag{4.34 a}$$

Die Ableitungsgleichungen von Gauß und Weingarten sind grundlegend für die Flächentheorie und werden oft angewandt.

Anmerkung:

Die Ableitungsgleichungen zeigen ferner, daß die Fläche mit dem Ortsvektor $\boldsymbol{r}(\Theta^1, \Theta^2)$ durch die Komponenten des Metriktensors und des Krümmungstensors und deren Ableitungen vollständig bestimmt ist. Ist nämlich $\boldsymbol{r}$ in der Umgebung eines Punktes $P(\Theta^1, \Theta^2)$ als Taylorreihe darstellbar, so kann man aufgrund der Ableitungsgleichungen alle Koeffizienten der Reihe durch $a_{\alpha\beta}$, $b_{\alpha\beta}$ und deren Ableitungen ausdrücken. Man nennt $a_{\alpha\beta}$ und $b_{\alpha\beta}$ ein „vollständiges Formensystem" der Fläche. Näheres darüber findet der Leser in den Lehrbüchern der Differentialgeometrie.

Abschließend noch eine kurze Bemerkung zu den Grundformen der Flächentheorie.

Das Skalarprodukt $\mathrm{d}\boldsymbol{r} \cdot \mathrm{d}\boldsymbol{r}$ ist die 1. Grundform, das Skalarprodukt $\mathrm{d}\boldsymbol{r} \cdot \mathrm{d}\boldsymbol{a}_3$ die 2. Grundform. Weiterhin bezeichnet man das Skalarprodukt $\mathrm{d}\boldsymbol{a}_3 \cdot \mathrm{d}\boldsymbol{a}_3$ als 3. Grundform. Für diese gilt

$$\mathrm{d}\boldsymbol{a}_3 \cdot \mathrm{d}\boldsymbol{a}_3 = \boldsymbol{a}_{3,\alpha} \cdot \boldsymbol{a}_{3,\beta}\, \mathrm{d}\Theta^\alpha\, \mathrm{d}\Theta^\beta$$

und mit den Ableitungsgleichungen (4.35) von Weingarten:

$$\mathrm{d}\boldsymbol{a}_3 \cdot \mathrm{d}\boldsymbol{a}_3 = b^\gamma_\alpha\, b^\delta_\beta\, a_{\gamma\delta}\, \mathrm{d}\Theta^\alpha\, \mathrm{d}\Theta^\beta$$

oder

$$\mathrm{d}\boldsymbol{a}_3 \cdot \mathrm{d}\boldsymbol{a}_3 = b_{\alpha\delta}\ b^\delta_\beta\, \mathrm{d}\Theta^\alpha\, \mathrm{d}\Theta^\beta. \tag{4.36}$$

Eine Veranschaulichung hierfür gibt das „sphärische Bild einer Fläche". Trägt man die Einheitsvektoren $\boldsymbol{a}_3(\Theta^\alpha)$ der Fläche von einem festen Punkt aus an, so liegen ihre Endpunkte auf einer Kugel. Jedem Punkt der Fläche entspricht dann ein Punkt der Kugel. Die dritte Grundform gibt dann das Bogenelement auf dieser Kugel an.

5. Beispiele: Rotationsfläche und Kugel

Gemäß Abb. 20 wählen wir auf der **Rotationsfläche** als Gaußsche Flächenparameter die Meridianbogenlänge s und den Breitenkreiswinkel ϑ. Der Breitenkreisradius ist r. Die Linien $s = \text{const}$ sind Breitenkreise und die Linien $\vartheta = \text{const}$ Meridiane. Weil Meridiane und Breitenkreise sich stets orthogonal schneiden, bilden die Parameterlinien ein „orthogonales Netz". Man sieht schon jetzt, daß deshalb $a_{12} = 0$ sein muß. Bezeichnen wir die Einheitsvektoren im rechtwinkligen Koordinatensystem x, y, z mit $\boldsymbol{e}_i$, so lautet die Parameterdarstellung der Fläche:

$$\boldsymbol{r}(s, \vartheta) = \boldsymbol{e}_1\, r(s) \cos \vartheta + \boldsymbol{e}_2\, r(s) \sin \vartheta + \boldsymbol{e}_3\, z(s).$$

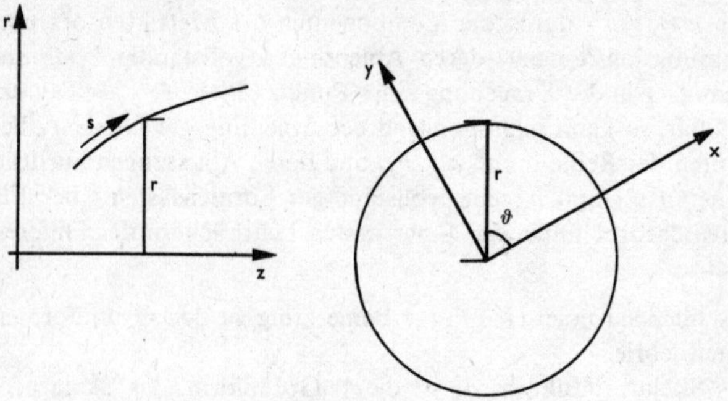

Abb. 20: Rotationsfläche

In der Rechnung bekommt s den Index 1 und ϑ den Index 2. Die Ableitungen nach s werden mit einem Strich bezeichnet. Gemäß (4.2) wird dann die Basis $\boldsymbol{a}_\alpha$:

$$\boldsymbol{a}_1 = \frac{\partial \boldsymbol{r}}{\partial s} = \boldsymbol{e}_1\, r'(s) \cos \vartheta + \boldsymbol{e}_2\, r'(s) \sin \vartheta + \boldsymbol{e}_3\, z'(s),$$

$$\boldsymbol{a}_2 = \frac{\partial \boldsymbol{r}}{\partial \vartheta} = -\,\boldsymbol{e}_1\, r(s) \sin \vartheta + \boldsymbol{e}_2\, r(s) \cos \vartheta.$$

Der Metriktensor lautet gemäß (4.6):

$$a_{11} = r'^2 \cos^2 \vartheta + r'^2 \sin^2 \vartheta + z'^2 = r'^2 + z'^2,$$

$$a_{12} = -\,r\, r' \sin \vartheta \cos \vartheta + r\, r' \sin \vartheta \cos \vartheta = 0,$$

$$a_{22} = r^2 \sin^2 \vartheta + r^2 \cos^2 \vartheta = r^2.$$

Wir können im folgenden stets die Ableitungen von z durch die Ableitungen von r ausdrücken. Denn wegen

$$(\mathrm{d}r)^2 + (\mathrm{d}z)^2 = (\mathrm{d}s)^2$$

gilt

$$r'^2 + z'^2 = 1.$$

Daraus folgt

$$z' = \sqrt{1 - r'^2}$$

und

$$z'' = -\frac{r' r''}{\sqrt{1 - r'^2}}.$$

Damit erhält man für die kovarianten Komponenten des Metriktensors:

$$(a_{\alpha\beta}) = \begin{pmatrix} 1 & 0 \\ 0 & r^2 \end{pmatrix}.$$

Daraus folgt

$$\sqrt{a} = r.$$

Die kontravarianten Komponenten ergeben sich gemäß (4.11) als inverse Matrix:

$$(a^{\alpha\beta}) = \begin{pmatrix} 1 & 0 \\ 0 & \dfrac{1}{r^2} \end{pmatrix}.$$

Die kontravariante Basis wird dann nach (4.12):

$$\begin{aligned} \boldsymbol{a}^1 &= \quad \boldsymbol{e}_1 r' \cos\vartheta + \boldsymbol{e}_2 r' \sin\vartheta + \boldsymbol{e}_3 z', \\ \boldsymbol{a}^2 &= -\boldsymbol{e}_1 \frac{1}{r} \sin\vartheta + \boldsymbol{e}_2 \frac{1}{r} \cos\vartheta. \end{aligned}$$

Eine Kontrolle mit (4.13) zeigt die Richtigkeit. Die Bogenlänge σ berechnen wir mit (4.10):

$$\sigma = \int_{t_0}^{t_1} \sqrt{\dot{s}^2 + r^2 \dot{\vartheta}^2}\, \mathrm{d}t.$$

Das Flächenstück ergibt sich aus (4.15):

$$F = \int_{s_0}^{s_1} \int_{\vartheta_0}^{\vartheta_1} r \,\mathrm{d}s\,\mathrm{d}\vartheta.$$

Jetzt kommen wir zum Krümmungstensor. Nach (4.19) ist z.B. die Komponente b_{11}:

$$b_{11} = \frac{[\boldsymbol{a}_{1,1}, \boldsymbol{a}_1, \boldsymbol{a}_2]}{\sqrt{a}}.$$

Man rechnet

$$\boldsymbol{a}_{1,1} = \boldsymbol{e}_1 r''(s) \cos\vartheta + \boldsymbol{e}_2 r''(s) \sin\vartheta + \boldsymbol{e}_3 z''(s)$$

und erhält weiter

$$b_{11} = \frac{1}{r\sqrt{r'^2 + z'^2}} \begin{vmatrix} r'' \cos \vartheta & r'' \sin \vartheta & z'' \\ r' \cos \vartheta & r' \sin \vartheta & z' \\ -r \sin \vartheta & r \cos \vartheta & 0 \end{vmatrix}$$

oder

$$b_{11} = \frac{z'' r' - r'' z'}{\sqrt{r'^2 + z'^2}} = -\frac{r''}{\sqrt{1 - r'^2}}.$$

Entsprechend ergeben sich die anderen Komponenten:

$$(b_{\alpha\beta}) = \begin{pmatrix} -\frac{r''}{\sqrt{1 - r'^2}} & 0 \\ 0 & r\sqrt{1 - r'^2} \end{pmatrix}.$$

Es ist also

$$b_{12} = a_{12} = 0.$$

Aus dem Satz von Seite 107 können wir also schließen:

Die Meridiane und Breitenkreise auf Rotationsflächen sind Krümmungslinien.

Die mittlere und die Gaußsche Krümmung erhalten wir aus (4.23):

$$H = \frac{1 - r'^2 - r r''}{2r\sqrt{1 - r'^2}}$$

$$K = -\frac{r''}{r}.$$

Nun wenden wir uns den Christoffel-Symbolen zu und beachten (4.27). Weil $a^{12} = 0$ ist, wird die Formel einfacher:

$$\Gamma^{\alpha}_{\beta\gamma} = \tfrac{1}{2} a^{(\alpha\alpha)}(a_{\alpha\beta,\gamma} + a_{\gamma\alpha,\beta} - a_{\beta\gamma,\alpha}).$$

(Die Indexklammer deutet wieder an, daß über α nicht summiert werden darf.) So rechnet man z. B.

$$\Gamma^{1}_{22} = \frac{1}{2} a^{11}(a_{12,2} + a_{21,2} - a_{22,1})$$

$$= -\frac{1}{2} a^{11} a_{22,1} = -\frac{1}{2} \frac{\partial(r^2)}{\partial s} = -r r'.$$

Auf die gleiche Art findet man die anderen Christoffel-Symbole und erhält:

$$\Gamma^1_{11} = 0 \qquad \Gamma^1_{12} = 0 \qquad \Gamma^1_{22} = -r\,r'$$

$$\Gamma^2_{11} = 0 \qquad \Gamma^2_{12} = \frac{r'}{r} \qquad \Gamma^2_{22} = 0.$$

Nun sollen noch die Ableitungsgleichungen bestätigt werden. Dazu benötigen wir den Einheitsvektor $\boldsymbol{a}_3$. Weil er senkrecht auf $\boldsymbol{a}_1$ und $\boldsymbol{a}_2$ steht, muß gelten

$$\boldsymbol{a}_3 = \frac{\boldsymbol{a}_1 \times \boldsymbol{a}_2}{|\boldsymbol{a}_1 \times \boldsymbol{a}_2|}.$$

Es ist

$$\boldsymbol{a}_1 \times \boldsymbol{a}_2 = \begin{vmatrix} \boldsymbol{e}_1 & \boldsymbol{e}_2 & \boldsymbol{e}_3 \\ r'\cos\vartheta & r'\sin\vartheta & z' \\ -r\sin\vartheta & r\cos\vartheta & 0 \end{vmatrix}$$

$$= -\boldsymbol{e}_1\, r\, z'\cos\vartheta - \boldsymbol{e}_2\, r\, z'\sin\vartheta + \boldsymbol{e}_3\, r\, r'$$

und

$$|\boldsymbol{a}_1 \times \boldsymbol{a}_2| = r\sqrt{r'^2 + z'^2} = r.$$

Demnach ist

$$\boldsymbol{a}_3 = -\boldsymbol{e}_1\, z'\cos\vartheta - \boldsymbol{e}_2\, z'\sin\vartheta + \boldsymbol{e}_3\, r'$$

oder

$$\boldsymbol{a}_3 = -\boldsymbol{e}_1\sqrt{1-r'^2}\,\cos\vartheta - \boldsymbol{e}_2\sqrt{1-r'^2}\,\sin\vartheta + \boldsymbol{e}_3\, r'.$$

Die erste Ableitungsgleichung von Gauß wird nach (4.34):

$$\boldsymbol{a}_{1,1} = \Gamma^1_{11}\,\boldsymbol{a}_1 + \Gamma^2_{11}\,\boldsymbol{a}_2 + b_{11}\,\boldsymbol{a}_3 = -\frac{r''}{\sqrt{1-r'^2}}\,\boldsymbol{a}_3$$

$$= \boldsymbol{e}_1\, r''\cos\vartheta + \boldsymbol{e}_2\, r''\sin\vartheta - \frac{r'\,r''}{\sqrt{1-r'^2}}\,\boldsymbol{e}_3$$

$$= \boldsymbol{e}_1\, r''\cos\vartheta + \boldsymbol{e}_2\, r''\sin\vartheta + \boldsymbol{e}_3\, z''.$$

Dieses Ergebnis hatten wir schon auf Seite 111 erhalten. Die drei anderen bestätigt man ebenso leicht. Die erste Ableitungsgleichung von Weingarten folgt aus (4.35):

$$\boldsymbol{a}_{3,1} = -b^1_1\,\boldsymbol{a}_1 - b^2_1\,\boldsymbol{a}_2.$$

Mit

$$b_1^1 = b_{11}\, a^{11} = -\frac{r''}{\sqrt{1-r'^2}}$$

und

$$b_1^2 = 0$$

erhält man

$$\boldsymbol{a}_{3,1} = \frac{r''}{\sqrt{1-r'^2}} (\boldsymbol{e}_1\, r' \cos\vartheta + \boldsymbol{e}_2\, r' \sin\vartheta + \boldsymbol{e}_3\, z')$$

$$= \boldsymbol{e}_1 \frac{r'\, r''}{\sqrt{1-r'^2}} \cos\vartheta + \boldsymbol{e}_2 \frac{r'\, r''}{\sqrt{1-r'^2}} \sin\vartheta + \boldsymbol{e}_3\, r''.$$

Das bestätigt man leicht durch unmittelbares Differenzieren von $\boldsymbol{a}_3$.

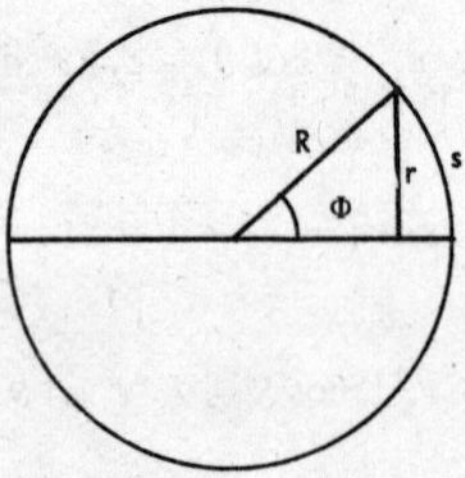

Abb. 20a: Kugel

Bei der **Kugel** wird der Meridian durch den Meridianwinkel ϕ gegeben. Sie habe den Radius R. Dann ist nach Abb. 20a:

$$s = R\phi$$

und

$$r = R \sin\phi .$$

Damit wird

$$\frac{\mathrm{d}}{\mathrm{d}s} = \frac{1}{R} \frac{\mathrm{d}}{\mathrm{d}\phi} .$$

Für die Ableitungen von r nach s erhalten wir:

$$r' = \cos\phi, \qquad r'' = -\frac{1}{R} \sin\phi .$$

So ergeben sich der Metriktensor

$$(a_{\alpha\beta}) = \begin{pmatrix} 1 & 0 \\ 0 & R^2 \sin^2 \phi \end{pmatrix},$$

und daraus die Bogenlänge

$$\sigma = \int_{t_0}^{t_1} R \sqrt{\dot{\phi}^2 + \dot{\vartheta}^2 \sin^2 \phi} \, \mathrm{d}t,$$

und das Oberflächenstück

$$F = \int_{\phi_0}^{\phi_1} \int_{\vartheta_0}^{\vartheta_1} R^2 \sin \phi \, \mathrm{d}\phi \, \mathrm{d}\vartheta .$$

Dies sind die bekannten Formeln für Bogenlänge und Oberflächenstück auf der Kugel.

Weiter erhält man den Krümmungstensor

$$(b_{\alpha\beta}) = \begin{pmatrix} \frac{1}{R} & 0 \\ 0 & R \sin^2 \phi \end{pmatrix},$$

die Christoffel-Symbole

$$\Gamma^1_{11} = 0 \qquad \Gamma^1_{12} = 0 \qquad \Gamma^1_{22} = -R \sin \phi \cos \phi$$

$$\Gamma^2_{11} = 0 \qquad \Gamma^2_{12} = \frac{1}{R \operatorname{tg} \phi} \qquad \Gamma^2_{22} = 0$$

und die Krümmungsmaße:

$$H = \frac{1}{R} \quad \text{und} \quad K = \frac{1}{R^2}.$$

Die Beziehung (4.21) ist identisch erfüllt und von λ unabhängig. Die Kugel besteht also aus lauter Nabelpunkten.

6. Die kovariante Ableitung

Um mit den Flächentensoren auch Tensoranalysis betreiben zu können, benötigt man auch auf der Fläche eine kovariante Ableitung. Wegen der bestehenden Analogien ist zu vermuten, daß auch hier die gleichen Beziehungen gelten (Indizes in griechischen Buchstaben) wie für den einbettenden Raum.

Für die kontravarianten Komponenten v^α eines Flächenvektors

$$\boldsymbol{v} = v^\alpha \boldsymbol{a}_\alpha$$

definieren wir also in Erinnerung an (3.48) folgende Ableitung:

$$v^\alpha|_\beta = v^\alpha{}_{,\beta} + \Gamma^\alpha_{\beta\gamma} v^\gamma. \tag{4.38}$$

Dabei sind die Christoffel-Symbole auf der Fläche mit (4.27) gegeben.

Wir behaupten nun, daß $v^\alpha|_\beta$ gemäß (4.38) ein Tensor 2. Stufe ist, nämlich die „kovariante Ableitung". Um dies zu beweisen, differenzieren wir zunächst einen Vektor $\boldsymbol{v}$ nach den Koordinaten Θ^β:

$$\boldsymbol{v}_{,\beta} = v^\alpha{}_{,\beta} \boldsymbol{a}_\alpha + v^\alpha \boldsymbol{a}_{\alpha,\beta}.$$

Auf die Ableitungen $\boldsymbol{a}_{\alpha,\beta}$ wenden wir die Gaußschen Ableitungsgleichungen (4.34) an:

$$\boldsymbol{v}_{,\beta} = (v^\gamma{}_{,\beta} + v^\alpha \Gamma^\gamma_{\alpha\beta}) \boldsymbol{a}_\gamma + v^\alpha b_{\alpha\beta} \boldsymbol{a}_3.$$

Mit der Definition der Ableitung nach (4.38) entsteht daraus:

$$\boldsymbol{v}_{,\beta} = v^\gamma|_\beta \boldsymbol{a}_\gamma + v^\alpha b_{\alpha\beta} \boldsymbol{a}_3. \tag{4.39}$$

Verwendet man andere Flächenparameter $\bar{\Theta}^\alpha$ und differenziert man nach $\bar{\Theta}^\lambda$, so entsteht entsprechend

$$\bar{\boldsymbol{v}}_{,\lambda} = \bar{v}^\gamma|_\lambda \bar{\boldsymbol{a}}_\gamma + \bar{v}^\alpha \bar{b}_{\alpha\lambda} \boldsymbol{a}_3. \tag{4.40}$$

Nun gilt

$$\boldsymbol{v}_{,\beta} = \bar{\boldsymbol{v}}_{,\lambda} \frac{\partial \bar{\Theta}^\lambda}{\partial \Theta^\beta}.$$

Man überschiebt also (4.40) mit $\partial\bar{\Theta}^\lambda/\partial\Theta^\beta$ und setzt mit (4.39) gleich:

$$v^\gamma|_\beta \boldsymbol{a}_\gamma + v^\alpha b_{\alpha\beta} \boldsymbol{a}_3 = \bar{v}^\gamma|_\lambda \bar{\boldsymbol{a}}_\gamma \frac{\partial \bar{\Theta}^\lambda}{\partial \Theta^\beta} + \bar{v}^\alpha \bar{b}_{\alpha\lambda} \boldsymbol{a}_3 \frac{\partial \bar{\Theta}^\lambda}{\partial \Theta^\beta}.$$

Wir führen rechts die Transformation der Basis und der Vektorkomponenten $\bar{v}^\alpha$ durch und erhalten

$$v^\gamma|_\beta \boldsymbol{a}_\gamma + v^\alpha b_{\alpha\beta} \boldsymbol{a}_3 = \bar{v}^\gamma|_\lambda \boldsymbol{a}_\mu \frac{\partial \Theta^\mu}{\partial \bar{\Theta}^\gamma} \frac{\partial \bar{\Theta}^\lambda}{\partial \Theta^\beta} + v^\mu \overline{b_{\alpha\lambda}} \boldsymbol{a}_3 \frac{\partial \bar{\Theta}^\alpha}{\partial \Theta^\mu} \frac{\partial \bar{\Theta}^\lambda}{\partial \Theta^\beta}.$$

Der Koeffizientenvergleich für die Basis $\boldsymbol{a}_\lambda$ und $\boldsymbol{a}_3$ liefert nach entsprechendem Austausch von Summationsindizes:

$$v^\gamma|_\beta = \bar{v}^\mu|_\lambda \frac{\partial \Theta^\gamma}{\partial \bar{\Theta}^\mu} \frac{\partial \bar{\Theta}^\lambda}{\partial \Theta^\beta} \tag{4.41}$$

und

$$b_{\alpha\beta} = \overline{b_{\mu\lambda}} \frac{\partial \bar{\Theta}^\mu}{\partial \Theta^\alpha} \frac{\partial \bar{\Theta}^\lambda}{\partial \Theta^\beta}. \tag{4.42}$$

Aus (4.41) erkennt man, daß die Ableitung $v^\gamma|_\beta$ tatsächlich ein gemischter Flächentensor 2. Stufe ist. Mit (4.38) ist also wirklich die kovariante Ableitung definiert und die Behauptung ist bewiesen. Als Nebenprodukt fällt mit (4.42) noch das Transformationsgesetz für den kovarianten Krümmungstensor $b_{\alpha\beta}$ ab. In der gleichen Art gelten z.B. auch die Beziehungen (3.54) für den Flächentensor 2. Stufe, wenn man sie mit griechischen Indizes schreibt.

Demnach verläuft auch für die kovariante Ableitung der Tensor-Formalismus auf der Fläche bei griechischen Indizes genauso wie im einbettenden Raum bei lateinischen Indizes.

Wir kommen nun zu dem oft benötigten **Lemma von Ricci:**
Die kovarianten Ableitungen des Metriktensors verschwinden:

$$a^{\alpha\beta}|_\gamma = a^\alpha{}_\beta|_\gamma = a_{\alpha\beta}|_\gamma = 0. \tag{4.43}$$

Wir beweisen hier die dritte Gleichung. Dazu wendet man (3.54) an und erhält

$$a_{\alpha\beta}|_\gamma = a_{\alpha\beta,\gamma} - \Gamma^\lambda_{\alpha\gamma}\, a_{\beta\lambda} - \Gamma^\lambda_{\beta\gamma}\, a_{\alpha\lambda}.$$

Aus (4.27) folgt

$$\Gamma^\lambda_{\alpha\gamma}\, a_{\beta\lambda} = \tfrac{1}{2}(a_{\beta\alpha,\gamma} + a_{\gamma\beta,\alpha} - a_{\alpha\gamma,\beta}).$$

Demnach ist

$$\Gamma^\lambda_{\alpha\gamma}\, a_{\beta\lambda} + \Gamma^\lambda_{\beta\gamma}\, a_{\alpha\lambda} = a_{\alpha\beta,\gamma}. \tag{4.44}$$

Schließlich ergibt sich daraus:

$$a_{\alpha\beta}|_\gamma = a_{\alpha\beta,\gamma} - a_{\alpha\beta,\gamma} = 0.$$

Um dem Leser eine mehr anschauliche Vorstellung von der kovarianten Ableitung zu geben, soll untersucht werden, was das Verschwinden der kovarianten Ableitung, z.B. $v^\alpha|_\beta = 0$, geometrisch zu bedeuten hat.

Als Vorbereitung dazu wollen wir uns mit den kürzesten Linien auf der Fläche befassen, den „geodätischen Linien".

7. Die Parallelverschiebung nach Levi-Civita

Gegeben sind zwei Punkte P_0 und P_1 auf der Fläche. Man kann sie durch eine beliebige Kurve $\widehat{P_0 P_1}$ (Kurvenparameter t) in der Fläche miteinander verbinden. Gesucht ist die kürzeste Verbindungskurve $\widehat{P_0 P_1}$ oder die „geodätische Linie". Man erhält sie aus dem Variationsproblem

$$s = \int_{P_0}^{P_1} \sqrt{a_{\alpha\beta}\, \dot{\Theta}^\alpha\, \dot{\Theta}^\beta}\, dt = \text{Min.} \tag{4.45}$$

oder kurz

$$\int L\,\mathrm{d}t = \text{Min.}$$

mit der „Lagrange-Funktion“

$$L = \sqrt{a_{\alpha\beta}\,\dot{\Theta}^\alpha\,\dot{\Theta}^\beta}.$$

Notwendige Bedingungen für dieses Variationsproblem sind die Euler-Lagrangeschen Differentialgleichungen:

$$\frac{\mathrm{d}}{\mathrm{d}t}\left(\frac{\partial L}{\partial\dot{\Theta}^\nu}\right) - \frac{\partial L}{\partial\Theta^\nu} = 0.$$

Im vorliegenden Fall lauten sie:

$$\frac{\mathrm{d}}{\mathrm{d}t}\left(\frac{2\,a_{\alpha\nu}\,\dot{\Theta}^\alpha}{2\,L}\right) - \frac{1}{2\,L}\,\frac{\partial a_{\alpha\beta}}{\partial\Theta^\nu}\,\dot{\Theta}^\alpha\,\dot{\Theta}^\beta = 0.$$

Daraus folgt

$$\dot{\Theta}^\beta\,\frac{\partial}{\partial\Theta^\beta}\left(\frac{1}{L}\,a_{\alpha\nu}\,\dot{\Theta}^\alpha\right) + \ddot{\Theta}^\beta\,\frac{\partial}{\partial\dot{\Theta}^\beta}\left(\frac{1}{L}\,a_{\alpha\nu}\,\dot{\Theta}^\alpha\right) - \frac{1}{2\,L}\,\frac{\partial a_{\alpha\beta}}{\partial\Theta^\nu}\,\dot{\Theta}^\alpha\,\dot{\Theta}^\beta = 0.$$

Wir verwenden jetzt als Kurvenparameter t die Bogenlänge s. Dann heißt das Variationsproblem (4.45)

$$\int \mathrm{d}s = \text{Min.}$$

und die Lagrange-Funktion wird

$$L = 1.$$

Damit rechnen wir weiter*:

$$a_{\alpha\nu,\beta}\,\dot{\Theta}^\alpha\,\dot{\Theta}^\beta + a_{\beta\nu}\,\ddot{\Theta}^\beta - \tfrac{1}{2}\,a_{\alpha\beta,\nu}\,\dot{\Theta}^\alpha\,\dot{\Theta}^\beta = 0.$$

Dafür kann man ausführlicher schreiben:

$$\tfrac{1}{2}\left(a_{\alpha\nu,\beta} + a_{\nu\alpha,\beta} - a_{\alpha\beta,\nu}\right)\dot{\Theta}^\alpha\,\dot{\Theta}^\beta + a_{\beta\nu}\,\ddot{\Theta}^\beta = 0.$$

Wir überschieben mit $a^{\mu\nu}$ und erhalten wegen (4.27):

$$\ddot{\Theta}^\mu + \Gamma^\mu_{\alpha\beta}\,\dot{\Theta}^\alpha\,\dot{\Theta}^\beta = 0. \tag{4.46}$$

Das sind die **Differentialgleichungen für die geodätischen Linien.** Ihre Lösungen $\Theta^1(s)$ und $\Theta^2(s)$ beschreiben mit den eingearbeiteten Randbedingungen die gesuchte geodätische Linie. Das Integral (4.45) gibt ihre Länge an.

* Der Leser zeige selbst durch ausführliches Hinschreiben der Summation über α die hier verwendete Beziehung: $(a_{\alpha\nu}\,\dot{\Theta}^\alpha)_{,\beta} = a_{\beta\nu}$. Sie gilt bei Symmetrie des Tensors $a_{\alpha\nu}$.

Jetzt soll eine Parallelverschiebung eines Flächenvektors $A^\alpha \boldsymbol{a}_\alpha$ längs einer geodätischen Linie G erklärt werden. Die bekannte „Euklidische" Parallelverschiebung kommt hier nicht in Frage, weil es danach in zwei beliebigen Punkten der Fläche gar keine parallelen Flächenvektoren geben kann. Deshalb geben wir nach LEVI-CIVITA eine andere Definition für die Parallelverschiebung. Wir setzen fest:

Ein Flächenvektor heißt parallelverschoben nach Levi-Civita (LC) längs einer geodätischen Linie *G*, wenn er mit dem Tangentenvektor von *G* stets den gleichen Winkel einschließt.

Verwendet man als Kurvenparameter wieder die Bogenlänge s der geodätischen Linie, so lautet ihr Tangenteneinheitsvektor

$$\frac{\mathrm{d}\boldsymbol{r}}{\mathrm{d}s} = \dot{\Theta}^\beta \boldsymbol{a}_\beta .$$

Nach obiger Definition muß also für die LC-Parallelverschiebung gefordert werden, daß folgendes Skalarprodukt unabhängig von s ist:

$$A^\alpha \boldsymbol{a}_\alpha \cdot \dot{\Theta}^\beta \boldsymbol{a}_\beta = \text{const.}\,(s).$$

Das bedeutet

$$\frac{\mathrm{d}}{\mathrm{d}s}(a_{\alpha\beta} A^\alpha \dot{\Theta}^\beta) = 0.$$

Man rechnet

$$(a_{\alpha\beta} A^\alpha)_{,\nu} \dot{\Theta}^\nu \dot{\Theta}^\beta + a_{\alpha\nu} A^\alpha \ddot{\Theta}^\nu = 0$$

oder

$$a_{\alpha\beta,\nu} A^\alpha \dot{\Theta}^\nu \dot{\Theta}^\beta + a_{\alpha\beta} A^\alpha{}_{,\nu} \dot{\Theta}^\nu \dot{\Theta}^\beta + a_{\alpha\nu} A^\alpha \ddot{\Theta}^\nu = 0.$$

Wegen (4.44) können wir dafür schreiben

$$(a_{\beta\lambda} \Gamma^\lambda_{\alpha\nu} + a_{\alpha\lambda} \Gamma^\lambda_{\beta\nu}) A^\alpha \dot{\Theta}^\nu \dot{\Theta}^\beta + a_{\alpha\beta} A^\alpha{}_{,\nu} \dot{\Theta}^\nu \dot{\Theta}^\beta + a_{\alpha\nu} A^\alpha \ddot{\Theta}^\nu = 0.$$

Weil eine geodätische Linie vorliegt, fallen das zweite und letzte Glied hierin fort, denn gemäß (4.46) ist

$$a_{\alpha\lambda} \Gamma^\lambda_{\beta\nu} A^\alpha \dot{\Theta}^\nu \dot{\Theta}^\beta + a_{\alpha\nu} A^\alpha \ddot{\Theta}^\nu = a_{\alpha\lambda} (\ddot{\Theta}^\lambda + \Gamma^\lambda_{\beta\nu} \dot{\Theta}^\nu \dot{\Theta}^\beta) A^\alpha =.0.$$

Es bleiben also das erste und dritte Glied übrig:

$$a_{\beta\lambda} (A^\lambda{}_{,\nu} + \Gamma^\lambda_{\alpha\nu} A^\alpha) \dot{\Theta}^\nu \dot{\Theta}^\beta = 0.$$

Das ist nach (4.38):

$$A^\lambda|_\nu \, a_{\beta\lambda} \dot{\Theta}^\nu \dot{\Theta}^\beta = 0.$$

Für den beliebigen Vektor A gilt diese Beziehung nur, wenn die kovariante Ableitung verschwindet:

$$A^\lambda|_\nu = 0. \qquad (4.47)$$

Das ist die Bedingung für einen längs einer geodätischen Linie LC-parallelverschobenen Flächenvektor $\boldsymbol{A}$.

Unter Verwendung des absoluten Differentials nach (3.56) lautet diese Bedingung:

$$\frac{\mathrm{D}A^\lambda}{\mathrm{d}s} = 0.$$

Abschließend kann man die LC-Parallelverschiebung auch längs beliebiger – nicht geodätischer – Linien mit dem Kurvenparameter t erklären. Man definiert:

Ein Flächenvektor A heißt parallelverschoben nach Levi Civita längs einer Kurve mit dem Parameter t**, wenn gilt:**

$$\frac{D\,A^\lambda}{\mathrm{d}t} = 0. \tag{4.48}$$

Demgegenüber muß bei einer Parallelverschiebung eines Vektors $\boldsymbol{A}$ längs einer Geraden in einer Ebene gelten:

$$\frac{\mathrm{d}A^\lambda}{\mathrm{d}s} = 0,$$

d. h. die partielle Ableitung verschwindet:

$$A^i{}_{,j} = 0.$$

Bei der Parallelverschiebung eines Vektors längs einer Geraden verschwinden also die partiellen Ableitungen der Komponenten, bei der LC-Parallelverschiebung eines Flächenvektors längs einer Flächenkurve verschwinden die kovarianten Ableitungen der Komponenten. Das **Beispiel** der **Kugel** mag das erhellen:

Mit den Christoffel-Symbolen nach Seite 115 lauten gemäß (4.46) die Differentialgleichungen der geodätischen Linien auf der Kugel:

$$\ddot{\Theta}^1 + \Gamma^1_{22}\,\dot{\Theta}^2\,\dot{\Theta}^2 = 0,$$

$$\ddot{\Theta}^2 + 2\,\Gamma^2_{12}\,\dot{\Theta}^1\,\dot{\Theta}^2 = 0$$

oder

$$\ddot{\phi} - \dot{\vartheta}^2\,R\sin\phi\cos\phi = 0,$$

$$R\,\ddot{\vartheta} + 2\,\dot{\phi}\,\dot{\vartheta}\cot\phi = 0.$$

Auf den Meridianen $\vartheta = \text{const}$ ist die Bogenlänge $s = R\,\phi$.

Beide Gleichungen werden für die Meridiane identisch erfüllt. Die Meridiane sind also geodätische Linien. Das Ergebnis war zu erwarten, denn wir wissen, daß die kürzeste Verbindung zweier Punkte auf der Kugel stets längs eines „Großkreises“ vorliegt. Die Meridiane sind aber Großkreise.

So kann man sich auch die LC-Parallelverschiebung auf der Kugel veranschaulichen:

Es fahren z.B. zwei Schiffe in größerem Abstand hintereinander von einer bestimmten Stelle des Ozeans aus nach Norden. Beide drehen gleichzeitig um 30° nach Osten ab. Ihre Richtungen sind definitionsgemäß parallel nach LEVI-CIVITA.

Ist die Entfernung der Schiffe nur klein, so kann man den Großkreis als Gerade ansehen. Die Schiffe fahren dann parallel. Im Kleinen kann nämlich die Kugelfläche als Ebene gelten. Die kovariante Ableitung auf der Fläche geht in die partielle Ableitung über und die LC-Parallelverschiebung eines Vektors stimmt mit der „einfachen" Parallelverschiebung überein.

8. Der Riemannsche Krümmungstensor

Bisher haben wir uns nur mit der ersten kovarianten Ableitung befaßt. Durch Wiederholung der kovarianten Differentiation gelangt man zur zweiten kovarianten Ableitung. Betrachten wir z.B. einen kovarianten Tensor 1. Stufe A_i. Seine erste kovariante Ableitung ist gemäß (3.53):

$$A_i|_j = A_{i,j} - \Gamma^m_{ij} A_m. \tag{4.49}$$

Durch nochmalige kovariante Differentiation kommt man zur zweiten kovarianten Ableitung $A_i|_j|_k$. Üblicherweise läßt man den zweiten Ableitungsstrich weg und schreibt dafür $A_i|_{jk}$.

Weil die erste Ableitung ein rein kovarianter Tensor 2. Stufe ist, kann man darauf (3.54) anwenden und erhält:

$$A_i|_{jk} = A_i|_{j,k} - \Gamma^m_{ik} A_m|_j - \Gamma^m_{jk} A_i|_m. \tag{4.50}$$

Man führt nun (4.49) auf der rechten Seite von (4.50) ein.

So entsteht:

$$\begin{aligned} A_i|_{jk} = A_{i,jk} &- \Gamma^m_{ij,k} A_m - \Gamma^m_{ij} A_{m,k} \\ &- \Gamma^m_{ik} A_{m,j} + \Gamma^m_{ik} \Gamma^n_{mj} A_n \\ &- \Gamma^m_{jk} A_{i,m} + \Gamma^m_{jk} \Gamma^n_{im} A_n. \end{aligned} \tag{4.51}$$

Wir interessieren uns jetzt für die Differenz der kovarianten gemischten 2. Ableitungen. Dazu werden die Indizes j und k in (4.51) vertauscht. Durch die Subtraktion fallen alle Glieder mit Ableitungen von A_m und das letzte Glied weg, und es entsteht:

$$A_i|_{jk} - A_i|_{kj} = (\Gamma^n_{ik,j} - \Gamma^n_{ij,k} + \Gamma^m_{ik} \Gamma^n_{mj} - \Gamma^m_{ij} \Gamma^n_{mk}) A_n. \tag{4.52}$$

Demnach ist diese Differenz in folgender Weise darstellbar:

$$A_i|_{jk} - A_i|_{kj} = R^n_{.ijk} A_n. \tag{4.53}$$

Die linke Seite ist ein Tensor 3. Stufe und A_n ein Tensor 1. Stufe. Nach der Quotientenregel ist also

$$R^n_{.ijk} = \Gamma^n_{ik,j} - \Gamma^n_{ij,k} + \Gamma^m_{ik}\Gamma^n_{mj} - \Gamma^m_{ij}\Gamma^n_{mk} \tag{4.53a}$$

ein Tensor 4. Stufe. Er heißt **Riemannscher Krümmungstensor.** Was er mit der „Krümmung" zu tun hat, wird später erklärt.

Bei kartesischen Koordinaten sind die Christoffel-Symbole identisch gleich Null und deshalb auch die Komponenten des Riemannschen Krümmungstensors. Wegen der tensoriellen Transformationsgesetze verschwindet der Riemannsche Krümmungstensor dann auch in jedem anderen Koordinatensystem des Euklidischen Raumes.

Es gilt also

$$R^n_{.ijk} = 0 \tag{4.54}$$

für jeden Raum, in dem sich ein kartesisches Koordinatensystem wählen läßt. Das ist aber gerade charakteristisch für den Euklidischen Raum. Demnach verschwindet der Riemannsche Krümmungstensor im Euklidischen Raum. Durch Überschieben mit dem kovarianten Metriktensor g_{nl} ergibt sich der rein kovariante Riemannsche Krümmungstensor:

$$R_{lijk} = g_{nl} R^n_{.ijk}.$$

Wie man leicht zeigt, gelten für ihn die Symmetriebeziehungen

$$R_{lijk} = R_{jkli} \tag{4.55a}$$

und die Antisymmetriebeziehungen:

$$R_{lijk} = -R_{iljk}, \tag{4.55b}$$

$$R_{lijk} = -R_{likj}. \tag{4.55c}$$

Aus diesem Grunde hat der Riemannsche Krümmungstensor des dreidimensionalen Raumes nur 6 Komponenten:

$$R_{3131},\ R_{3232},\ R_{1212},\ R_{3132},\ R_{3212},\ R_{3112}.$$

Wir wollen nun vom dreidimensionalen Euklidischen Raum auf die in ihm eingebettete Fläche übergehen. Hier verwenden wir den Flächenvektor $v^\alpha \boldsymbol{a}_\alpha$ und erhalten analog wie in (4.53) und (4.53a):

$$v_\alpha|_{\beta\gamma} - v_\alpha|_{\gamma\beta} = R^\nu_{.\alpha\beta\gamma} v_\nu \tag{4.56}$$

mit

$$R^\nu_{.\alpha\beta\gamma} = \Gamma^\nu_{\alpha\gamma,\beta} - \Gamma^\nu_{\alpha\beta,\gamma} + \Gamma^\mu_{\alpha\gamma}\Gamma^\nu_{\mu\beta} - \Gamma^\mu_{\alpha\beta}\Gamma^\nu_{\mu\gamma}. \tag{4.56a}$$

Natürlich gelten auch hier die Beziehungen (4.55) in griechischen Indizes. Man erkennt dann, daß es hier nur eine wesentliche Komponente gibt, nämlich R_{1212}. Wir wollen sie berechnen.

Dazu leiten wir den Riemannschen Krümmungstensor der Fläche $\Theta^3 = 0$ aus dem des einbettenden Raumes her. Den Krümmungstensor des einbettenden Raumes wollen wir vorübergehend mit $S^n{}_{ijk}$ bezeichnen. Zunächst erhält man aus (4.53a) mit (4.56a):

$$S^\nu{}_{.\alpha\beta\gamma} = 0 = R^\nu{}_{.\alpha\beta\gamma} + \Gamma^3_{\alpha\gamma}\,\Gamma^\nu_{3\beta} - \Gamma^3_{\alpha\beta}\,\Gamma^\nu_{3\gamma}. \tag{4.57}$$

Daraus folgt

$$R^\nu{}_{.\alpha\beta\gamma} = \Gamma^3_{\alpha\beta}\,\Gamma^\nu_{3\gamma} - \Gamma^3_{\alpha\gamma}\,\Gamma^\nu_{3\beta}$$

und mit (4.29) und (4.30):

$$R^\nu{}_{.\alpha\beta\gamma} = -\,b_{\alpha\beta}\,b^\nu_\gamma + b_{\alpha\gamma}\,b^\nu_\beta.$$

Demnach ist

$$R_{\delta\alpha\beta\gamma} = g_{\delta\nu}\,R^\nu{}_{.\alpha\beta\gamma} = b_{\alpha\gamma}\,b_{\beta\delta} - b_{\alpha\beta}\,b_{\gamma\delta}$$

und

$$R_{1212} = \det(b_{\alpha\beta}) = b.$$

Wegen (4.25) folgt daraus

$$R_{1212} = K\,a. \tag{4.58}$$

Die einzige Komponente des Riemannschen Krümmungstensors stellt also im wesentlichen das Gaußsche Krümmungsmaß dar. Daraus wird der Name „Krümmungstensor" verständlich. Man nennt (4.58) die **Gleichung von Gauß.**

Während wir uns in (4.57) mit den Komponenten $S^\nu{}_{.\alpha\beta\gamma}$ befaßt haben, wollen wir jetzt die Komponenten $S^3{}_{.\alpha\beta\gamma}$ Null setzen. Gemäß (4.53a) ist

$$S^3{}_{.\alpha\beta\gamma} = S_{3\alpha\beta\gamma} = 0 = \Gamma^3_{\alpha\gamma,\beta} - \Gamma^3_{\alpha\beta,\gamma} + \Gamma^m_{\alpha\gamma}\,\Gamma^3_{m\beta} - \Gamma^m_{\alpha\beta}\,\Gamma^3_{m\gamma}.$$

Mit (4.29) bis (4.31) entsteht daraus:

$$b_{\alpha\gamma,\beta} - b_{\alpha\beta,\gamma} + \Gamma^\nu_{\alpha\gamma}\,b_{\nu\beta} - \Gamma^\nu_{\alpha\beta}\,b_{\nu\gamma} = 0.$$

Als wesentliche Komponente $S_{3\alpha\beta\gamma}$ gibt es nur $S_{3\alpha 12}$. Deshalb setzt man $\beta = 1, \gamma = 2$ und erhält schließlich

$$b_{\alpha 2}|_1 - b_{\alpha 1}|_2 = 0. \tag{4.59}$$

Das sind die beiden **Gleichungen von Mainardi und Codazzi.**

Die Gleichungen von MAINARDI-CODAZZI (4.59) und die Gleichung von GAUSS (4.58) folgen aus dem Verschwinden des Krümmungstensors des einbettenden Raumes. Sie sind also notwendige Bedingungen dafür, **daß die Fläche im Euklidischen Raum eingebettet ist.** Man kann die Gleichungen von GAUSS und MAINARDI-CODAZZI aber noch in etwas anderer Art beleuchten.

Dazu erinnern wir uns an die Anmerkung Seite 109. Die Ableitungsgleichungen von GAUSS und WEINGARTEN (4.34) und (4.35) gestatten es, die Fläche zu bestimmen, wenn in jedem Punkt deren erste und zweite Grundform gegeben ist. Damit ist aber noch nicht gesagt, daß es zu beliebig gewählten $a_{\alpha\beta}$ und $b_{\alpha\beta}$ auch wirklich immer eine Fläche gibt. Um das zu untersuchen, faßt man die Ableitungsgleichungen von GAUSS und WEINGARTEN als ein System von partiellen Differentialgleichungen 1. Ordnung auf und fragt nach der Existenz von Lösungen. Dabei zeigt sich, daß die Differentialgleichungen nur dann lösbar sind, wenn die Gleichungen von GAUSS und MAINARDI-CODAZZI erfüllt sind. In diesem Licht erscheinen die Gleichungen von MAINARDI-CODAZZI als **Integrierbarkeitsbedingungen.**

Beide Betrachtungsweisen haben letzten Endes dieselbe Bedeutung, denn in letzterer steckt die Voraussetzung der Einbettung im Euklidischen Raum bereits in den Ableitungsgleichungen.

Näheres hierzu mag der Leser in den Lehrbüchern der Differentialgeometrie nachlesen, insbesondere im Buch von LAUGWITZ [9] auf Seite 103.

Wir kommen abschließend noch einmal auf die Gleichung (4.58) von GAUSS zurück. Gemäß (4.56a) und (4.27) hängt die Komponente R_{1212} des Krümmungstensors und damit auch das Gaußsche Krümmungsmaß K allein vom Metriktensor und dessen Ableitungen ab. Man kann demnach allein durch Messungen auf einer Fläche deren Gaußsches Krümmungsmaß K bestimmen, ohne die Einbettung dieser Fläche im Raum zu kennen. Solche Eigenschaften, die sich allein durch Messungen auf der Fläche bestimmen lassen, gehören zur „inneren Geometrie" dieser Fläche. Wird Gleichung (4.58) in dieser Weise verstanden, so führt sie auf das **theorema egregium** von GAUSS:

Das Gaußsche Krümmungsmaß K einer Fläche ist allein durch den Metriktensor und seine partiellen Ableitungen darstellbar, gehört also zur inneren Geometrie dieser Fläche.

Die Bedeutung dieser Tatsache wird bei der Erweiterung auf den dreidimensionalen Raum besonders interessant. Hiermit hängt die Frage nach der „Krümmung unseres dreidimensionalen Raumes" zusammen, wovon in der modernen Physik gesprochen wird. Diese Gedanken werden in Kapitel 7 über den Riemannschen Raum weiter verfolgt.

9. Anschauliches zur Flächenkrümmung

Wir wollen dieses Kapitel jetzt durch einige Bemerkungen zur Bedeutung des Gaußschen Krümmungsmaßes und der mittleren Krümmung ergänzen. Unter der Voraussetzung, daß die Krümmungslinien zugleich Parameterlinien $\Theta^\alpha = \text{const.}$ sind, folgt aus (4.20):

$$\frac{1}{R_1} = \frac{b_{11}}{a_{11}}, \qquad \frac{1}{R_2} = \frac{b_{22}}{a_{22}}.$$

Damit kann man für (4.20) schreiben:

$$\frac{1}{R} = \frac{1}{R_1} \frac{a_{11}(\dot{\Theta}^1)^2}{a_{11}(\dot{\Theta}^1)^2 + a_{22}(\dot{\Theta}^2)^2} + \frac{1}{R_2} \frac{a_{22}(\dot{\Theta}^2)^2}{a_{11}(\dot{\Theta}^1)^2 + a_{22}(\dot{\Theta}^2)^2}. \tag{4.60}$$

Die Vorfaktoren für $\dfrac{1}{R_1}$ und $\dfrac{1}{R_2}$ haben eine einfache Bedeutung: Der Winkel zwischen den Parameterlinien t und Θ^1 soll ϕ heißen. Der Tangentenvektor in Θ^1-Richtung ist $\boldsymbol{a}_1$, der in t-Richtung ist

$$\dot{\boldsymbol{r}} = \boldsymbol{a}_\alpha \dot{\Theta}^\alpha.$$

So erhält man z. B.

$$\cos^2 \phi = \left(\frac{\boldsymbol{a}_1 \cdot \dot{\boldsymbol{r}}}{|\boldsymbol{a}_1| \, |\dot{\boldsymbol{r}}|} \right)^2 = \frac{a_{11}(\dot{\Theta}^1)^2}{a_{11}(\dot{\Theta}^1)^2 + a_{22}(\dot{\Theta}^2)^2}.$$

Damit entsteht aus (4.60) der **Satz von Euler:**

$$\frac{1}{R} = \frac{\cos^2 \phi}{R_1} + \frac{\sin^2 \phi}{R_2}. \tag{4.61}$$

Er drückt die Abhängigkeit der Krümmung eines beliebigen Normalschnitts (gegeben durch den Richtungswinkel ϕ) von den Hauptkrümmungen aus.

Setzt man

$$\sqrt{|R|} \cos \phi = x, \qquad \sqrt{|R|} \sin \phi = y,$$

so wird aus (4.61):

$$\frac{x^2}{R_1} + \frac{y^2}{R_2} = 1. \tag{4.62}$$

Das ist die Gleichung einer Ellipse oder Hyperbel, je nachdem R_1 und R_2 gleiches oder entgegengesetztes Vorzeichen haben. Man nennt diesen Kegelschnitt **Dupinsche Indikatrix** (Abbildung 21). Sie gibt ein Bild von der Umgebung eines Flächenpunktes P: Um das zu erklären, legen wir im

Punkt P eine Tangentialebene an die Fläche, verschieben sie ein wenig parallel und bringen sie mit der Fläche zum Schnitt. Man kann dann zeigen, daß die so entstandene Schnittkurve näherungsweise die

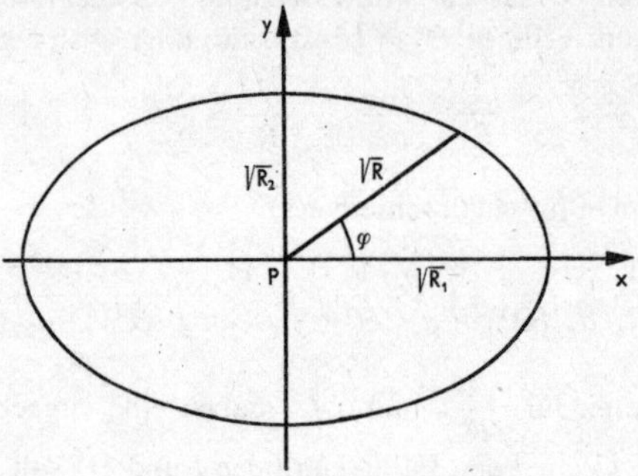

Abb. 21: Dupinsche Indikatrix

Dupinsche Indikatrix ist. Sie ist also charakteristisch für die Art der Flächenkrümmung. Deswegen nennt man die Fläche im Punkt P **elliptisch gekrümmt,** wenn die Dupinsche Indikatrix eine Ellipse ist und **hyperbolisch gekrümmt,** wenn sie eine Hyperbel ist.
Wegen (4.24)

$$K = \frac{1}{R_1}\,\frac{1}{R_2}$$

entscheidet das Gaußsche Krümmungsmaß über die Art der Krümmung. Es liegt vor

$$\text{für } K \begin{matrix} > 0 \\ = 0 \\ < 0 \end{matrix} \;\; \left.\begin{matrix} \text{elliptische} \\ \text{parabolische} \\ \text{hyperbolische} \end{matrix}\right\} \text{Krümmung.}$$

So sind z. B. Kugel und Ellipsoid elliptisch gekrümmt, Ebene und Zylinder parabolisch gekrümmt, einschaliges Hyperboloid hyperbolisch gekrümmt.

Eine andere Bedeutung des Krümmungsmaßes K ergibt sich aus dem theorema egregium:

Wir betrachten zwei Flächen gleichen Krümmungsmaßes mit $K = \text{const.}$ Nach dem theorema egregium ergeben sich auf ihnen gleiche Längenmaße. Man kann sie demnach längentreu aufeinander abbilden. Oder mit anderen Worten:

Flächen mit gleichem konstantem Krümmungsmaß K sind aufeinander abwickelbar.

Z. B. ist der Zylinder ($K = 0$) auf die Ebene ($K = 0$) abwickelbar.

Nun noch eine Bemerkung zur mittleren Krümmung H: Die Frage nach kürzesten Verbindungslinien auf einer Fläche führte uns unter Nr. 7 zum Variationsproblem der geodätischen Linien. Ein zweites wichtiges Variationsproblem der Flächentheorie ist das der **Minimalflächen:**

Gesucht ist das Flächenstück F kleinsten Inhalts, das sich in eine gegebene Berandung C legen läßt. Gemäß (4.15) muß also gefordert werden:

$$\iint_F \sqrt{a}\,\mathrm{d}\Theta^1\,\mathrm{d}\Theta^2 = \mathrm{Min.}$$

Man kann zeigen, daß eine notwendige Bedingung hierfür das Verschwinden der mittleren Krümmung ist:

$$H = 0.$$

Näheres dazu findet man in den Lehrbüchern der Differentialgeometrie.

Minimalflächen lassen sich leicht experimentell realisieren: Man biegt die Berandung C aus Draht und taucht sie in eine Seifenlösung ein. Beim Herausziehen bildet sich eine Seifenhaut, die näherungsweise eine Minimalfläche ist.

Beispiel: Rotationsflächen mit $K = +1, 0, -1, H = 0$. Auf Seite 112 hatten wir für Rotationsflächen gefunden:

$$K = -\frac{r''}{r},$$

$$H = \frac{1 - r'^2 - r\,r''}{2\,r\sqrt{1 - r'^2}}.$$

Aus $K = +1$ folgt die Differentialgleichung

$$r'' + r = 0.$$

Das Beispiel der Kugel auf Seite 114 zeigte, daß für $R = 1$ bereits $K = 1$ ist. Auf der Einheitskugel ist $s = \phi$. Für die Lösung setzen wir also an:

$$r = A\cos\phi + B\sin\phi.$$

Aus den Randbedingungen

$$\phi = 0 \rightarrow \quad r = 0,$$

$$\phi = \frac{\pi}{2} \rightarrow \quad r = 1$$

folgt dann die Lösung

$$r = \sin \phi .$$

Der Meridian ist ein Kreis (Abb. 22). Die Rotationsfläche vom konstanten Krümmungsmaß $K = +1$ ist also die **Einheitskugel.** Sie ist elliptisch gekrümmt. Für $K = 0$ folgt die Differentialgleichung

$$r'' = 0 .$$

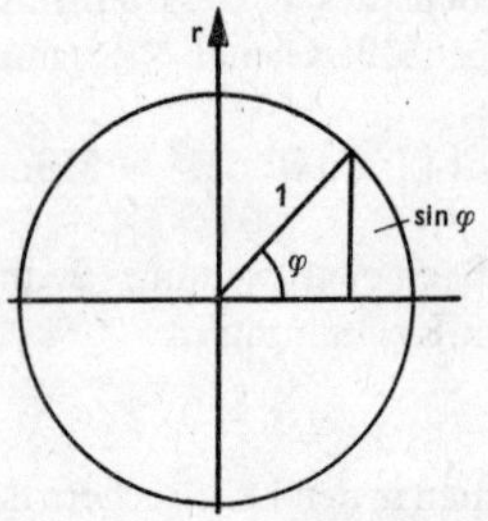

Abb. 22: Einheitskugel

Ihre Lösung ist

$$r = A\,s + B .$$

Die Meridianform ist eine Gerade. Man erhält Kegelflächen und für $A = 0$ Zylinderflächen.

Rotationsflächen vom Krümmungsmaß $K = 0$ sind Kegel und Zylinder. Sie sind parabolisch gekrümmt und in die Ebene abwickelbar. Für $K = -1$ folgt die Differentialgleichung

$$r'' - r = 0$$

mit der Lösung

$$r = A\,e^{s} + B\,e^{-s} .$$

Die Randbedingungen

$$s = 0 \rightarrow \quad r = 1$$

$$s = \infty \rightarrow \quad r = 0$$

liefern

$$r = e^{-s}$$

Der Meridian hat also etwa die in Abb. 23 gezeichnete Form. Man nennt die Kurve „Traktrix" oder „Hundekurve". Die Fläche heißt **Pseudosphäre.**

Die Rotationsfläche vom Krümmungsmaß $K = -1$ ist die Pseudosphäre. Sie ist hyperbolisch gekrümmt. Das kann man auch anschaulich erkennen. Verschieben wir z. B. in Abb. 23 die Tangentialebene t im Punkt T ein Stückchen in Richtung des Pfeils und bringen sie mit der

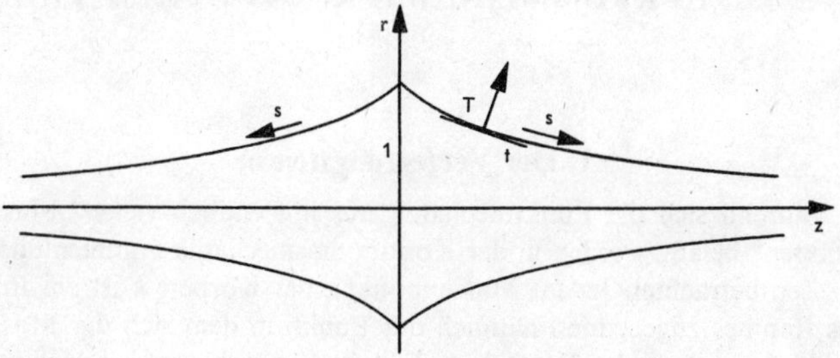

Abb. 23: Pseudosphäre

Pseudosphäre zum Schnitt: Die Schnittkurve ist die Dupinsche Indikatrix. Man kann sofort sehen, daß sie eine Hyperbel sein muß. Nun kommen wir zur Minimalfläche $H = 0$. Für $r \neq 0$ und $r' \neq 1$ ergibt sich die Differentialgleichung

$$r r'' + r'^2 - 1 = 0.$$

Ohne Rechnung sei zur Kenntnis gegeben, daß sich als Lösung eine Kettenlinie ergibt. Die Rotationsfläche, deren Meridiankurve eine Kettenlinie ist, heißt „Katenoid". Minimale Rotationsflächen sind also die Katenoide.

KAPITEL 5

ELASTIZITÄTSTHEORIE IN KRUMMLINIGEN KOORDINATEN

1. Der Verzerrungstensor

Während sich die Punktmechanik nur mit endlich vielen „Massenpunkten" befaßt, werden in der Kontinuumsmechanik volumenfüllende Massen betrachtet. Jedem Massenpunkt eines Körpers k ist ein Punkt des Raumes zugeordnet, nämlich der Punkt, in dem sich der Massenpunkt gerade befindet. Der Körper besteht demnach aus unendlich vielen Massenpunkten.

Wir greifen einen beliebigen Massenpunkt heraus. Er befindet sich zur Zeit $t = 0$ in einem Punkt p mit den krummlinigen Koordinaten $\Theta^1, \Theta^2, \Theta^3$. Sein Ortsvektor ist dann $\boldsymbol{r}(\Theta^1, \Theta^2, \Theta^3)$. Durch irgendeinen Einfluß, wie z. B. Belastung oder Temperaturänderung, soll sich der Körper k verformen. Er geht dann in den „verformten Körper K" über.

Wir wollen von nun an stets Größen im unverformten Körper k mit kleinen Buchstaben bezeichnen und Größen im verformten Körper K mit großen Buchstaben.

Der Massenpunkt, der sich vor der Verformung im Punkt p mit dem Ortsvektor $\boldsymbol{r}(\Theta^1, \Theta^2, \Theta^3)$ befunden hat, erleidet durch die Verformung des Körpers eine Verschiebung $\boldsymbol{v} = \boldsymbol{v}(\Theta^1, \Theta^2, \Theta^3)$. Dadurch gelangt er in den Punkt P mit dem Ortsvektor $\boldsymbol{R} = \boldsymbol{R}(\Theta^1, \Theta^2, \Theta^3)$. Demnach ist

$$\boldsymbol{R} = \boldsymbol{r} + \boldsymbol{v}. \tag{5.1}$$

Interessiert man sich für das Geschehen zwischen dem betrachteten Anfangszustand (Körper k) vor der Verformung und dem Endzustand (Körper K) nach der Verformung, so muß die Zeit als vierte unabhängige Variable hinzutreten. Die Verschiebung ist dann nämlich von der Zeit abhängig. Liegt der Anfangszustand zur Zeit $t = 0$ vor, so erhält man für den Zwischenzustand zur Zeit t:

$$\boldsymbol{R}(\Theta^1, \Theta^2, \Theta^3, t) = \boldsymbol{r}(\Theta^1, \Theta^2, \Theta^3) + \boldsymbol{v}(\Theta^1, \Theta^2, \Theta^3, t). \tag{5.2}$$

Wir arbeiten zunächst mit dem zeitunabhängigen Fall weiter. Durch Differenzieren nach Θ^i erhält man aus (5.1) gemäß (3.31) für die Basis $\boldsymbol{G}_i$:

$$\boldsymbol{G}_i = \boldsymbol{g}_i + \boldsymbol{v}_{,i}\,. \tag{5.3}$$

Daraus folgt der Metriktensor

$$G_{ij} = g_{ij} + \boldsymbol{g}_i \cdot \boldsymbol{v}_{,j} + \boldsymbol{g}_j \cdot \boldsymbol{v}_{,i} + \boldsymbol{v}_{,i} \cdot \boldsymbol{v}_{,j}. \tag{5.4}$$

Mit den Metriktensoren g_{ij} und G_{ij} kann man auch die Bogenelemente ds und dS im unverformten und im verformten Zustand ausrechnen. Man erhält

$$\begin{aligned} ds^2 &= g_{ij}\, d\Theta^i\, d\Theta^j, \\ dS^2 &= G_{ij}\, d\Theta^i\, d\Theta^j. \end{aligned} \tag{5.5}$$

Für die Differenz $(dS^2 - ds^2)$ kann man also schreiben

$$dS^2 - ds^2 = 2\,\gamma_{ij}\, d\Theta^i\, d\Theta^j, \tag{5.6}$$

wenn darin gesetzt wird:

$$\gamma_{ij} = \tfrac{1}{2}(G_{ij} - g_{ij}). \tag{5.7}$$

Der Tensor γ_{ij} beschreibt gemäß (5.6), wie sich die Abstände der Massenpunkte bei der Verformung ändern, d. h. wie sich der Körper verzerrt. Deshalb nennt man den Tensor γ_{ij} **Verzerrungstensor***. Er berechnet sich nach (5.7). Demnach ist γ_{ij} die Abweichung des Metriktensors des verformten Kontinuums von dem des unverformten. Ist diese Abweichung nicht vorhanden, d. h.

$$G_{ij} = g_{ij},$$

so ist

$$\gamma_{ij} = 0$$

und der Körper heißt **starr.**

Wir setzen G_{ij} aus (5.4) in (5.7) ein und erhalten

$$\gamma_{ij} = \tfrac{1}{2}(\boldsymbol{g}_i \cdot \boldsymbol{v}_{,j} + \boldsymbol{g}_j \cdot \boldsymbol{v}_{,i} + \boldsymbol{v}_{,i} \cdot \boldsymbol{v}_{,j}). \tag{5.8}$$

Jetzt beziehen wir die Verschiebung auf die kontravariante Basis:

$$\boldsymbol{v} = v_k\, \boldsymbol{g}^k.$$

Unter Verwendung der kovarianten Ableitung folgt daraus gemäß (3.49):

$$\boldsymbol{v}_{,j} = v_k|_j\, \boldsymbol{g}^k. \tag{5.9}$$

Wir setzen (5.9) in (5.8) ein und rechnen:

$$\gamma_{ij} = \tfrac{1}{2}(\delta_i^k\, v_k|_j + \delta_j^k\, v_k|_i + g^{kl}\, v_k|_i\, v_l|_j),$$

oder

$$\gamma_{ij} = \tfrac{1}{2}(v_i|_j + v_j|_i + v_k|_i\, v^k|_j). \tag{5.10}$$

* Man kann den Verzerrungstensor natürlich auch anders definieren. Es stellt sich aber heraus, daß die hier verwendete Definition mit der in der Praxis gebräuchlichen Bezeichnungsweise und mit den meisten klassischen Lehrbüchern der Elastizitätstheorie übereinstimmt.

Das sind die **Formänderungsbeziehungen.** Sie geben an, wie der Verzerrungstensor vom Verschiebungsvektor abhängt.

Man kann den Verzerrungstensor natürlich auch auf die Basis $\boldsymbol{G}_i$ des verformten Körpers beziehen. Aus (5.3) folgt

$$\boldsymbol{g}_i = \boldsymbol{G}_i - \boldsymbol{v}_{,i}$$

und

$$g_{ij} = G_{ij} - \boldsymbol{G}_i \cdot \boldsymbol{v}_{,j} - \boldsymbol{G}_j \cdot \boldsymbol{v}_{,i} + \boldsymbol{v}_{,i} \cdot \boldsymbol{v}_{,j}.$$

Das setzt man in (5.7) ein und erhält:

$$\gamma_{ij} = \tfrac{1}{2}(\boldsymbol{G}_i \cdot \boldsymbol{v}_{,j} + \boldsymbol{G}_j \cdot \boldsymbol{v}_{,i} - \boldsymbol{v}_{,i} \cdot \boldsymbol{v}_{,j}). \tag{5.11}$$

Wir setzen jetzt

$$\boldsymbol{v} = v_k \boldsymbol{G}^k$$

und

$$\boldsymbol{v}_{,i} = v_k\|_i \boldsymbol{G}^k.$$

Dabei soll der Doppelstrich kovariante Differentiation im verformten Körper (Basis $\boldsymbol{G}_i$) andeuten. Wir setzen das in (5.11) ein und erhalten schließlich:

$$\gamma_{ij} = \tfrac{1}{2}(v_i\|_j + v_j\|_i - v_k\|_i v^k\|_j). \tag{5.12}$$

Die Beziehungen (5.10) bzw. (5.12) sind die Formänderungsbeziehungen der allgemeinen Theorie.

Die „linearisierte" Theorie geht demgegenüber von der Annahme aus, daß die Verformungen sehr klein sind. Und zwar sollen sie so klein sein, daß quadratische Glieder in den Verschiebungen vernachlässigt werden können. In diesem Fall erhält man anstelle von (5.10) für den Verzerrungstensor

$$\gamma_{ij} = \tfrac{1}{2}(v_i|_j + v_j|_i). \tag{5.13}$$

Das sind die Formänderungsbeziehungen der **geometrisch linearen Theorie.**

Wir sagen „geometrisch lineare Theorie" zur Unterscheidung von der „physikalisch linearen Theorie", die ein lineares Elastizitätsgesetz (Hookesches Gesetz) voraussetzt.

Um die Beziehungen (5.10) für den mit der herkömmlichen Elastizitätstheorie vertrauten Leser bekannter zu machen, sollen sie für geradlinige Koordinaten x, y, z aufgeschrieben werden. Die entsprechenden Verschiebungen v_i sind dann u, v, w. So erhält man z. B. für $\gamma_{11} = \varepsilon_x$ und $\gamma_{12} = \gamma_{xy}$:

$$\varepsilon_x = \frac{\partial u}{\partial x} + \tfrac{1}{2}\left\{\left(\frac{\partial u}{\partial x}\right)^2 + \left(\frac{\partial v}{\partial x}\right)^2 + \left(\frac{\partial w}{\partial x}\right)^2\right\}$$

$$\gamma_{xy} = \tfrac{1}{2}\left(\frac{\partial u}{\partial y} + \frac{\partial v}{\partial x}\right)$$
$$+ \tfrac{1}{2}\left(\frac{\partial w}{\partial x}\frac{\partial w}{\partial y} + \frac{\partial u}{\partial x}\frac{\partial u}{\partial y} + \frac{\partial v}{\partial x}\frac{\partial v}{\partial y}\right).$$

Für die geometrisch lineare Theorie gilt gemäß (5.13) viel einfacher:

$$\varepsilon_x = \frac{\partial u}{\partial x}, \quad \gamma_{xy} = \tfrac{1}{2}\left(\frac{\partial u}{\partial y} + \frac{\partial v}{\partial x}\right).$$

2. Der Spannungstensor

Wir erinnern uns an die Herleitung von Seite 51 ff. Dort hatten wir den Spannungsvektor $\boldsymbol{t}$ in einer beliebigen Richtung $\boldsymbol{n}$ bestimmt, wenn die Komponenten des Spannungstensors τ^{ij} in den Koordinatenebenen bekannt sind. Die entsprechende Herleitung muß jetzt für krummlinige Koordinaten durchgeführt werden. Man betrachtet dazu ein infinitesimales Tetraeder, dessen Kanten die krummlinigen Θ^i-Koordinatenlinien sind (Abb. 24). Wir wollen zunächst eine Seitenfläche dF_i auf die

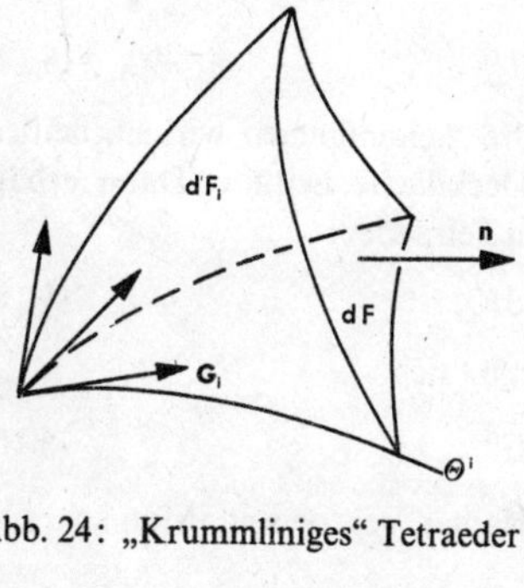

Abb. 24: „Krummliniges" Tetraeder

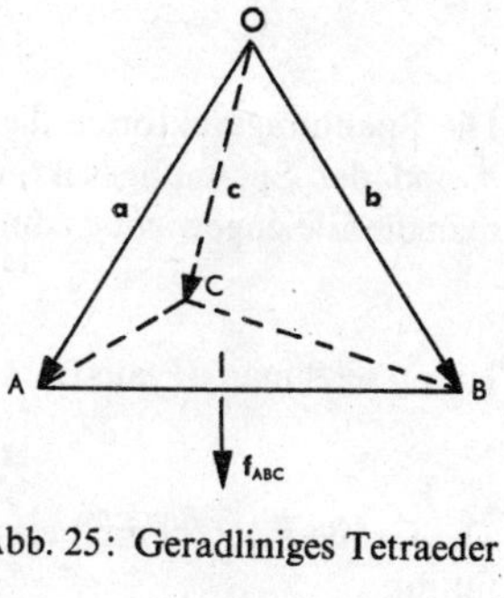

Abb. 25: Geradliniges Tetraeder

Deckfläche dF zurückführen. Dazu betrachten wir zunächst ein Tetraeder, das durch die Vektoren $\boldsymbol{a}$, $\boldsymbol{b}$, $\boldsymbol{c}$ gegeben ist (Abb. 25). Jede Seitenfläche F_i kann durch den Vektor f_i repräsentiert werden, der auf ihr senkrecht steht, nach außen zeigt und ihren Flächeninhalt als Betrag hat. Dann gilt der Satz:

$$\sum_{i=1}^{4} \boldsymbol{f}_i = \boldsymbol{0}.$$

Man kann ihn leicht beweisen: Es ist

$$f_{ABC} = \tfrac{1}{2}(\boldsymbol{c}-\boldsymbol{a})\times(\boldsymbol{b}-\boldsymbol{a}),$$

oder

$$f_{ABC} = \tfrac{1}{2}[(\boldsymbol{c}\times\boldsymbol{b})+(\boldsymbol{a}\times\boldsymbol{c})+(\boldsymbol{b}\times\boldsymbol{a})].$$

Daraus folgt sofort

$$f_{ABC}+f_{OBC}+f_{OCA}+f_{OAB} = \boldsymbol{0}.$$

Diesen Hilfssatz wenden wir auf das infinitesimale Tetraeder von Abb. 24 an, das wir zur Behandlung der infinitesimalen Flächeninhalte als geradlinig ansehen wollen.

Der Fläche $\mathrm{d}F_i$ liegt der kovariante Basisvektor $\boldsymbol{G}_i$ als „Kantenvektor" gegenüber. Definitionsgemäß steht dann der kontravariante Basisvektor $\boldsymbol{G}^i$ auf der Fläche $\mathrm{d}F_i$ senkrecht. Der Einheitsvektor in Richtung von $\boldsymbol{G}^i$ ist $\boldsymbol{G}^i/\sqrt{G^{(ii)}}$. Der Einheitsvektor senkrecht auf der Deckfläche $\mathrm{d}F$ sei

$$\boldsymbol{n} = n_i \boldsymbol{G}^i.$$

In dieser Weise liefert der obige Hilfssatz:

$$\boldsymbol{n}\,\mathrm{d}F = \frac{\boldsymbol{G}^i}{\sqrt{G^{(ii)}}}\,\mathrm{d}F_i,$$

oder

$$\mathrm{d}F_i = n_i\sqrt{G^{(ii)}}\,\mathrm{d}F. \tag{5.14}$$

Die Spannungsvektoren, die auf die drei Seitenflächen wirken, heißen $\boldsymbol{t}^i$ und der Spannungsvektor in der Deckfläche heißt $\boldsymbol{t}$. Dann erhält man die Gleichgewichtsbedingungen am Tetraeder:

$$\boldsymbol{t}\,\mathrm{d}F = \boldsymbol{t}^i\,\mathrm{d}F_i. \tag{5.15}$$

Hierin setzt man $\mathrm{d}F_i$ aus (5.14) ein. So ergibt sich

$$\boldsymbol{t} = \boldsymbol{t}^i n_i\sqrt{G^{(ii)}}. \tag{5.16}$$

Die Größe $\boldsymbol{t}^i\sqrt{G^{(ii)}}$ muß ein kontravarianter Vektor sein. Man schreibt für ihn

$$\boldsymbol{t}^i\sqrt{G^{(ii)}} = \tau^{ij}\boldsymbol{G}_j \tag{5.17}$$

und nennt τ^{ij} den kontravarianten **Spannungstensor.** Aus (5.16) ergibt sich mit (5.17):

$$\boldsymbol{t} = \tau^{ij} n_i \boldsymbol{G}_j. \tag{5.18}$$

Hiermit ist der Spannungsvektor $\boldsymbol{t}$ einer beliebigen, durch den Vektor $\boldsymbol{n}$ gegebenen Schnittfläche bestimmt, wenn der Spannungstensor bekannt ist.

3. Die Gleichgewichtsbedingungen

Jetzt schneiden wir aus dem Körper ein Volumenelement heraus und wollen an ihm die Gleichgewichtsbedingungen aufstellen. Das Volumenelement ist, etwas nachlässig gesprochen, das infinitesimale „gekrümmte" Parallelepiped nach Abbildung 26. Als Vorbetrachtung berechnen wir die Fläche dF_1:

$$dF_1 = |ds_2 \times ds_3|.$$

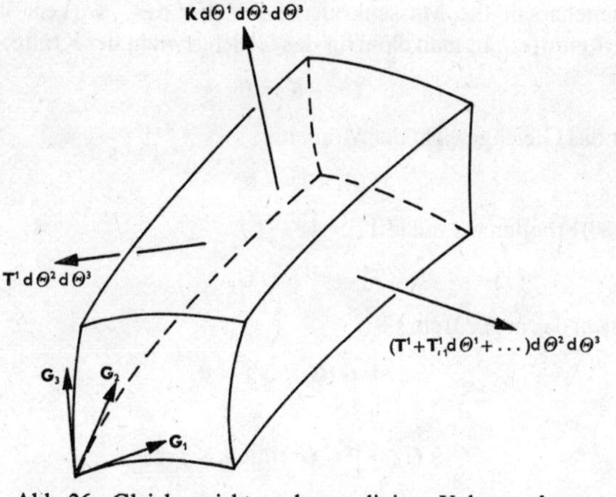

Abb. 26: Gleichgewicht am krummlinigen Volumenelement

Mit (3.30) folgt daraus

$$dF_1 = |G_2 \times G_3| \, d\Theta^2 \, d\Theta^3.$$

Wegen (1.35) ist

$$G_2 \times G_3 = G^1 \sqrt{G}.$$

Damit entsteht für dF_1:

$$dF_1 = \sqrt{G^{11} G} \, d\Theta^2 \, d\Theta^3. \qquad (5.19)$$

Die Schnittkraft $t^1 \, dF_1$ in der Fläche $\Theta^1 = \text{const.}$ ist demnach:

$$t^1 \, dF_1 = t^1 \sqrt{G^{11} G} \, d\Theta^2 \, d\Theta^3.$$

Wir wählen die Abkürzung

$$T^1 = t^1 \sqrt{G^{11} G}, \qquad (5.20)$$

und schreiben für die Schnittkraft in der Fläche $\Theta^1 = \text{const.}$:

$$t^1 \, dF_1 = T^1 d\Theta^2 \, d\Theta^3. \qquad (5.21)$$

Jetzt können wir das Gleichgewicht am Volumenelement (Abb. 26) aufstellen. In einer Schnittfläche $\Theta^1 = \text{const}$ wirkt die Kraft $\boldsymbol{T}^1 \mathrm{d}\Theta^2\, \mathrm{d}\Theta^3$. Für die Schnittkraft in einer um $\mathrm{d}\Theta^1$ benachbarten Fläche ergibt sich die Taylorreihe:

$$(\boldsymbol{T}^1 + \boldsymbol{T}^1{}_{,1}\, \mathrm{d}\Theta^1 + \cdots)\, \mathrm{d}\Theta^2\, \mathrm{d}\Theta^3.$$

Die Schnittkräfte in den anderen Flächen sind in Abb. 26 nicht eingezeichnet, ergeben sich aber analog. Außerdem soll auf das gesamte Volumenelement die Massenkraft $\boldsymbol{K}\, \mathrm{d}\Theta^1\, \mathrm{d}\Theta^2\, \mathrm{d}\Theta^3$ wirken. Wie man leicht erkennt, erhält man dann für das Gleichgewicht der Kräfte:

$$\boldsymbol{T}^i{}_{,i} + \boldsymbol{K} = \boldsymbol{0} \tag{5.22}$$

und für das Gleichgewicht der Momente:

$$\boldsymbol{G}_i \times \boldsymbol{T}^i = \boldsymbol{0}. \tag{5.23}$$

Aus (5.20) erhalten wir mit (5.17):

$$\boldsymbol{T}^i = \tau^{ij} \sqrt{G}\, \boldsymbol{G}_j. \tag{5.24}$$

Wir setzen das in (5.23) ein:

$$\tau^{ij} \sqrt{G}\, (\boldsymbol{G}_i \times \boldsymbol{G}_j) = \boldsymbol{0}.$$

Wegen

$$\boldsymbol{G}_i \times \boldsymbol{G}_j = \sqrt{G}\, \boldsymbol{G}^k \quad \text{mit } i \neq j \neq k$$

folgt daraus:

$$(\tau^{12} - \tau^{21})\, \boldsymbol{G}^3 + (\tau^{23} - \tau^{32})\, \boldsymbol{G}^1 + (\tau^{31} - \tau^{13})\, \boldsymbol{G}^2 = \boldsymbol{0}.$$

Das Momentengleichgewicht verlangt also die Symmetrie des Spannungstensors:

$$\tau^{ij} = \tau^{ji}. \tag{5.25}$$

Wir befassen uns jetzt mit dem Gleichgewicht der Kräfte (5.22). Aus (5.24) erhält man durch Differentiation:

$$\boldsymbol{T}^i{}_{,i} = \sqrt{G}\, (\tau^{ij} \boldsymbol{G}_j)_{,i} + (\sqrt{G})_{,i}\, \tau^{ij} \boldsymbol{G}_j. \tag{5.26}$$

Wir schreiben nach „Kettenregel" für $(\sqrt{G})_{,i}$:

$$\frac{\partial \sqrt{G}}{\partial \Theta^i} = \frac{\partial \sqrt{G}}{\partial G} \frac{\partial G}{\partial G_{kl}} \frac{\partial G_{kl}}{\partial \Theta^i}.$$

Gemäß der Vorschrift zur Bestimmung einer inversen Matrix ist

$$\frac{\partial G}{\partial G_{kl}} = G\, G^{kl}$$

und man erhält

$$(\sqrt{G})_{,i} = \tfrac{1}{2}\sqrt{G}\, G^{kl}\, G_{kl,i}\,.$$

Wegen (3.41) kann man dafür schreiben:

$$(\sqrt{G})_{,i} = \sqrt{G}\, \Gamma^k_{ki}\,. \tag{5.27}$$

Wir setzen (5.27) in (5.26) ein:

$$\boldsymbol{T}^i{}_{,i} = \sqrt{G}\,(\tau^{ij}\,\boldsymbol{G}_j)_{,i} + \sqrt{G}\,\Gamma^k_{ki}\,\tau^{ij}\,\boldsymbol{G}_j\,.$$

Mit (3.39) folgt daraus:

$$\boldsymbol{T}^i{}_{,i} = \sqrt{G}\,(\tau^{ij}_{,i} + \tau^{ik}\,\Gamma^j_{ki} + \tau^{ij}\,\Gamma^k_{ki})\,\boldsymbol{G}_j\,.$$

Gemäß (3.54) steht auf der rechten Seite die kovariante Ableitung im verformten Körper:

$$\boldsymbol{T}^i{}_{,i} = \sqrt{G}\,\tau^{ij}\|_i\,\boldsymbol{G}_j\,. \tag{5.28}$$

Nun wollen wir noch die Massenkraft $\boldsymbol{K}$ in (5.22) auf eine Kraft $\boldsymbol{P}$ je Volumeneinheit umrechnen. Gemäß Abb. 26 ist dann

$$\boldsymbol{K}\,\mathrm{d}\Theta^1\,\mathrm{d}\Theta^2\,\mathrm{d}\Theta^3 = \boldsymbol{P}\,\mathrm{d}V.$$

Wir berechnen das Volumenelement $\mathrm{d}V$:

$$\mathrm{d}V = (\mathrm{d}\boldsymbol{s}_1 \times \mathrm{d}\boldsymbol{s}_2)\cdot \mathrm{d}\boldsymbol{s}_3 = [\boldsymbol{G}_1, \boldsymbol{G}_2, \boldsymbol{G}_3]\,\mathrm{d}\Theta^1\,\mathrm{d}\Theta^2\,\mathrm{d}\Theta^3.$$

Wegen (2.55) folgt daraus

$$\mathrm{d}V = \sqrt{G}\,\mathrm{d}\Theta^1\,\mathrm{d}\Theta^2\,\mathrm{d}\Theta^3. \tag{5.29}$$

Das ist das **Volumenelement in krummlinigen Koordinaten.**

Damit wird

$$\boldsymbol{K} = \sqrt{G}\,\boldsymbol{P},$$

oder bezogen auf die Basis $\boldsymbol{G}_j$:

$$\boldsymbol{K} = \sqrt{G}\,P^j\,\boldsymbol{G}_j\,. \tag{5.30}$$

Wir setzen (5.28) und (5.30) in (5.22) ein und erhalten

$$\tau^{ij}\|_i + P^j = 0. \tag{5.31}$$

Das sind die Gleichgewichtsbedingungen der allgemeinen Elastizitätstheorie in krummlinigen Koordinaten.

Um den großen Schwierigkeiten auszuweichen, auf die im allgemeinen die Gleichgewichtsbedingungen am verformten Körper führen, ist es in der Statik üblich, die Gleichgewichtsbedingungen am unverformten Körper aufzustellen. Das ist bei hinreichend kleinen Verformungen auch genau genug. Man nennt das in der Statik **Theorie I. Ordnung.** Demgegenüber treibt man **Theorie II. Ordnung,** wenn man von den Gleichgewichtsbedingungen (5.31) am verformten Körper ausgeht. Für die Theorie I. Ordnung entstehen anstelle von (5.31) die Gleichgewichtsbedingungen

$$\tau^{ij}|_i + P^j = 0. \tag{5.32}$$

Wir arbeiten künftig nur mit diesen.

Wie man im Lehrbuch von GREEN-ZERNA [4] nachlesen kann (Herleitung von (5, 2, 24) Seite 154), führen die Annahmen der geometrisch linearen Theorie konsequent von (5.31) auf (5.32). Die geometrisch lineare Theorie ist also auch Theorie I. Ordnung.

In kartesischen Koordinaten liefert die erste Gleichung von (5.32) beispielsweise die bekannte Beziehung:

$$\frac{\partial \sigma_x}{\partial x} + \frac{\partial \tau_{yx}}{\partial y} + \frac{\partial \tau_{zx}}{\partial z} + P_x = 0.$$

4. Das Elastizitätsgesetz

Das Elastizitätsgesetz gibt an, wie der Spannungstensor vom Verzerrungstensor abhängt. Wir wollen uns hier nur mit der „physikalisch linearen" Theorie befassen. Als Elastizitätsgesetz gilt dann das **Hookesche Gesetz,** nach dem zwischen Spannungstensor und Verzerrungstensor eine lineare Beziehung besteht. Wir bezeichnen die Proportionalitätsfaktoren mit E^{ijkl} und E^{ij} und schreiben:

$$\tau^{ij} = E^{ij} + E^{ijkl}\gamma_{kl}.$$

Im Anfangszustand (Körper *k*) sollen keine Eigenspannungen vorhanden sein, d. h. bei nicht verformtem Körper ($\gamma_{kl} = 0$) soll $\tau^{ij} = 0$ sein. Demnach ist $E^{ij} = 0$ und es gilt das Gesetz:

$$\tau^{ij} = E^{ijkl}\gamma_{kl}. \tag{5.33}$$

Nach der Quotientenregel ist E^{ijkl} ein Tensor 4. Stufe. Er wird **Elastizitätstensor** genannt.

Der Spannungstensor ist symmetrisch und in der geometrisch linearen Theorie gemäß (5.13) auch der Verzerrungstensor. Beide Tensoren haben also nur 6 wesentliche Komponenten. Damit reduziert sich die Anzahl der Konstanten E^{ijkl} von 81 Komponenten auf 36. Liegt ein **isotropes** Kontinuum vor, in dem das elastische Verhalten unabhängig von der Richtung ist, so gibt es nur zwei wesentliche Konstanten: Den

Elastizitätsmodul E und die **Querdehnungszahl** ν. Wir verwenden noch den **Schubmodul,** den wir hier mit μ bezeichnen wollen*. Er hängt von E und ν ab:

$$\mu = \frac{E}{2(1+\nu)}. \tag{5.34}$$

Im Lehrbuch von GREEN-ZERNA [4] ist unter Nr. 5.4 gezeigt, daß man dann für den Elastizitätstensor schreiben kann:

$$E^{ijkl} = \mu \left(g^{ik} g^{jl} + g^{il} g^{jk} + \frac{2\nu}{1-2\nu} g^{ij} g^{kl} \right). \tag{5.35}$$

Man erhält demnach für das Hookesche Gesetz:

$$\tau^{ij} = \mu \left(g^{ik} g^{jl} + g^{il} g^{jk} + \frac{2\nu}{1-2\nu} g^{ij} g^{kl} \right) \gamma_{kl}. \tag{5.36}$$

In kartesischen Koordinaten mit $g^{ij} = \delta^{ij}$ ergeben sich beispielsweise die bekannten Formeln:

$$\sigma_x = 2\mu \left[\varepsilon_x + \frac{\nu}{1-2\nu} \left(\varepsilon_x + \varepsilon_y + \varepsilon_z \right) \right],$$

$$\tau_{xy} = 2\mu \gamma_{xy}.$$

5. Die Differentialgleichungen der Elastizitätstheorie

Die Gleichungen (5.13), (5.32) und (5.36) geben den sogenannten „Formelapparat" der allgemeinen „linearen" Elastizitätstheorie:

$$\tau^{ij}|_i + P^j = 0, \tag{5.37a}$$

$$\tau^{ij} = \mu \left(g^{ik} g^{jl} + g^{il} g^{jk} + \frac{2\nu}{1-2\nu} g^{ij} g^{kl} \right) \gamma_{kl}, \tag{5.37b}$$

$$\gamma_{ij} = \tfrac{1}{2} (v_i|_j + v_j|_i). \tag{5.37c}$$

Setzt man γ_{ij} aus (5.37c) in (5.37b) ein und dann τ^{ij} aus (5.37b) in (5.37a), so erhält man mit (5.37a) drei partielle Differentialgleichungen für die 3 Verschiebungen $v_i(\Theta^1, \Theta^2, \Theta^3)$. Bei gegebener Belastung P^i und gegebenen zulässigen Randbedingungen ist das Problem also mit (5.37) lösbar.

Für kartesische Koordinaten findet sich der Formelapparat (Beispiele Seiten 132, 138, 139) in allen klassischen Lehrbüchern der Elasti-

* Der Schubmodul wird auch oft mit G bezeichnet.

zitätstheorie. Die Beziehungen gelten aber auch für beliebige krummlinige Koordinaten. Diesen Vorteil werden wir besonders in Kapitel 6 zu schätzen wissen. Zunächst soll ein Beispiel dafür angegeben werden.

6. Beispiel: Zylinderkoordinaten

Zu den Differentialgleichungen (5.37) der vorigen Nr. 5 wollen wir jetzt das Beispiel eines elastischen zylindrischen Körpers behandeln, der unter dem Einfluß einer Belastung steht. Zweckmäßig wird man dafür Zylinderkoordinaten r, ϕ, z wählen (Abb. 27).

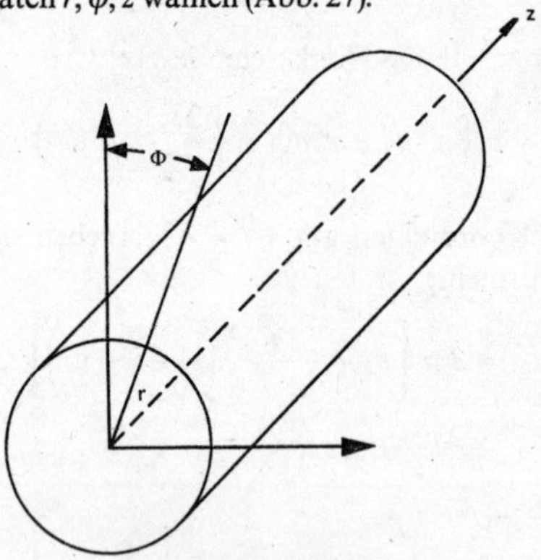

Abb. 27: Zylindrischer Körper

Der Ortsvektor eines beliebigen Punktes P mit den Koordinaten r, ϕ, z ist dann:

$$\boldsymbol{r} = \boldsymbol{e}_1 r \cos\phi + \boldsymbol{e}_2 r \sin\phi + \boldsymbol{e}_3 z.$$

Im Tensorkalkül sollen r den Index 1, ϕ den Index 2 und z den Index 3 erhalten. Dann wird die kovariante Basis $\boldsymbol{g}_i$ gemäß (3.31):

$$\boldsymbol{g}_1 = \boldsymbol{e}_1 \cos\phi + \boldsymbol{e}_2 \sin\phi,$$

$$\boldsymbol{g}_2 = -\boldsymbol{e}_1 r \sin\phi + \boldsymbol{e}_2 r \cos\phi,$$

$$\boldsymbol{g}_3 = \boldsymbol{e}_3.$$

Damit erhält man für den Metriktensor:

$$(g_{ij}) = \begin{pmatrix} 1 & 0 & 0 \\ 0 & r^2 & 0 \\ 0 & 0 & 1 \end{pmatrix}, \qquad (g^{ij}) = \begin{pmatrix} 1 & 0 & 0 \\ 0 & \frac{1}{r^2} & 0 \\ 0 & 0 & 1 \end{pmatrix}.$$

Gemäß (3.41) berechnet man die Christoffel-Symbole:

$$\Gamma^1_{22} = -r, \quad \Gamma^2_{12} = \Gamma^2_{21} = \frac{1}{r}.$$

Alle anderen Christoffel-Symbole sind gleich Null.

Beginnen wir mit (5.37c). Mit der kovarianten Ableitung gemäß (3.53) entsteht daraus

$$\gamma_{ij} = \tfrac{1}{2}(v_{i,j} + v_{j,i} - 2\,\Gamma^k_{ij}\, v_k).$$

Im einzelnen erhält man

$$\gamma_{11} = \frac{\partial v_1}{\partial r}, \qquad \gamma_{22} = \frac{\partial v_2}{\partial \phi} + r\, v_1, \qquad \gamma_{33} = \frac{\partial v_3}{\partial z},$$

$$\gamma_{12} = \tfrac{1}{2}\left(\frac{\partial v_1}{\partial \phi} + \frac{\partial v_2}{\partial r} - \frac{2}{r}\, v_2\right),$$

$$\gamma_{13} = \tfrac{1}{2}\left(\frac{\partial v_1}{\partial z} + \frac{\partial v_3}{\partial r}\right), \qquad \gamma_{23} = \tfrac{1}{2}\left(\frac{\partial v_2}{\partial z} + \frac{\partial v_3}{\partial \phi}\right).$$

Nun werden gemäß (2.10) physikalische Komponenten eingeführt:

$$\gamma_{11} \Rightarrow \frac{\varepsilon_r}{\sqrt{g^{11}\, g^{11}}} = \varepsilon_r,$$

$$\gamma_{22} \Rightarrow r^2\, \varepsilon_\phi, \qquad \gamma_{33} \Rightarrow \varepsilon_z,$$

$$\gamma_{12} \Rightarrow \frac{\gamma_{r\phi}}{\sqrt{g^{11}\, g^{22}}} = r\, \gamma_{r\phi}, \qquad \gamma_{13} \Rightarrow \gamma_{rz}, \qquad \gamma_{23} \Rightarrow r\, \gamma_{\phi z},$$

$$v_1 \Rightarrow u, \qquad v_2 \Rightarrow r\, v, \qquad v_3 \Rightarrow w.$$

Damit ergeben sich schließlich aus (5.37c) die Formänderungsbedingungen:

$$\varepsilon_r = \frac{\partial u}{\partial r}, \qquad \varepsilon_\phi = \frac{1}{r}\frac{\partial v}{\partial \phi} + \frac{u}{r}, \qquad \varepsilon_z = \frac{\partial w}{\partial z},$$

$$\gamma_{r\phi} = \tfrac{1}{2}\left(\frac{1}{r}\frac{\partial u}{\partial \phi} + \frac{\partial v}{\partial r} - \frac{v}{r}\right),$$

$$\gamma_{rz} = \tfrac{1}{2}\left(\frac{\partial u}{\partial z} + \frac{\partial w}{\partial r}\right),$$

$$\gamma_{\phi z} = \tfrac{1}{2}\left(\frac{\partial v}{\partial z} + \frac{1}{r}\frac{\partial w}{\partial \phi}\right).$$

Entsprechend spezialisiert man auch die Beziehungen (5.37a) und (5.37b). Wir erwähnen noch die physikalischen Komponenten der Spannungen:

$$\tau^{11} \Rightarrow \sigma_r, \qquad \tau^{22} \Rightarrow \frac{1}{r^2}\,\sigma_\phi, \qquad \tau^{33} \Rightarrow \sigma_z,$$

$$\tau^{12} \Rightarrow \frac{1}{r}\,\tau_{r\phi}, \qquad \tau^{13} \Rightarrow \tau_{rz}, \qquad \tau^{23} \Rightarrow \frac{1}{r}\,\tau_{\phi z},$$

$$p^1 \Rightarrow p_r, \qquad p^2 \Rightarrow \frac{1}{r}\,p_\phi, \qquad p^3 \Rightarrow p_z.$$

So erhält man aus (5.37a) die Gleichgewichtsbedingungen:

$$\frac{\partial \sigma_r}{\partial r} + \frac{1}{r}\,\frac{\partial \tau_{r\phi}}{\partial \phi} + \frac{\partial \tau_{rz}}{\partial z} + \frac{1}{r}(\sigma_r - \sigma_\phi) + p_r = 0,$$

$$\frac{\partial \tau_{r\phi}}{\partial r} + \frac{1}{r}\,\frac{\partial \sigma_\phi}{\partial \phi} + \frac{\partial \tau_{\phi z}}{\partial z} + \frac{2}{r}\,\tau_{r\phi} + p_\phi = 0,$$

$$\frac{\partial \tau_{rz}}{\partial r} + \frac{1}{r}\,\frac{\partial \tau_{\phi z}}{\partial \phi} + \frac{\partial \sigma_z}{\partial z} + \frac{1}{r}\,\tau_{rz} + p_z = 0.$$

Aus (5.37b) ergibt sich das Elastizitätsgesetz:

$$\sigma_r = 2\,\mu\left[\varepsilon_r + \frac{\nu}{1-2\,\nu}(\varepsilon_r + \varepsilon_\phi + \varepsilon_z)\right],$$

$$\sigma_\phi = 2\,\mu\left[\varepsilon_\phi + \frac{\nu}{1-2\,\nu}(\varepsilon_r + \varepsilon_\phi + \varepsilon_z)\right],$$

$$\sigma_z = 2\,\mu\left[\varepsilon_z + \frac{\nu}{1-2\,\nu}(\varepsilon_r + \varepsilon_\phi + \varepsilon_z)\right],$$

$$\tau_{r\phi} = 2\,\mu\,\gamma_{r\phi}, \qquad \tau_{\phi z} = 2\,\mu\,\gamma_{\phi z},$$

$$\tau_{rz} = 2\,\mu\,\gamma_{rz}.$$

7. Virtuelle Verschiebung und „Variation“

Ein elastischer Körper werde verformt. Dann soll sich ein beliebiger Massenpunkt mit den Koordinaten Θ^i um den Vektor $\boldsymbol{v}_1(\Theta^1, \Theta^2, \Theta^3)$ verschieben. Der Formänderungszustand wird also durch das Vektorfeld $\boldsymbol{v}_1$ gegeben. Weiterhin sei ein Vektorfeld $\boldsymbol{w}$ gegeben. Wir „denken“ uns nun zu $\boldsymbol{v}_1$ benachbarte „virtuelle“ Formänderungszustände $\boldsymbol{v}$, die in folgender Art durch die Zahlen ε gegeben werden:

$$\boldsymbol{v}(\Theta^1, \Theta^2, \Theta^3, \varepsilon) = \boldsymbol{v}_1(\Theta^1, \Theta^2, \Theta^3) + \varepsilon\,\boldsymbol{w}(\Theta^1, \Theta^2, \Theta^3). \tag{5.38}$$

Wir kommen nun zum Begriff der ersten Variation:

Nach LAGRANGE wird die erste **Variation** δf einer Funktion $f(\boldsymbol{v})$ durch folgende Beziehung definiert:

$$\delta f = \varepsilon \left(\frac{\partial f}{\partial \varepsilon} \right)_{\varepsilon = 0}. \tag{5.39}$$

Demnach ist die Variation von $\boldsymbol{v}$ selbst:

$$\delta \boldsymbol{v} = \varepsilon \left(\frac{\partial \boldsymbol{v}}{\partial \varepsilon} \right)_{\varepsilon = 0}.$$

Mit (5.38) entsteht daraus:

$$\delta \boldsymbol{v} = \varepsilon \boldsymbol{w} = \boldsymbol{v} - \boldsymbol{v}_1. \tag{5.40}$$

Demnach ist

$$\boldsymbol{v} = \boldsymbol{v}_1 + \delta \boldsymbol{v}. \tag{5.41}$$

Wir erkennen jetzt, daß die Variation $\delta \boldsymbol{v}$ der in der Mechanik gebräuchlichen **virtuellen Verschiebung** entspricht.

Wir bilden die Variation der partiellen Ableitungen $\boldsymbol{v}_{,i}$ des Vektors $\boldsymbol{v}$ und rechnen mit (5.40):

$$\delta(\boldsymbol{v}_{,i}) = \boldsymbol{v}_{,i} - \boldsymbol{v}_{1,i} = \varepsilon \boldsymbol{w}_{,i} = (\varepsilon \boldsymbol{w})_{,i} = (\delta \boldsymbol{v})_{,i}.$$

Demnach ist

$$\delta \frac{\partial \boldsymbol{v}}{\partial \Theta^i} = \frac{\partial (\delta \boldsymbol{v})}{\partial \Theta^i}. \tag{5.42}$$

Variationssymbol δ und Differentiationssymbol ∂ sind also in diesem Fall vertauschbar.

Aus (3.39) und (3.53) erhält man

$$\frac{\partial \boldsymbol{v}}{\partial \Theta^j} = v_i|_j \boldsymbol{g}^i.$$

Damit folgt aus (5.42) auch die Vertauschbarkeit von Variation und kovarianter Ableitung:

$$\delta(v_i|_j) = (\delta v_i)|_j. \tag{5.43}$$

Wir wollen jetzt den Umgang mit dem Variationssymbol an einem einfachen Beispiel erläutern. Dazu machen wir das Problem eindimensional und betrachten statt des Vektors $\boldsymbol{v}(\Theta^1, \Theta^2, \Theta^3)$ eine Funktion $v(x)$. Sie wird variiert:

$$v(x, \varepsilon) = v_1(x) + \varepsilon w(x).$$

Es ist also

$$\delta v = \varepsilon w.$$

Die Ableitung der Funktion $v(x, \varepsilon)$ nach x ist

$$\frac{\partial v(x, \varepsilon)}{\partial x} = v_1'(x) + \varepsilon\, w'(x).$$

Nun sei eine Funktion $f(v, v')$ gegeben, die nur von v und der Ableitung v' abhängt und nicht explizit von x. Ihr vollständiges Differential ist

$$\mathrm{d}f = \frac{\partial f}{\partial v}\,\mathrm{d}v + \frac{\partial f}{\partial v'}\,\mathrm{d}v'.$$

Damit wird

$$\frac{\partial f}{\partial \varepsilon} = \frac{\partial f}{\partial v}\, w + \frac{\partial f}{\partial v'}\, w'.$$

Aus der Definition (5.39) entsteht hiermit

$$\delta f = \frac{\partial f}{\partial v}\,\delta v + \frac{\partial f}{\partial v'}\,\delta v'. \tag{5.44}$$

Die Variation δf einer Funktion $f(v, v')$ wird also in derselben Weise gebildet wie ihr vollständiges Differential.

Liegt nun das Variationsproblem

$$J = \int_{x_0}^{x_1} f(v, v')\,\mathrm{d}x = \mathrm{Min.} \tag{5.45}$$

vor, so werden wieder v und v' variiert:

$$J(\varepsilon) = \int_{x_0}^{x_1} f(v_1 + \varepsilon\, w,\ v_1' + \varepsilon\, w')\,\mathrm{d}x.$$

Gesucht wird dasjenige ε, für das $J(\varepsilon)$ ein Minimum wird. Die gesuchte Funktion v, die J zum Minimum macht, soll diejenige für $\varepsilon = 0$ sein, also v_1. Demnach ist notwendige Bedingung für das Variationsproblem, daß die Ableitung $\frac{\partial J}{\partial \varepsilon}$ für $\varepsilon = 0$ verschwindet:

$$\left(\frac{\partial J}{\partial \varepsilon}\right)_{\varepsilon = 0} = 0,$$

oder

$$\delta J = \delta \int_{x_0}^{x_1} f(v, v')\,\mathrm{d}x = 0. \tag{5.46}$$

Notwendige Bedingung für das Variationsproblem ist das Verschwinden der ersten Variation des Integrals, das zum Minimum gemacht werden soll.

Im Integral $J(\varepsilon)$ hängt der Integrand f vom Parameter ε ab, nicht aber die Grenzen des Integrals. Man bildet deshalb die Ableitung $\frac{\partial J}{\partial \varepsilon}$ des Integrals, indem man einfach unter dem Integral nach dem Parameter ε differenziert. Deshalb kann man in (5.46) auch Variation und Integral vertauschen:

$$\delta \int_{x_0}^{x_1} f(v, v')\,\mathrm{d}x = \int_{x_0}^{x_1} \delta\, f(v, v')\,\mathrm{d}x = 0\,. \tag{5.47}$$

Aus (5.47) ergibt sich mit (5.44):

$$\int_{x_0}^{x_1} \left(\frac{\partial f}{\partial v}\,\delta\, v + \frac{\partial f}{\partial v'}\,\delta\, v' \right) \mathrm{d}x = 0. \tag{5.48}$$

Wir differenzieren $\left(\frac{\partial f}{\partial v'}\,\delta\, v \right)$ nach x:

$$\left(\frac{\partial f}{\partial v'}\,\delta\, v \right)' = \left(\frac{\mathrm{d}}{\mathrm{d}x}\,\frac{\partial f}{\partial v'} \right) \delta\, v + \frac{\partial f}{\partial v'}\,\delta\, v'.$$

Damit wird aus (5.48):

$$\int_{x_0}^{x_1} \left(\frac{\partial f}{\partial v} - \frac{\mathrm{d}}{\mathrm{d}x}\,\frac{\partial f}{\partial v'} \right) \delta\, v\,\mathrm{d}x + \frac{\partial f}{\partial v'}\,\delta\, v \Bigg|_{x_0}^{x_1} = 0. \tag{5.49}$$

Bei festgehaltener Verschiebung v an den Grenzen x_0 und x_1 verschwindet der zweite Summand von (5.49). Für beliebige virtuelle Verschiebungen $\delta\, v$ kann die Beziehung (5.49) also nur bestehen, wenn gilt:

$$\frac{\partial f}{\partial v} - \frac{\mathrm{d}}{\mathrm{d}x}\,\frac{\partial f}{\partial v'} = 0. \tag{5.50}$$

Das ist die Euler-Lagrangesche Differentialgleichung des Variationsproblems (5.45).

8. Die Formänderungsenergie

Beginnen wir als Vorbetrachtung mit der tensoriellen Schreibweise des Gaußschen Integralsatzes für ein räumliches Vektorfeld $\boldsymbol{A}$. Er führt ein Integral über ein geschlossenes räumliches Gebiet G auf das Oberflächenintegral der das Gebiet begrenzenden geschlossenen Oberfläche F zurück. In Vektorschreibweise lautet der Gaußsche Integralsatz:

$$\iiint_G \operatorname{div} \boldsymbol{A}\,\mathrm{d}V = \iint_F \boldsymbol{A} \cdot \boldsymbol{n}\,\mathrm{d}F\,. \tag{5.51}$$

Dabei ist $\boldsymbol{n}$ der jeweils auf dem Flächenelement $\mathrm{d}F$ senkrecht stehende Einheitsvektor. Wir setzen

$$\boldsymbol{A} = A^i\ \boldsymbol{g}_i, \qquad \boldsymbol{n} = n_j\ \boldsymbol{g}^j.$$

Dann können wir mit der Divergenz nach (3.61) und dem Volumenelement nach (5.29) den Gaußschen Satz in Komponentenschreibweise angeben:

$$\iiint_G A^i|_i \sqrt{g}\,\mathrm{d}\Theta^1\,\mathrm{d}\Theta^2\,\mathrm{d}\Theta^3 = \iint_F A^i n_i\,\mathrm{d}F. \tag{5.52}$$

Die linke Seite kann man noch etwas umformen. Wegen (3.48) ist

$$A^i|_i = A^i_{,i} + \Gamma^i_{ik} A^k.$$

Mit (5.27) folgt daraus:

$$A^i|_i \sqrt{g} = A^i_{,i} \sqrt{g} + (\sqrt{g})_{,i} A^i,$$

oder

$$A^i|_i \sqrt{g} = (A^i \sqrt{g})_{,i}.$$

Das setzen wir in (5.52) ein und erhalten jetzt den **Gaußschen Integralsatz** in folgender Form:

$$\iiint_G (A^i \sqrt{g})_{,i}\,\mathrm{d}\Theta^1\,\mathrm{d}\Theta^2\,\mathrm{d}\Theta^3 = \iint_F A^i n_i\,\mathrm{d}F. \tag{5.53}$$

Nach dieser Vorbetrachtung wollen wir uns mit der Formänderungsenergie befassen.

Auf einen elastischen Körper soll die äußere Massenkraft $\boldsymbol{K}$ wirken und außerdem auf seine geschlossene Begrenzungsfläche eine Belastung, die durch den Spannungsvektor $\boldsymbol{p}$ gegeben ist. Wir bringen nun an jedem Volumenelement (Abb. 26) eine virtuelle Verschiebung $\delta\boldsymbol{v}$ an. Die virtuelle Arbeit, die die äußeren Kräfte längs der virtuellen Verschiebungen am Körper leisten, ist dann[1]:

$$\delta^* A = \iiint_G \boldsymbol{K}\cdot\delta\boldsymbol{v}\,\mathrm{d}\Theta^1\,\mathrm{d}\Theta^2\,\mathrm{d}\Theta^3 + \iint_F \boldsymbol{p}\cdot\delta\boldsymbol{v}\,\mathrm{d}F. \tag{5.54}$$

Wir drücken $\boldsymbol{K}$ mit Hilfe der Gleichgewichtsbedingungen (5.22) durch die Schnittkräfte $\boldsymbol{T}^i$ aus:

$$\delta^* A = -\iiint_G \boldsymbol{T}^i_{,i}\cdot\delta\boldsymbol{v}\,\mathrm{d}\Theta^1\,\mathrm{d}\Theta^2\,\mathrm{d}\Theta^3 + \iint_F \boldsymbol{p}\cdot\delta\boldsymbol{v}\,\mathrm{d}F. \tag{5.55}$$

Durch Differenzieren des Skalarprodukts $(\boldsymbol{T}^i\cdot\delta\boldsymbol{v})$ entsteht:

$$(\boldsymbol{T}^i\cdot\delta\boldsymbol{v})_{,i} = \boldsymbol{T}^i_{,i}\cdot\delta\boldsymbol{v} + \boldsymbol{T}^i(\delta\boldsymbol{v})_{,i}.$$

[1] Der Stern in δ^*A soll andeuten, daß die virtuelle Arbeit nicht notwendig eine Variation sein muß.

Gemäß (5.42) können wir im zweiten Summanden der rechten Seite Variation und Differentiation vertauschen:

$$(\boldsymbol{T}^i \cdot \delta \boldsymbol{v})_{,i} = \boldsymbol{T}^i_{,i} \cdot \delta \boldsymbol{v} + \boldsymbol{T}^i \cdot \delta \boldsymbol{v}_{,i}.$$

Damit können wir (5.55) umformen:

$$\begin{aligned} \delta^* A = & \iiint_G \boldsymbol{T}^i \cdot \delta \boldsymbol{v}_{,i} \, \mathrm{d}\Theta^1 \, \mathrm{d}\Theta^2 \, \mathrm{d}\Theta^3 - \\ & - \iiint_G (\boldsymbol{T}^i \cdot \delta \boldsymbol{v})_{,i} \, \mathrm{d}\Theta^1 \, \mathrm{d}\Theta^2 \, \mathrm{d}\Theta^3 + \iint_F \boldsymbol{p} \cdot \delta \boldsymbol{v} \, \mathrm{d}F. \end{aligned} \tag{5.56}$$

Auf das zweite Integral kann der Gaußsche Integralsatz angewandt werden. Denn mit (5.24) wird[1]

$$(\boldsymbol{T}^i \cdot \delta \boldsymbol{v})_{,i} = (\tau^{ij} \, \delta v_j \sqrt{g})_{,i}.$$

Der Gaußsche Satz (5.53) liefert demnach

$$\iiint_G (\boldsymbol{T}^i \cdot \delta \boldsymbol{v})_{,i} \, \mathrm{d}\Theta^1 \, \mathrm{d}\Theta^2 \, \mathrm{d}\Theta^3 = \iint_F \tau^{ij} \, \delta v_j \, n_i \, \mathrm{d}F. \tag{5.57}$$

Gemäß (5.18) folgt hiermit aus (5.56):

$$\delta^* A = \iiint_G \boldsymbol{T}^i \cdot \delta \boldsymbol{v}_{,i} \, \mathrm{d}\Theta^1 \, \mathrm{d}\Theta^2 \, \mathrm{d}\Theta^3 - \iint_F \boldsymbol{t} \cdot \delta \boldsymbol{v} \, \mathrm{d}F + \iint_F \boldsymbol{p} \cdot \delta \boldsymbol{v} \, \mathrm{d}F.$$

Wegen der „Randbedingungen" $\boldsymbol{t} = \boldsymbol{p}$ tilgen sich die Flächenintegrale und es bleibt

$$\delta^* A = \iiint_G \boldsymbol{T}^i \cdot \delta \boldsymbol{v}_{,i} \, \mathrm{d}\Theta^1 \, \mathrm{d}\Theta^2 \, \mathrm{d}\Theta^3.$$

Wir formen den Integranden mit (5.24) und (5.29) um:

$$\delta^* A = \iiint_G \boldsymbol{T}^i \cdot \delta \boldsymbol{v}_{,i} \, \mathrm{d}\Theta^1 \, \mathrm{d}\Theta^2 \, \mathrm{d}\Theta^3 = \iiint_G \tau^{ij} \boldsymbol{g}_j \cdot \delta(v_i|_k \, \boldsymbol{g}^k) \, \mathrm{d}V$$

oder

$$\delta^* A = \iiint_G \tau^{ij} \, \delta v_i|_j \, \mathrm{d}V.$$

Wegen der Symmetrie des Spannungstensors kann man unter Beachtung von (5.13) dafür schreiben:

$$\delta^* A = \iiint_G \tau^{ij} \, \delta \gamma_{ij} \, \mathrm{d}V.$$

Im Integranden auf der rechten Seite stehen Spannungen und Verzerrungen im Innern des Körpers. Man nennt das Integral die virtuelle „innere elastische Energie" $\delta^* \prod_i$. Die Beziehung sagt demnach aus, daß die Arbeit der äußeren Kräfte längs eines virtuellen Verschiebungsfeldes gleich ist der dadurch im Innern aufgespeicherten elastischen Energie:

$$\delta^* A = \delta^* \prod\nolimits_i. \tag{5.58}$$

[1] Weil wir Theorie 1. Ordnung treiben, tritt nur der kleine Buchstabe g auf.

Man kann zeigen, daß die virtuelle innere elastische Energie

$$\delta^* \prod_i = \iiint_G \tau^{ij}\, \delta\gamma_{ij}\, \mathrm{d}V \tag{5.59}$$

tatsächlich eine Variation ist.

Nach Elastizitätsgesetz (5.33) gilt nämlich

$$\tau^{ij} = E^{ijkl}\gamma_{kl}.$$

Weil nach (5.44) die Variation dem vollständigen Differential entspricht, dürfen wir in folgender Weise rechnen:

$$\delta(\tau^{ij}\gamma_{ij}) = \delta(E^{ijkl}\gamma_{ij}\gamma_{kl}) = E^{ijkl}(\gamma_{ij}\,\delta\gamma_{kl} + \gamma_{kl}\,\delta\gamma_{ij}) =$$
$$= 2\,E^{ijkl}(\gamma_{kl}\,\delta\gamma_{ij}) = 2\,\tau^{ij}\,\delta\gamma_{ij}.$$

Damit folgt aus (5.59)

$$\delta^* \prod_i = \tfrac{1}{2}\iiint_G \delta(\tau^{ij}\gamma_{ij})\,\mathrm{d}V.$$

Weil Variation und Integral vertauschbar sind, läßt sich die virtuelle innere Energie tatsächlich als Variation schreiben:

$$\delta \prod_i = \delta \iiint_G \tfrac{1}{2}\tau^{ij}\gamma_{ij}\,\mathrm{d}V. \tag{5.60}$$

Die innere elastische Energie ist also

$$\prod_i = \iiint_G \tfrac{1}{2}\tau^{ij}\gamma_{ij}\,\mathrm{d}V. \tag{5.61}$$

Liegt ein konservatives System vor, so lassen sich die äußeren Kräfte aus einem Potential $\prod_a$ herleiten und es ist

$$\delta \prod_a = -\,\delta^* A.$$

Dann folgt aus (5.58):

$$\delta \prod_i + \delta \prod_a = 0. \tag{5.62}$$

Die Summe der beiden Potentiale heißt elastisches Potential $\prod$:

$$\prod = \prod_i + \prod_a. \tag{5.63}$$

Aus (5.62) folgt

$$\delta \prod = 0. \tag{5.64}$$

Die Variation des elastischen Potentials ist gleich Null.

Das ist die notwendige Bedingung für den grundlegenden Satz vom **Minimum der Formänderungsenergie:**

Ein elastischer Körper erleidet unter Beanspruchung von Kräften diejenige Formänderung, für die das elastische Potential ein Minimum hat.

Hätten wir bei der vorhergehenden Abhandlung zur Massenkraft $\boldsymbol{K}$ noch Beschleunigungsglieder hinzugenommen, so würde zusätzlich die **kinetische Energie** T auftreten und man wäre auf demselben Weg zu folgender Bedingung gekommen:

$$\delta \int_{t_0}^{t_1} (T - \prod) \,\mathrm{d}t = 0. \tag{5.65}$$

Das ist die notwendige Bedingung für das **Hamiltonsche Prinzip.**

Das Prinzip vom Minimum der Formänderungsenergie ist demnach ein Spezialfall des Hamiltonschen Prinzips.

9. Das Variationsproblem

Wie wir soeben gesehen haben, liegt der Elastizitätstheorie das Variationsproblem $\prod$ = Minimum zugrunde.

Mit den Potentialen gemäß (5.61) und (5.54) lautet das Variationsproblem*:

$$\iiint_G \sqrt{g}\,(\tfrac{1}{2}\tau^{ij}\gamma_{ij} - P^i v_i)\,\mathrm{d}\Theta^1\,\mathrm{d}\Theta^2\,\mathrm{d}\Theta^3 = \text{Min}. \tag{5.66}$$

Seine **Lagrange-Funktion** L ist demnach

$$L = \sqrt{g}\,(\tfrac{1}{2}\tau^{ij}\gamma_{ij} - P^i v_i). \tag{5.67}$$

Sie hängt wegen (5.37) von den Verschiebungen und deren ersten Ableitungen ab:

$$L = L(v_i, v_{i,j}).$$

Die entsprechende Herleitung wie die für das eindimensionale Variationsproblem (5.45) liefert für unser dreidimensionales Variationsproblem (5.66) die Euler-Lagrangeschen Differentialgleichungen:

$$\left(\frac{\partial L}{\partial v_{r,s}}\right)_{,s} - \frac{\partial L}{\partial v_r} = 0. \tag{5.68}$$

Aus (5.67) folgt mit (5.33) und (5.13) wegen der Symmetrien von E^{ijkl}:

$$L = \sqrt{g}\,(\tfrac{1}{2}E^{ijkl}\gamma_{ij}\gamma_{kl} - P^i v_i) \tag{5.69}$$

mit

$$\gamma_{ij} = \tfrac{1}{2}(v_i|_j + v_j|_i) \tag{5.70}$$

und

$$v_i|_j = v_{i,j} - \Gamma_{ij}^{\;k} v_k. \tag{5.71}$$

* Das Flächenintegral von (5.54) ist im Variationsproblem nicht berücksichtigt. Wir wissen bereits, daß es die Randbedingungen liefert.

Wir wollen nun im einzelnen die für (5.68) benötigten Ableitungen ausrechnen. Die Differenzierregeln, die wir dafür brauchen, mag sich der Leser selbst herleiten. Sie sind von einfacher Bauart. Wir geben hier zwei Beispiele:

1. $$\frac{\partial}{\partial u_r}(v^i u_i) = v^r,$$

2. $$\frac{\partial}{\partial u_{rs}}(T^{ijkl} u_{ij} u_{kl}) = 2\, T^{ijrs} u_{ij}$$

für

$$T^{ijkl} = T^{klij}.$$

Man beachte das Auswechseln der Indizes!

So rechnen wir mit (5.69) bis (5.71):

$$\frac{\partial L}{\partial v_{r,s}} = \frac{\partial L}{\partial \gamma_{rs}} = \sqrt{g}\, E^{ijrs} \gamma_{ij} = \sqrt{g}\, \tau^{ij},$$

und weiter:

$$\left(\frac{\partial L}{\partial v_{r,s}}\right)_{,s} = \sqrt{g}\, \tau^{rs}{}_{,s} + (\sqrt{g})_{,s}\, \tau^{rs}.$$

Mit (5.27) entsteht daraus:

$$\left(\frac{\partial L}{\partial v_{r,s}}\right)_{,s} = \sqrt{g}\,(\tau^{rs}{}_{,s} + \Gamma^t_{ts}\, \tau^{rs}). \tag{5.72}$$

Jetzt berechnen wir $\frac{\partial L}{\partial v_p}$. Der erste Summand L_1 der Lagrangefunktion wird nach der Kettenregel ausgewertet:

$$\frac{\partial L_1}{\partial v_r} = \frac{\partial L_1}{\partial \gamma_{st}} \frac{\partial \gamma_{st}}{\partial v_r} = \sqrt{g}\, E^{ijst} \gamma_{ij}(-\Gamma^r_{st}) = -\sqrt{g}\, \tau^{st}\, \Gamma^r_{st}.$$

Der zweite Summand L_2 liefert

$$\frac{\partial L_2}{\partial v_r} = -\sqrt{g}\, P^r.$$

Es ist also

$$\frac{\partial L}{\partial v_r} = -\sqrt{g}\,(\tau^{st}\, \Gamma^r_{st} + P^r). \tag{5.73}$$

Wir setzen (5.72) und (5.73) in (5.68) ein und erhalten nach Division durch $\sqrt{g}$ die Euler-Lagrangeschen Differentialgleichungen:

$$\tau^{rs}{}_{,s} + \Gamma^t_{ts}\, \tau^{rs} + \Gamma^r_{st}\, \tau^{st} + P^r = 0\cdot$$

Wegen (3.54) schreibt man dafür einfacher:

$$\tau^{rs}|_s + P^r = 0. \tag{5.74}$$

Das sind gemäß (5.32) die Gleichgewichtsbedingungen.

Wir haben damit eine wichtige Tatsache erkannt:

Die Gleichgewichtsbedingungen sind die Euler-Lagrangeschen Differentialgleichungen für das Variationsproblem der Elastizitätstheorie.

Um dem Leser die Berechnungen des nächsten Kapitels zu erleichtern, wollen wir diese Herleitung der Gleichgewichtsbedingungen noch vereinfachen. Gemäß (5.69) und (5.70) hängt die Lagrange-Funktion L von den Verschiebungen und ihren kovarianten Ableitungen ab:

$$L = \sqrt{g}\, L^*(v_i, v_i|_j).^1$$

Wir erinnern uns an das eindimensionale Variationsproblem (5.45) und schreiben für das Variationsproblem (5.66):

$$\delta \iiint_G \sqrt{g}\, L^*(v_i, v_i|_j)\, \mathrm{d}\Theta^1\, \mathrm{d}\Theta^2\, \mathrm{d}\Theta^3 = 0, \tag{5.75}$$

oder

$$\iiint_G \sqrt{g} \left(\frac{\partial L^*}{\partial v_i}\, \delta v_i + \frac{\partial L^*}{\partial v_i|_j}\, \delta v_i|_j \right) \mathrm{d}\Theta^1\, \mathrm{d}\Theta^2\, \mathrm{d}\Theta^3 = 0. \tag{5.76}$$

Wir bilden die Ableitung

$$\left(\frac{\partial L^*}{\partial v_i|_j}\, \delta v_i \right)\Big|_j = \frac{\partial L^*}{\partial v_i|_j}\, \delta v_i|_j + \left(\frac{\partial L^*}{\partial v_i|_j} \right)\Big|_j \delta v_i .$$

Damit formt man (5.76) um:

$$\begin{aligned} &\iiint_G \sqrt{g} \left[\frac{\partial L^*}{\partial v_i} - \left(\frac{\partial L^*}{\partial v_i|_j} \right)\Big|_j \right] \delta v_i\, \mathrm{d}\Theta^1\, \mathrm{d}\Theta^2\, \mathrm{d}\Theta^3 + \\ &+ \iiint_G \sqrt{g} \left(\frac{\partial L^*}{\partial v_i|_j}\, \delta v_i \right)\Big|_j \mathrm{d}\Theta^1\, \mathrm{d}\Theta^2\, \mathrm{d}\Theta^3 = 0. \end{aligned} \tag{5.77}$$

[1] Die skalare Funktion $\sqrt{g}(\Theta^1, \Theta^2, \Theta^3)$ spalten wir für die folgenden Überlegungen ab, weil sie gemäß (2.48) keinen Tensorcharakter hat.

Das zweite Integral verwandeln wir mit dem Gaußschen Integralsatz (5.52) in ein Flächenintegral. Dann entsteht

$$\iiint\limits_G \sqrt{g}\left[\frac{\partial L^*}{\partial v_i} - \left(\frac{\partial L^*}{\partial v_i|_j}\right)\bigg|_j\right] \delta v_i \, \mathrm{d}\Theta^1 \, \mathrm{d}\Theta^2 \, \mathrm{d}\Theta^3 + \\ + \iint\limits_F \frac{\partial L^*}{\partial v_i|_j} \delta v_i n_j \, \mathrm{d}F = 0. \tag{5.78}$$

Wir kommen zu unserem Problem zurück. Aus (5.69) und (5.70) folgt sofort

$$\frac{\partial L^*}{\partial v_i|_j} = \tau^{ij}, \qquad \frac{\partial L^*}{\partial v_i} = -P^i. \tag{5.79}$$

Betrachten wir zunächst das Oberflächenintegral von (5.78). Wir können dafür gemäß (5.79) schreiben:

$$\iint\limits_F \tau^{ij} \delta v_i n_j \, \mathrm{d}F.$$

Es tilgt sich über die Randbedingungen gegen die virtuelle Arbeit der Randkräfte*:

$$\iint \boldsymbol{p} \cdot \delta \boldsymbol{v} \, \mathrm{d}F.$$

Demnach liefert das Gebietsintegral aus (5.78) nach Division durch $\sqrt{g}$ die folgenden Euler-Lagrangeschen Differentialgleichungen:

$$\left(\frac{\partial L^*}{\partial v_i|_j}\right)\bigg|_j - \frac{\partial L^*}{\partial v_i} = 0. \tag{5.80}$$

Wir setzen (5.79) in (5.80) ein und erhalten die Gleichgewichtsbedingungen:

$$\tau^{ij}|_j + P^i = 0.$$

Mit den Euler-Lagrangeschen Differentialgleichungen in der Form (5.80) läßt sich unser Problem also viel leichter behandeln als mit denen in der Form (5.68).

* Gemäß (5.56) hätte diese virtuelle Arbeit der Randkräfte mit in das Variationsproblem (5.75) übernommen werden müssen, was der Bequemlichkeit halber unterlassen wurde.

KAPITEL 6

SCHALENTHEORIE

1. Vorbemerkung

Eine der wichtigsten Anwendungen für den Ingenieur erfährt die Tensorrechnung in der Theorie elastischer Schalen, die kurz Schalentheorie genannt wird.

Die Schale ist ein gekrümmtes elastisches Flächentragwerk. Zur Untersuchung gekrümmter Kontinua ist aber die Tensorrechnung besonders gut geeignet. Während die räumliche Elastizitätstheorie eine Anwendung des Kapitels 3 darstellte, werden wir mit der Schalentheorie eine Anwendung der Flächentheorie des Kapitels 4 kennenlernen.

Seit der ersten Arbeit von H. REISSNER im Jahre 1912 über Kugelschalen hat sich eine Schalentheorie entwickelt, die für praktische Schalenberechnungen in der Technik überall herangezogen wird. Man findet sie z. B. in dem bekannten Lehrbuch von FLÜGGE[1]. Wir wollen sie **technische Schalentheorie** nennen. Sie ist bereits in tensorieller Schreibweise im Lehrbuch von GREEN-ZERNA [4] dargestellt.

Die technische Schalentheorie beruht auf einigen vereinfachenden Annahmen. Um sie zu rechtfertigen, wurden in der letzten Zeit allgemeinere Untersuchungen vorgenommen. Besonders sei hier auf die allgemeine lineare Schalentheorie von W. ZERNA[2] hingewiesen, die der Verfasser[3] vom Standpunkt der Formänderungsenergie her vervollständigt hat. Diese beiden Arbeiten bilden die Grundlage dieses Kapitels.

Unser Ziel wird jetzt sein, die Grundgleichungen der linearen technischen Schalentheorie aus der allgemeinen Elastizitätstheorie des vorigen Kapitels 5 herzuleiten.

Der Leser, der sich weniger für diese Herleitung interessiert und lieber sofort die tensorielle Formulierung der technischen Schalentheorie sehen will, kann in Nr. 9 weiterlesen. In Nr. 10 findet er dafür das Beispiel einer speziellen Schalenform.

Die Bezeichnungsweise in diesem Kapitel lehnt sich stark an das Lehrbuch von GREEN-ZERNA [4] an.

[1] W. FLÜGGE: Statik und Dynamik der Schalen. Springer, Berlin, Göttingen, Heidelberg (1957).

[2] W. ZERNA: Mathematisch strenge Theorie elastischer Schalen. ZAMM 42 (1962), Seite 333–341.

[3] E. KLINGBEIL: Das Variationsproblem der allgemeinen linearen Schalentheorie. ZAMM 44 (1964), Seite 379–391.

2. Geometrie der Schale

Die Fläche, die an jeder Stelle die Wanddicke h der Schale halbiert, heißt Schalenmittelfläche. Ihr Ortsvektor ist $\bar{L}\boldsymbol{r}(\Theta^1, \Theta^2)$, wenn mit $\bar{L}$ die „charakteristische Länge" bezeichnet wird. Die Gaußschen Flächenparameter der Schalenmittelfläche sind Θ^1 und Θ^2. Der Einheitsvektor, der auf der Mittelfläche senkrecht steht (Abb. 28), ist $\boldsymbol{a}_3(\Theta^1, \Theta^2)$. Der Abstand eines Schalenpunktes P von der Mittelfläche ist x_3. Der Ortsvektor des Punktes P ist dann

$$\boldsymbol{R} = \bar{L}\boldsymbol{r} + x_3\, \boldsymbol{a}_3 . \tag{6.1}$$

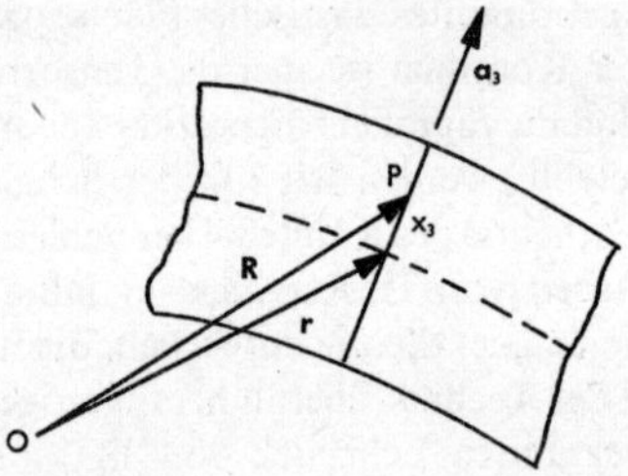

Abb. 28: Schnitt durch eine Schale

Die „dritte" Koordinate unserer Schale sei

$$\Theta^3 = \Theta = \frac{x_3}{h} . \tag{6.2}$$

Wir führen eine „dimensionslose" Schalendicke λ ein:

$$\lambda = \frac{h}{\bar{L}} . \tag{6.3}$$

Mit (6.2) und (6.3) wird aus (6.1):

$$\boldsymbol{R} = \bar{L}(\boldsymbol{r} + \lambda\, \Theta\, \boldsymbol{a}_3). \tag{6.4}$$

Die Basis $\boldsymbol{g}_i$ des „Schalenraumes" läßt sich auf die Basis $\boldsymbol{a}_\alpha = \boldsymbol{r}_{,\alpha}$ der Mittelfläche und den Normalenvektor $\boldsymbol{a}_3$ zurückführen. Man erhält:

$$\boldsymbol{g}_\alpha = \boldsymbol{R}_{,\alpha} = \bar{L}(\boldsymbol{a}_\alpha + \lambda\, \Theta\, \boldsymbol{a}_{3,\alpha}), \tag{6.5}$$

$$\boldsymbol{g}_3 = \boldsymbol{R}_{,3} = \bar{L}\, \lambda\, \boldsymbol{a}_3 . \tag{6.6}$$

Mit den Ableitungsgleichungen (4.35) von Weingarten entsteht aus (6.5):

$$\boldsymbol{g}_\alpha = \bar{L}(\delta^\rho_\alpha - \lambda\,\Theta\, b^\rho_\alpha)\boldsymbol{a}_\rho\,. \tag{6.7}$$

Aus (6.6) und (6.7) folgt der kovariante Metriktensor:

$$\begin{aligned} g_{\alpha\beta} &= \bar{L}^2(a_{\alpha\beta} - 2\,\lambda\,\Theta\, b_{\alpha\beta} + \lambda^2\,\Theta^2\, b^\lambda_\beta\, b_{\alpha\lambda}) \\ g_{\alpha 3} &= 0, \qquad g_{33} = \bar{L}^2\,\lambda^2\,. \end{aligned} \tag{6.8}$$

Für den kontravarianten Metriktensor erhält man eine Potenzreihe in Potenzen von $\lambda\,\Theta$:

$$\begin{aligned} \bar{L}^2\, g^{\alpha\beta} &= a^{\alpha\beta} + 2\,\lambda\,\Theta\, b^{\alpha\beta} + 3\,\lambda^2\,\Theta^2\, b^{\alpha\rho}\, b^\beta_\rho + \cdots \\ g^{\alpha 3} &= 0, \qquad g^{33} = \frac{1}{\bar{L}^2\,\lambda^2}\,. \end{aligned} \tag{6.9}$$

Für die Determinanten g und a der kovarianten Metriktensoren im Schalenraum und auf der Mittelfläche erhält man die Beziehung:

$$\sqrt{\frac{g}{a}} = \bar{L}^3\,\lambda(1 - 2\,\lambda\,\Theta\, H + \lambda^2\,\Theta^2\, K). \tag{6.10}$$

3. Der Verzerrungstensor

In der technischen Schalentheorie setzt man für den Verschiebungsvektor $\boldsymbol{v}$:

$$\boldsymbol{v} = \bar{L}(v_\alpha + \lambda\,\Theta\, w_\alpha)\,\boldsymbol{a}^\alpha + \bar{L}\, w\, \boldsymbol{a}_3\,. \tag{6.11}$$

Mit diesem Ansatz wird das „Ebenbleiben der Querschnitte" vorausgesetzt. Die Allgemeinheit wird jedoch erhalten bleiben, wenn man mit W. Zerna* für $\boldsymbol{v}$ eine Potenzreihe in Potenzen von $\lambda\,\Theta$ ansetzt. Sie soll hier nach den quadratischen Gliedern abgebrochen werden:

$$\begin{aligned} \boldsymbol{v} = {} & \bar{L}(v_\alpha + \lambda\,\Theta\, w_\alpha + \lambda^2\,\Theta^2\, \overset{(2)}{W}_\alpha)\,\boldsymbol{a}^\alpha \\ & + \bar{L}(w + \lambda\,\Theta\, \overset{(1)}{W} + \lambda^2\,\Theta^2\, \overset{(2)}{W})\,\boldsymbol{a}_3\,. \end{aligned} \tag{6.12}$$

Wir wollen nun den Verzerrungstensor bilden. Gemäß (5.8) gilt für die geometrisch lineare Theorie:

$$\gamma_{ij} = \tfrac{1}{2}(\boldsymbol{g}_i \cdot \boldsymbol{v}_{,j} + \boldsymbol{g}_j \cdot \boldsymbol{v}_{,i}). \tag{6.13}$$

* Siehe Fußnote 2 auf Seite 153.

Aus (6.12) erhält man bei Berücksichtigung der Ableitungsgleichungen (4.34) und (4.35) von GAUSS und WEINGARTEN:

$$\begin{aligned} \boldsymbol{v}_{,\nu} &= \bar{L}(v_\alpha|_\nu + \lambda\,\Theta\, w_\alpha|_\nu + \lambda^2\,\Theta^2 \overset{(2)}{W}_\alpha|_\nu)\,\boldsymbol{a}^\alpha \\ &+ \bar{L}(v_\alpha\, b^\alpha_\nu + \lambda\,\Theta\, w_\alpha\, b^\alpha_\nu + \lambda^2\,\Theta^2 \overset{(2)}{W}_\alpha\, b^\alpha_\nu)\,\boldsymbol{a}^3 \\ &+ \bar{L}(w_{,\nu} + \lambda\,\Theta \overset{(1)}{W}_{,\nu} + \lambda^2\,\Theta^2 \overset{(2)}{W}_{,\nu})\,\boldsymbol{a}^3 \\ &- \bar{L}(w\, b_{\nu\alpha} + \lambda\,\Theta \overset{(1)}{W} b_{\nu\alpha} + \lambda^2\,\Theta^2 \overset{(2)}{W} b_{\nu\alpha})\,\boldsymbol{a}^\alpha, \end{aligned} \tag{6.14a}$$

$$\begin{aligned} \boldsymbol{v}_{,3} &= \bar{L}\,\lambda(w_\alpha + 2\,\lambda\,\Theta \overset{(2)}{W}_\alpha)\,\boldsymbol{a}^\alpha \\ &+ \bar{L}\,\lambda(\overset{(1)}{W} + \lambda\,\Theta \overset{(2)}{W})\,\boldsymbol{a}_3 . \end{aligned} \tag{6.14b}$$

Wir setzen die Ableitungen des Verschiebungsvektors aus (6.14) und die Basis aus (6.6) und (6.7) in (6.13) ein und erhalten auf diese Weise auch eine Potenzreihe für den Verzerrungstensor:

$$\begin{aligned} \gamma_{\alpha\beta} &= \bar{L}^2 \quad (\alpha_{\alpha\beta} + \lambda\,\Theta \overset{(1)}{\beta}_{\alpha\beta} + \lambda^2\,\Theta^2 \overset{(2)}{\beta}_{\alpha\beta} + \cdots), \\ \gamma_{\alpha 3} &= \frac{\bar{L}^2\,\lambda}{2} (\overset{(0)}{\gamma}_{\alpha 3} + \lambda\,\Theta \overset{(1)}{\gamma}_{\alpha 3} + \lambda^2\,\Theta^2 \overset{(2)}{\gamma}_{\alpha 3} + \cdots), \\ \gamma_{33} &= \bar{L}^2\,\lambda^2 (\overset{(0)}{\gamma}_{33} + \lambda\,\Theta \overset{(1)}{\gamma}_{33} + \lambda^2\,\Theta^2 \overset{(2)}{\gamma}_{33} + \cdots). \end{aligned} \tag{6.15}$$

Hierin geben wir die Koeffizienten bis zu den linearen Gliedern der Reihe an:

$$\alpha_{\alpha\beta} = \tfrac{1}{2}(v_\alpha|_\beta + v_\beta|_\alpha - 2\, b_{\alpha\beta}\, w), \tag{6.16}$$

$$\overset{(1)}{\beta}_{\alpha\beta} = \omega_{\alpha\beta} - \tfrac{1}{2}(b^\lambda_\beta\, \alpha_{\lambda\alpha} + b^\lambda_\alpha\, \alpha_{\lambda\beta}) - b_{\alpha\beta} \overset{(1)}{W}, \tag{6.17}$$

$$\overset{(0)}{\gamma}_{\alpha 3} = w_\alpha + w_{,\alpha} + b^\lambda_\alpha\, v_\lambda , \tag{6.18}$$

$$\overset{(1)}{\gamma}_{\alpha 3} = \overset{(1)}{W}_{,\alpha} + 2 \overset{(2)}{W}_\alpha , \tag{6.19}$$

$$\overset{(0)}{\gamma}_{33} = \overset{(1)}{W}, \tag{6.20}$$

$$\overset{(1)}{\gamma}_{33} = 2 \overset{(2)}{W}. \tag{6.21}$$

In (6.17) wurde als Abkürzung der für die technische Schalentheorie wichtige Flächentensor $\omega_{\alpha\beta}$ eingesetzt:

$$\omega_{\alpha\beta} = \tfrac{1}{2}(w_\alpha|_\beta + w_\beta|_\alpha). \tag{6.22}$$

4. Das Elastizitätsgesetz

Wir setzen das Hookesche Gesetz (5.37b) voraus. Weil nach (6.9) gilt:

$$g^{\alpha 3} = 0,$$

erhalten wir das folgende Elastizitätsgesetz:

$$\begin{aligned}
\tau^{\alpha\beta} &= \mu \left(g^{\alpha\gamma} g^{\beta\delta} + g^{\alpha\delta} g^{\beta\gamma} + \frac{2\nu}{1-2\nu} g^{\alpha\beta} g^{\gamma\delta} \right) \gamma_{\gamma\delta} + \frac{2\mu\nu}{1-2\nu} g^{\alpha\beta} g^{33} \gamma_{33}, \\
\tau^{\alpha 3} &= 2\mu g^{33} g^{\alpha\lambda} \gamma_{\lambda 3}, \qquad (6.23) \\
\tau^{33} &= \frac{2\mu g^{33}}{1-2\nu} \left[(1-\nu) g^{33} \gamma_{33} + \nu g^{\rho\lambda} \gamma_{\rho\lambda} \right].
\end{aligned}$$

5. Das Energie-Integral

Wir betrachten zunächst die innere Energie. Ihr Integral ist gemäß (5.61):

$$\prod_i = \iiint_G L_i \, \mathrm{d}\Theta^1 \, \mathrm{d}\Theta^2 \, \mathrm{d}\Theta^3 \qquad (6.24)$$

worin gilt

$$L_i = \tfrac{1}{2} \sqrt{g} \, \tau^{ij} \gamma_{ij}. \qquad (6.25)$$

Wir können nun mit (6.23), (6.15), (6.9) und (6.10) alle in (6.24) vorkommenden Größen durch Potenzreihen von $\lambda\Theta$ ersetzen. Der Integrand L_i wird dann selbst eine Potenzreihe:

$$L_i = \overset{(0)}{L_i} + \lambda\Theta \overset{(1)}{L_i} + \lambda^2 \Theta^2 \overset{(2)}{L_i} + \cdots. \qquad (6.26)$$

Damit können wir das Energie-Integral hinsichtlich Θ integrieren. Gemäß (6.2) sind die Integrationsgrenzen $\Theta = -\frac{1}{2}$ und $\Theta = +\frac{1}{2}$. Die Integration liefert

$$\begin{aligned}
&\iint \int_{-\frac{1}{2}}^{+\frac{1}{2}} \left(\overset{(0)}{L_i} + \lambda\Theta \overset{(1)}{L_i} + \lambda^2 \Theta^2 \overset{(2)}{L_i} + \cdots \right) \mathrm{d}\Theta^1 \, \mathrm{d}\Theta^2 \, \mathrm{d}\Theta \\
&= \lambda \iint \left(\overset{(0)}{L_i} + \frac{\lambda^2}{12} \overset{(2)}{L_i} + \frac{\lambda^4}{80} \overset{(3)}{L_i} + \cdots \right) \mathrm{d}\Theta^1 \, \mathrm{d}\Theta^2.
\end{aligned} \qquad (6.27)$$

Es liegt nahe anzunehmen, daß Glieder, die so klein sind, daß sie im Energie-Integral keine Rolle mehr spielen, für das ganze Schalenproblem bedeutungslos sind. Wir machen deshalb jetzt zwei Annahmen für das Energie-Integral. Zunächst setzen wir eine **dünne Schale** voraus und machen die

1. Annahme

Die Schalendicke h soll so klein sein, daß die Glieder mit dem Vorfaktor $\frac{\lambda^4}{80}$ und kleiner im Energie-Integral unterdrückt werden können.
Mit dieser Annahme erhält man für die innere Energie gemäß (6.27) das Doppelintegral:

$$\prod_i = \int\int \left(\overset{(0)}{L_i} + \frac{\lambda^2}{12}\overset{(2)}{L_i}\right) \mathrm{d}\Theta^1\, \mathrm{d}\Theta^2. \tag{6.28}$$

Weiterhin soll vorausgesetzt werden, daß die Schale nur **wenig gekrümmt** ist. Der kleinste Krümmungsradius soll R heißen und der auf die charakteristische Länge bezogene kleinste Krümmungsradius

$$r = \frac{R}{\bar{L}}. \tag{6.29}$$

Wir kommen damit zur

2. Annahme

Die Schale ist so schwach gekrümmt, daß die bezogene Krümmung $\frac{1}{r}$ höchstens die Größenordnung von λ hat.
Unter diesen beiden Annahmen zur Geometrie der Schale erhält man durch Einsetzen in (6.28) nach einiger Rechnung:

$$\begin{aligned}\prod_i = \frac{\bar{L}^3}{2}\iint \mu\lambda\sqrt{a}\,\Big[&\overset{(0)}{C}{}^{\alpha\beta\rho\lambda}\alpha_{\rho\lambda}\alpha_{\alpha\beta} + a^{\alpha\beta}\overset{(0)}{\gamma}_{\alpha 3}\overset{(0)}{\gamma}_{\beta 3}\\
&+ \frac{4\nu}{1-2\nu}a^{\alpha\beta}\alpha_{\alpha\beta}\overset{(1)}{W} + \frac{2(1-\nu)}{1-2\nu}\overset{(1)}{W}\overset{(1)}{W}\\
&+ \frac{\lambda^2}{12}\left\{\overset{(0)}{C}{}^{\alpha\beta\rho\lambda}\omega_{\rho\lambda}\omega_{\alpha\beta} + 2\,\overset{(0)}{C}{}^{\alpha\beta\rho\lambda}v_\rho|_\lambda\overset{(2)}{W}_{\alpha|\beta}\right\}\\
&+ \frac{\lambda^2}{12}\frac{4\nu}{1-2\nu}\left\{2\,a^{\alpha\beta}\omega_{\alpha\beta}\overset{(2)}{W} + a^{\alpha\beta}\overset{(2)}{W}_{\alpha|\beta}\overset{(1)}{W}\right\}\\
&+ \frac{\lambda^2}{12}\Big\{a^{\alpha\beta}(\overset{(1)}{W}_{,\alpha} + 2\overset{(2)}{W}_\alpha)(\overset{(1)}{W}_{,\beta} + 2\overset{(2)}{W}_\beta)\\
&+ 2\,a^{\alpha\beta}(w_\alpha + w_{,\alpha})\overset{(2)}{W}_{,\beta}\Big\} + \frac{\lambda^2}{12}\frac{8(1-\nu)}{1-2\nu}\overset{(2)}{W}\overset{(2)}{W}\Big]\,\mathrm{d}\Theta^1\,\mathrm{d}\Theta^2.\end{aligned} \tag{6.30}$$

Hierin tritt der Elastizitätstensor $\overset{(0)}{C}{}^{\alpha\beta\rho\lambda}$ auf:

$$\overset{(0)}{C}{}^{\alpha\beta\rho\lambda} = a^{\alpha\rho}a^{\beta\lambda} + a^{\alpha\lambda}a^{\beta\rho} + \frac{2\nu}{1-2\nu}a^{\alpha\beta}a^{\rho\lambda}. \tag{6.31}$$

Wie man sieht, enthält das Energie-Integral (6.30) noch die Bestandteile, die von der Schubzerrung herrühren.

Wir haben in (6.30) die Grundlage für eine Schalentheorie, die genauer ist als die technische. Die Untersuchung dieser genaueren Theorie steht noch aus.

Um auf die technische Schalentheorie zu kommen, müssen wir leider noch zwei Annahmen machen:

3. Annahme

Auch die Verschiebungskomponenten $\overset{(2)}{W}_\alpha$ sollen vernachlässigt werden.

4. Annahme

Die Schubverzerrungen $\gamma_{\alpha 3}$ sollen hinreichend klein sein, so daß sie vernachlässigt werden können.

Über die mechanische oder geometrische Bedeutung dieser Vernachlässigungen für die Schale kann natürlich quantitativ keine Aussage gemacht werden. Man muß die Bedeutung von Fall zu Fall überprüfen. Die technische Schalentheorie gilt eben nur für solche Probleme, in denen die gemachten vier Annahmen zutreffen.

Unter den letzten beiden Annahmen kann das Energie-Integral (6.30) weiter vereinfacht werden. Man erhält jetzt für die innere Energie:

$$\begin{aligned}\Pi_i = \frac{\bar{L}^3}{2} \iint \mu \lambda \sqrt{a} \Big\{ & \big(\overset{(0)}{C}{}^{\alpha\beta\rho\lambda} \alpha_{\rho\lambda} \alpha_{\alpha\beta} \\ & + \frac{4\nu}{1-2\nu} a^{\alpha\beta} \alpha_{\alpha\beta} \overset{(1)}{W} + \frac{2(1-\nu)}{1-2\nu} \overset{(1)}{W} \overset{(1)}{W}\big) \\ & + \frac{\lambda^2}{12} \big(\overset{(0)}{C}{}^{\alpha\beta\rho\lambda} \omega_{\rho\lambda} \omega_{\alpha\beta} + \frac{8\nu}{1-2\nu} a^{\alpha\beta} \omega_{\alpha\beta} \overset{(2)}{W} \\ & + \frac{8(1-\nu)}{1-2\nu} \overset{(2)}{W} \overset{(2)}{W}\big) \Big\} \, d\Theta^1 \, d\Theta^2 . \end{aligned} \tag{6.32}$$

Die in (6.19) vorhandenen Größen treten nicht mehr im Energie-Integral (6.32) auf. Anders ist es mit (6.18): Aus

$$\overset{(0)}{\gamma}_{\alpha 3} = 0$$

folgt eine Bedingung, der die Verschiebungen v_α, w_α und w genügen müssen:

$$w_\alpha + w_{,\alpha} + b_\alpha^\lambda v_\lambda = 0. \tag{6.33}$$

Diese Verschiebungen sind demnach nicht voneinander unabhängig. Sie müssen im Sinne von (6.33) miteinander „verträglich" sein. Man nennt (6.33) deshalb auch **Verträglichkeitsbedingungen.**

Nun fehlt uns noch die Arbeit der äußeren Kräfte. Wir bezeichnen den Vektor der äußeren Flächenlast auf die Schalenmittelfläche mit $\boldsymbol{p}$ und zerlegen ihn in Komponenten:

$$\boldsymbol{p} = \frac{1}{\bar{L}}\,(p^\alpha \boldsymbol{a}_\alpha + p\,\boldsymbol{a}_3). \tag{6.34}$$

Für das Potential dieser äußeren Flächenlast gilt gemäß (5.54):

$$\prod\nolimits_a = -\iint \boldsymbol{p}\cdot\boldsymbol{v}\,\mathrm{d}F.$$

Das Flächenelement der Fläche Θ = const. ist gemäß (5.19):

$$\mathrm{d}F_3^{\cdot} = \sqrt{g^{33}}\,\sqrt{g}\,\mathrm{d}\Theta^1\,\mathrm{d}\Theta^2.$$

Gemäß (6.9) und (6.10) ist

$$\mathrm{d}F_3 = \bar{L}^2\sqrt{a}\,(1-2\,\lambda\,\Theta\,H+\lambda^2\,\Theta^2\,K)\,\mathrm{d}\Theta^1\,\mathrm{d}\Theta^2.$$

Die Mittelfläche $\Theta = 0$ hat also das Flächenelement

$$\mathrm{d}F = \bar{L}^2\sqrt{a}\,\mathrm{d}\Theta^1\,\mathrm{d}\Theta^2.$$

Hiermit und mit (6.34) und (6.12) erhalten wir für das Potential der äußeren Kräfte:

$$\prod\nolimits_a = -\iint \bar{L}^2\sqrt{a}\,(p^\alpha v_\alpha + p\,w)\,\mathrm{d}\Theta^1\,\mathrm{d}\Theta^2. \tag{6.35}$$

6. Das Variationsproblem

Das Prinzip vom Minimum der Formänderungsenergie (5.64) führt mit (6.32) und mit (6.35) auf ein Variationsproblem der Form

$$\iint L(v_\alpha, w_\alpha, w, \overset{(1)}{W}, \overset{(2)}{W})\,\mathrm{d}\Theta^1\,\mathrm{d}\Theta^2 = \text{Min.} \tag{6.36}$$

Die Veränderlichen v_α, w_α und w des Variationsproblems sind nicht voneinander unabhängig, sondern durch die Verträglichkeitsbedingungen (6.33) verknüpft. Deshalb liegt ein Variationsproblem mit den Nebenbedingungen (6.33) vor. Diese Nebenbedingungen berücksichtigt man mit der Methode der „Lagrangefaktoren". Nach dieser Methode wählen wir die Lagrangefaktoren λ^α und führen die Nebenbedingungen mit den Lagrangefaktoren geeignet in die Lagrangefunktion ein. Es entsteht demnach das Variationsproblem (6.36), wobei für die Lagrangefunktion gemäß (6.32) und (6.35) zu setzen ist:

$$L = \frac{\bar{L}^3}{2}\,\mu\,\lambda\sqrt{a}\,\Bigg\{\Bigg(\overset{(0)}{C}{}^{\alpha\beta\rho\lambda}\,\alpha_{\rho\lambda}\,\alpha_{\alpha\beta} + \frac{4\,\nu}{1-2\,\nu}\,a^{\alpha\beta}\,\alpha_{\alpha\beta}\,\overset{(1)}{W} + \frac{2(1-\nu)}{1-2\,\nu}\,\overset{(1)}{W}\,\overset{(1)}{W}\Bigg)$$
$$+ \frac{\lambda^2}{12}\Bigg(\overset{(0)}{C}{}^{\alpha\beta\rho\lambda}\,\omega_{\rho\lambda}\,\omega_{\alpha\beta} + \frac{8\,\nu}{1-2\,\nu}\,a^{\alpha\beta}\,\omega_{\alpha\beta}\,\overset{(2)}{W} \tag{6.37}$$
$$+ \frac{8(1-\nu)}{1-2\,\nu}\,\overset{(2)}{W}\,\overset{(2)}{W}\Bigg)\Bigg\} - \bar{L}^2\sqrt{a}\,(p^\alpha\,v_\alpha + p\,w)$$
$$+ \bar{L}^2\sqrt{a}\,\lambda^\alpha(w_\alpha + w_{,\alpha} + b_\alpha^\lambda\,v_\lambda).$$

Das Variationsproblem (6.36) liefert 7 Euler-Lagrangesche Differentialgleichungen hinsichtlich der 7 Verschiebungen v_α, w_α, w, $\overset{(1)}{W}$, $\overset{(2)}{W}$. Wir wollen zunächst die beiden Differentialgleichungen hinsichtlich $\overset{(1)}{W}$ und $\overset{(2)}{W}$ betrachten. Man bildet sie auf entsprechende Weise wie die in (5.50):

$$\left(\frac{\partial L}{\partial \overset{(1)}{W}_{,\varepsilon}}\right)_{,\varepsilon} - \frac{\partial L}{\partial \overset{(1)}{W}} = 0 \tag{6.38}$$

$$\left(\frac{\partial L}{\partial \overset{(2)}{W}_{,\varepsilon}}\right)_{,\varepsilon} - \frac{\partial L}{\partial \overset{(2)}{W}} = 0. \tag{6.39}$$

Diese Rechenvorschriften (6.38) und (6.39) liefern die beiden folgenden Euler-Lagrangeschen Differentialgleichungen:

$$(1-\nu)\,\overset{(1)}{W} + \nu\,a^{\alpha\beta}\,\alpha_{\alpha\beta} = 0,$$

$$2(1-\nu)\,\overset{(2)}{W} + \nu\,a^{\alpha\beta}\,\omega_{\alpha\beta} = 0,$$

oder

$$\overset{(1)}{W} = -\frac{\nu}{1-\nu}\,a^{\alpha\beta}\,\alpha_{\alpha\beta} \tag{6.40}$$

$$\overset{(2)}{W} = -\frac{\nu}{2(1-\nu)}\,a^{\alpha\beta}\,\omega_{\alpha\beta}. \tag{6.41}$$

Die Beziehungen (6.40) und (6.41) gestatten es, die Verschiebungen $\overset{(1)}{W}$ und $\overset{(2)}{W}$ ganz aus dem Problem zu eliminieren. Zu dem Zweck führen wir einen neuen Elastizitätstensor $H^{\alpha\beta\rho\lambda}$ ein:

$$H^{\alpha\beta\rho\lambda} = \frac{1-\nu}{2}\left(a^{\alpha\rho}\, a^{\beta\lambda} + a^{\alpha\lambda}\, a^{\beta\rho} + \frac{2\,\nu}{1-\nu}\, a^{\alpha\beta}\, a^{\rho\lambda}\right). \tag{6.42}$$

Hiermit rechnen wir die Lagrangefunktion (6.37) um.

So erhalten wir das **Variationsproblem** der technischen Schalentheorie in seiner endgültigen Form. Es lautet:

$$\iint L(v_\alpha, w_\alpha, w)\, \mathrm{d}\Theta^1\, \mathrm{d}\Theta^2 = \iint \sqrt{a}\, L^*(v_\alpha, w_\alpha, w)\, \mathrm{d}\Theta^1\, \mathrm{d}\Theta^2 = \text{Min.}^1 \tag{6.43}$$

mit der Lagrangefunktion

$$L = \frac{\bar{L}^2}{2}\sqrt{a}\,[H^{\alpha\beta\rho\lambda}(D\,\alpha_{\alpha\beta}\,\alpha_{\rho\lambda} + B\,\omega_{\alpha\beta}\,\omega_{\rho\lambda}) \tag{6.44}$$
$$- 2(p^\alpha\, v_\alpha + p\, w) + 2\,\lambda^\alpha(w_\alpha + w_{,\alpha} + b_\alpha^\lambda\, v_\lambda)],$$

wenn λ^α die „Lagrangefaktoren“ sind. Die Verzerrungstensoren sind

$$\begin{aligned} \alpha_{\alpha\beta} &= \tfrac{1}{2}(v_\alpha|_\beta + v_\beta|_\alpha - 2\,b_{\alpha\beta}\,w), \\ \omega_{\alpha\beta} &= \tfrac{1}{2}(w_\alpha|_\beta + w_\beta|_\alpha). \end{aligned} \tag{6.45}$$

Die Größen D und B sind die **Dehnsteifigkeit** und die **Biegesteifigkeit** mit

$$D = \frac{E\,h}{1-\nu^2} \qquad B = \frac{E\,h^3}{12\,\bar{L}^2(1-\nu^2)} \tag{6.46}$$

$$\frac{B}{D} = \frac{\lambda^2}{12}. \tag{6.46a}$$

Das Schalenproblem ist damit auf das Variationsproblem (6.43) mit der Lagrangefunktion (6.44) zurückgeführt.

Hat man nämlich für einen gegebenen Belastungszustand dieses Variationsproblem gelöst, d. h. man hat die Verschiebungen v_α, w_α, w berechnet, so kennt man gemäß (6.45) die Verzerrungen und damit auch die Spannungen in jedem Punkt der Schale. Bei praktischen Schalenberechnungen bedient man sich wegen ihrer großen Anschaulichkeit der sogenannten „Schnittgrößen“, auf die wir jetzt eingehen wollen.

[1] Siehe Fußnote auf Seite 151.

7. Die Schnittgrößen

Beginnen wir wieder mit der dreidimensionalen Elastizitätstheorie. Gemäß (5.17) wirkt in einer Schnittfläche $\Theta = \text{const.}$ der Spannungsvektor

$$\boldsymbol{t}^i = \frac{\tau^{ik}}{\sqrt{g^{(ii)}}}\,\boldsymbol{g}_k .$$

Wir setzen die Basis des Schalenraumes nach (6.6) und (6.7) ein und erhalten

$$\boldsymbol{t}^i = \frac{\bar{L}}{\sqrt{g^{(ii)}}}\left(\sigma^{i\beta}\,\boldsymbol{a}_\beta + \lambda\,\tau^{i3}\,\boldsymbol{a}_3\right), \tag{6.47}$$

wobei wir zur Abkürzung eingeführt haben

$$\sigma^{i\beta} = \left(\delta^\beta_\alpha - \lambda\,\Theta\,b^\beta_\alpha\right)\tau^{i\alpha}. \tag{6.48}$$

In der Fläche $\Theta^1 = \text{const.}$ wirkt dann gemäß (5.21) die Schnittkraft

$$\boldsymbol{t}^1\,\mathrm{d}F_1 = \boldsymbol{T}^1\,\mathrm{d}\Theta^2\,\mathrm{d}\Theta^3. \tag{6.49}$$

Mit (5.20) folgt aus (6.47) für den Vektor $\boldsymbol{T}^i$:

$$\boldsymbol{T}^i = \bar{L}\sqrt{g}\left(\sigma^{i\beta}\,\boldsymbol{a}_\beta + \lambda\,\tau^{i3}\,\boldsymbol{a}_3\right). \tag{6.50}$$

Wir wollen das Flächenelement $\mathrm{d}F_1$ speziell für die Schale bestimmen. Das Bogenelement der Mittelfläche im Schnitt $\Theta^1 = \text{const.}$ ist gemäß (4.10):

$$\bar{L}\sqrt{a_{22}}\,\mathrm{d}\Theta^2 = \bar{L}\sqrt{a^{11}\,a}\,\mathrm{d}\Theta^2.$$

Daraus folgt

$$\mathrm{d}F_1 = \bar{L}\sqrt{a^{11}\,a}\,\mathrm{d}\Theta^2\,\mathrm{d}\Theta^3. \tag{6.51}$$

Wir setzen das Flächenelement dF aus (6.51) und den Vektor $\boldsymbol{T}^1$ aus (6.50) in (6.49) ein. Dann wirkt in der Schnittfläche $\Theta^\alpha = \text{const.}$ der Schale ein Spannungsvektor $\boldsymbol{t}^\alpha$ mit

$$\sqrt{a^{(\alpha\alpha)}}\,\boldsymbol{t}^\alpha = \sqrt{\frac{g}{a}}\left(\sigma^{\alpha\beta}\,\boldsymbol{a}_\beta + \lambda\,\tau^{\alpha 3}\,\boldsymbol{a}_3\right). \tag{6.52}$$

Wie wir bereits unter Nr. 5 beim Energie-Integral gesehen haben, besteht das Wesen der Schalentheorie gerade darin, durch Integration über die Schalendicke aus dem dreidimensionalen Problem ein zweidimensionales zu machen. Man wird deshalb auch den Spannungsvektor $\boldsymbol{t}^\alpha$ über $\Theta^3 = \Theta$ integrieren und erhält so die „Schnittkraft"

$$\boldsymbol{N}^\alpha = \int_{-\frac{1}{2}}^{+\frac{1}{2}} \boldsymbol{t}^\alpha \sqrt{a^{(\alpha\alpha)}}\,\mathrm{d}\Theta. \tag{6.53}$$

Wir zerlegen N^α in Richtung der Basis:

$$N^\alpha = n^{\alpha\beta}\,\boldsymbol{a}_\beta + q^\alpha\,\boldsymbol{a}_3\,. \tag{6.54}$$

Setzt man (6.52) in (6.53) ein, so liefert der Vergleich mit (6.54):

$$n^{\alpha\beta} = \int_{-\frac{1}{2}}^{+\frac{1}{2}} \sqrt{\frac{g}{a}}\;\sigma^{\alpha\beta}\,\mathrm{d}\Theta\,, \tag{6.55a}$$

$$q^\alpha = \lambda \int_{-\frac{1}{2}}^{+\frac{1}{2}} \sqrt{\frac{g}{a}}\;\tau^{\alpha 3}\,\mathrm{d}\Theta\,. \tag{6.55b}$$

Der Tensor $n^{\alpha\beta}$ heißt **Normalkrafttensor** und der Vektor q^α heißt **Querkraftvektor.**

Die Komponenten n^{11} und n^{22} sind Normalkräfte, die Komponenten $n^{12} = n^{21}$ sind Schubkräfte und die Komponenten q^α sind Querkräfte der Schale. Die entsprechende Untersuchung für die Momente liefert im Schnitt $\Theta^\alpha = \text{const.}$ ein „Schnittmoment" $\boldsymbol{M}^\alpha$ mit den Komponenten $m^{\alpha\beta}$:

$$\boldsymbol{M}^\alpha = m^{\alpha\beta}\,\boldsymbol{a}_3 \times \boldsymbol{a}_\beta$$

Der **Momententensor** $m^{\alpha\beta}$ ist

$$m^{\alpha\beta} = \lambda \int_{-\frac{1}{2}}^{+\frac{1}{2}} \sqrt{\frac{g}{a}}\;\sigma^{\alpha\beta}\,\Theta\,\mathrm{d}\Theta\,. \tag{6.55c}$$

Dabei sind m^{11} und m^{22} Biegemomente und m^{12} sowie m^{21} Torsionsmomente.

Die Größen $n^{\alpha\beta}$, q^α, $m^{\alpha\beta}$ heißen **Schnittgrößen.** Wir wollen nun die Integrationen in den Beziehungen (6.55) ausführen.

Dazu setzen wir $\sqrt{g}$ aus (6.10), $\sigma^{\alpha\beta}$ aus (6.48) in (6.55) ein. Die Spannungen $\tau^{\alpha\beta}$ und $\tau^{\alpha 3}$ ersetzen wir mit (6.23) durch die Verzerrungen. Die Verzerrungen werden mit (6.15) auf die Verschiebungen zurückgeführt. Unter denselben 4 Annahmen wie in Nr. 5 liefern die Integrationen nach einiger Rechnung:

$$n^{\alpha\beta} = \mu\, h \left(\overset{(0)}{C}{}^{\alpha\beta\rho\lambda}\, \alpha_{\rho\lambda} + \frac{2\,\nu}{1-2\,\nu}\, a^{\alpha\beta}\, \overset{(1)}{W} \right),$$

$$m^{\alpha\beta} = \mu\, h\, \frac{B}{D} \left(\overset{(0)}{C}{}^{\alpha\beta\rho\lambda}\, \omega_{\rho\lambda} + \frac{2\,\nu}{1-2\,\nu}\, 2\, a^{\alpha\beta}\, \overset{(2)}{W} \right).$$

Unter Berücksichtigung von (6.40) und (6.41) folgt daraus:

$$\begin{aligned} n^{\alpha\beta} &= D\, H^{\alpha\beta\rho\lambda}\, \alpha_{\rho\lambda}, \\ m^{\alpha\beta} &= B\, H^{\alpha\beta\rho\lambda}\, \omega_{\rho\lambda}. \end{aligned} \tag{6.56}$$

Die Querkräfte lassen sich aufgrund der 4. Annahme (Vernachlässigung der Schubverzerrungen) nicht durch eine solche Integration berechnen.

8. Die Gleichgewichtsbedingungen

Wir wollen jetzt für das Variationsproblem (6.43) die Euler-Lagrangeschen Differentialgleichungen aufstellen. Wir schreiben sie in der Form mit kovarianten Ableitungen auf, die wir aus (5.80) entnehmen können. Man erhält folgende Differentialgleichungen

$$\begin{aligned} &\left(\frac{\partial L^*}{\partial v_\varepsilon|_\vartheta} \right)\Big|_\vartheta - \frac{\partial L^*}{\partial v_\varepsilon} = 0, && && v_\alpha \\ &\left(\frac{\partial L^*}{\partial w_\varepsilon|_\vartheta} \right)\Big|_\vartheta - \frac{\partial L^*}{\partial w_\varepsilon} = 0, && \text{hinsichtlich} && w_\alpha \\ &\left(\frac{\partial L^*}{\partial w|_\vartheta} \right)\Big|_\vartheta - \frac{\partial L^*}{\partial w} = 0. && && w. \end{aligned}$$

Hierin ist die Lagrangefunktion aus (6.44) einzusetzen und dabei (6.45) zu berücksichtigen. Wir berechnen die folgenden Ableitungen:

$$\frac{\partial L^*}{\partial v_\varepsilon|_\vartheta} = D\, H^{\alpha\beta\varepsilon\vartheta}\, \alpha_{\alpha\beta} = n^{\varepsilon\vartheta},$$

$$\frac{\partial L^*}{\partial w_\varepsilon|_\vartheta} = B\, H^{\alpha\beta\varepsilon\vartheta}\, \omega_{\alpha\beta} = m^{\varepsilon\vartheta},$$

$$\frac{\partial L^*}{\partial v_\varepsilon} = -p^\varepsilon + \lambda^\alpha\, b^\varepsilon_\alpha,$$

$$\frac{\partial L^*}{\partial w|_\varepsilon} = \lambda^\varepsilon,$$

$$\frac{\partial L^*}{\partial w_\varepsilon} = \lambda^\varepsilon,$$

$$\frac{\partial L^*}{\partial w} = -n^{\varepsilon\vartheta} b_{\varepsilon\vartheta} - p.$$

Mit diesen Ableitungen entstehen die folgenden Euler-Lagrangeschen Differentialgleichungen:

$$\begin{aligned} n^{\alpha\beta}|_\alpha - b^\beta_\alpha \lambda^\alpha + p^\beta &= 0, \\ m^{\alpha\beta}|_\alpha - \lambda^\beta &= 0, \\ n^{\alpha\beta} b_{\alpha\beta} + \lambda^\alpha|_\alpha + p &= 0. \end{aligned} \tag{6.57}$$

Aus der Elastizitätstheorie des Kapitels 5 ist uns bekannt, daß es sich hierbei um die Gleichgewichtsbedingungen handelt. Wir müssen nur noch setzen:

$$\lambda^\alpha = q^\alpha. \tag{6.58}$$

Die Querkräfte spielen also im Variationsproblem die Rolle von Lagrangefaktoren. Wie bereits erwähnt, lassen sich die Querkräfte nicht durch Integration aus den Verzerrungen gewinnen, weil die Schubverzerrungen vernachlässigt wurden. Um zu zeigen, daß es sich bei den Lagrangefaktoren λ^α wirklich um die Querkräfte q^α handelt, geht man am besten von der genaueren Theorie mit dem Energie-Integral (6.30) aus. Näheres darüber findet sich in der zitierten Arbeit* des Verfassers. Die Gleichungen (6.57) bilden mit den Verträglichkeitsbedingungen (6.33) ein vollständiges System von Differentialgleichungen, nämlich 7 Differentialgleichungen für die 7 unbekannten Funktionen v_α, w_α, w, λ^α.

Wir wollen nun die gewonnenen Ergebnisse kurz zusammenfassen.

9. Die Grundgleichungen der technischen Schalentheorie

Auf die Schale wirke die Belastung

$$\boldsymbol{p} = \frac{1}{\bar{L}} (p^\alpha \boldsymbol{a}_\alpha + p\, \boldsymbol{a}_3). \tag{6.59}$$

Der Verschiebungsvektor sei

$$\boldsymbol{v} = \bar{L}(v_\alpha + \lambda\, \Theta\, w_\alpha)\, \boldsymbol{a}^\alpha + \bar{L}\, w\, \boldsymbol{a}_3. \tag{6.60}$$

* Siehe Fußnote 3 auf Seite 153.

Die technische Schalentheorie hat dann folgende Grundgleichungen:

a) Geometrische Gleichungen

Verzerrungstensoren $\alpha_{\alpha\beta}$ und $\omega_{\alpha\beta}$:

$$\begin{aligned} \alpha_{\alpha\beta} &= \tfrac{1}{2}(v_\alpha|_\beta + v_\beta|_\alpha - 2\, b_{\alpha\beta}\, w), \\ \omega_{\alpha\beta} &= \tfrac{1}{2}(w_\alpha|_\beta + w_\beta|_\alpha). \end{aligned} \tag{6.61}$$

Verträglichkeitsbedingung:

$$w_\alpha + w_{,\alpha} + b^\beta_\alpha\, v_\beta = 0. \tag{6.62}$$

b) Elastizitätsgesetz

Normalkrafttensor $n^{\alpha\beta}$ und Momententensor $m^{\alpha\beta}$:

$$\begin{aligned} n^{\alpha\beta} &= D\, H^{\alpha\beta\rho\lambda}\, \alpha_{\rho\lambda}, \\ m^{\alpha\beta} &= B\, H^{\alpha\beta\rho\lambda}\, \omega_{\rho\lambda}. \end{aligned} \tag{6.63}$$

Elastizitätstensor $H^{\alpha\beta\rho\lambda}$:

$$H^{\alpha\beta\rho\lambda} = \frac{1-\nu}{2}\left(a^{\alpha\rho}\, a^{\beta\lambda} + a^{\alpha\lambda}\, a^{\beta\rho} + \frac{2\nu}{1-\nu}\, a^{\alpha\beta}\, a^{\rho\lambda}\right). \tag{6.64}$$

Dehnsteifigkeit und Biegesteifigkeit:

$$D = \frac{E\,h}{1-\nu^2}, \qquad B = \frac{E\,h^3}{12\,\bar{L}^2(1-\nu^2)}. \tag{6.65}$$

c) Gleichgewichtsbedingungen

$$\begin{aligned} n^{\alpha\beta}|_\alpha - b^\beta_\alpha\, q^\alpha + p^\beta &= 0, \\ m^{\alpha\beta}|_\alpha - q^\beta &= 0, \\ n^{\alpha\beta}\, b_{\alpha\beta} + q^\alpha|_\alpha + p &= 0. \end{aligned} \tag{6.66}$$

Unter a) bis c) wird das Schalenproblem vollständig beschrieben.

d) Formänderungsenergie

Das elastische Potential ist

$$\begin{aligned} \Pi = \Pi_i + \Pi_a = \frac{\bar{L}^2}{2} \iint \sqrt{a}\, H^{\alpha\beta\rho\lambda}(D\, \alpha_{\alpha\beta}\, \alpha_{\rho\lambda} \\ + B\, \omega_{\alpha\beta}\, \omega_{\rho\lambda})\, d\Theta^1\, d\Theta^2 - \bar{L}^2 \iint \sqrt{a}(p^\alpha\, v_\alpha + p\, w)\, d\Theta^1\, d\Theta^2. \end{aligned} \tag{6.67}$$

e) Variationsproblem

Das Prinzip vom Minimum der Formänderungsenergie liefert das Variationsproblem

$$\prod = \int\int L(v_\alpha, w_\alpha, w)\, \mathrm{d}\Theta^1\, \mathrm{d}\Theta^2 = \text{Min.} \qquad (6.68)$$

mit den Nebenbedingungen (6.62). Man führt die Querkräfte als Lagrangefaktoren ein. Die Euler-Lagrangeschen Differentialgleichungen sind die Gleichgewichtsbedingungen (6.66).

f) Die kanonischen Differentialgleichungen

Zum Zwecke der numerischen Behandlung ist oft ein System von Differentialgleichungen 1. Ordnung praktischer. Durch die Kenntnis des Variationsproblems ist man in der Lage, ein solches System anzugeben. Es handelt sich dabei um die aus der Variationsrechnung bekannten Hamiltonschen kanonischen Differentialgleichungen. Der Verfasser hat sie in einer Arbeit* für die technische Schalentheorie angegeben, und zwar nicht nur für die Statik, sondern auch für die Dynamik der Schalen.

Die hier angegebenen Grundgleichungen der Schalentheorie haben den Vorteil, daß sie wegen ihrer tensoriellen Formulierung für beliebige Schalenformen gelten. Die Grundgleichungen für spezielle Schalenformen erhält man einfach, indem man sich die differentialgeometrischen Grundgrößen für die spezielle Schalenmittelfläche ausrechnet. Ein Beispiel dafür sei jetzt angegeben.

10. Spezialisierung auf Rotationsschalen

Zur Spezialisierung der differentialgeometrischen Grundgrößen sei an das Beispiel der Rotationsfläche unter Nr. 5 des Kapitels 4 (Seite 109) erinnert.

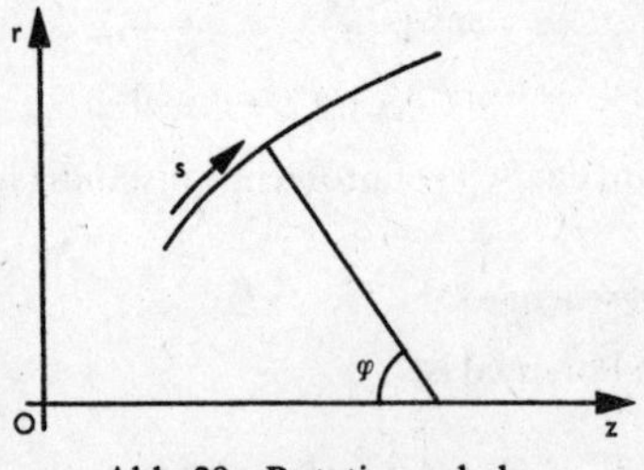

Abb. 29: Rotationsschale

* E. Klingbeil: Variationsproblem und Grundgleichungen für Statik und Dynamik der Schalen. Ing.-Archiv 34 (1965), Seite 80–90.

Die Mittelfläche der Schale sei gegeben durch den Ortsvektor

$$\bar{L}\,\boldsymbol{r}(s,\vartheta) = \boldsymbol{e}_1\, r(s)\cos\vartheta + \boldsymbol{e}_2\, r(s)\sin\vartheta + \boldsymbol{e}_3\, z(s). \tag{6.69}$$

Unabhängige Variablen sind der Breitenkreiswinkel ϑ und die Meridianbogenlänge s. Der Breitenkreisradius ist r. In der Rechnung bekommt s den Index 1 und ϑ den Index 2. Die Ableitungen nach s werden durch einen Strich bezeichnet. Die Grundvektoren sind dann

$$\begin{aligned} \boldsymbol{a}_1 &= \frac{1}{\bar{L}}\,(\boldsymbol{e}_1\, r' \cos\vartheta + \boldsymbol{e}_2\, r' \sin\vartheta + \boldsymbol{e}_3\, z'),\\ \boldsymbol{a}_2 &= \frac{1}{\bar{L}}\,(-\boldsymbol{e}_1\, r \sin\vartheta + \boldsymbol{e}_2\, r\cos\vartheta). \end{aligned} \tag{6.70}$$

Unter Berücksichtigung der Beziehung

$$r'^2 + z'^2 = 1 \tag{6.71}$$

wird überall z' eliminiert, so daß der Meridian durch die Funktion $r(s)$ und deren Ableitungen dargestellt wird. So erhält man nach (4.6) für den Maßtensor:

$$\begin{gathered} a_{11} = \frac{1}{\bar{L}^2}, \qquad a_{12} = 0, \qquad a_{22} = \frac{r^2}{\bar{L}^2},\\ \sqrt{a} = \frac{r}{\bar{L}^2},\\ a^{11} = \bar{L}^2, \qquad a^{12} = 0, \qquad a^{22} = \frac{\bar{L}^2}{r^2}. \end{gathered} \tag{6.72}$$

Der Krümmungstensor errechnet sich aus (4.19):

$$b_{11} = -\frac{r''}{\bar{L}\sqrt{1-r'^2}}, \qquad b_{12} = 0, \qquad b_{22} = \frac{r}{\bar{L}}\sqrt{1-r'^2}. \tag{6.73}$$

Die Christoffelsymbole ergeben sich aus (4.27):

$$\begin{aligned} &\Gamma^1_{11} = 0, \qquad \Gamma^1_{12} = 0, \qquad \Gamma^1_{22} = -r\,r',\\ &\Gamma^2_{11} = 0, \qquad \Gamma^2_{12} = \frac{r'}{r}, \qquad \Gamma^2_{22} = 0. \end{aligned} \tag{6.74}$$

Gemäß (6.42) erhält man

$$\begin{aligned} H^{1111} &= \bar{L}^4, \qquad H^{1212} = \bar{L}^4\,\frac{1-\nu}{2\,r^2},\\ H^{2222} &= \frac{\bar{L}^4}{r^4}, \qquad H^{1122} = \frac{\nu\,\bar{L}^4}{r^2}. \end{aligned} \tag{6.75}$$

Die nicht angeschriebenen Komponenten sind gleich Null. Von nun an berücksichtigen wir stets die drehsymmetrische Beanspruchung. Die in den Grundgleichungen auftretenden Komponenten, wie z. B. n^{11}, werden auf physikalische Komponenten, wie z. B. N_s zurückgeführt:

$$\begin{aligned}
n^{11} &= \bar{L}^2 N_s, & n^{22} &= \frac{\bar{L}^2}{r^2} N_\vartheta, & q^1 &= \bar{L}\, Q \\
m^{11} &= \bar{L}\, M_s, & m^{22} &= \frac{\bar{L}}{r^2} M_\vartheta, & & \\
p^1 &= \bar{L}^2 p_s, & p &= -\bar{L}\, p_z, & & \\
v_1 &= \frac{v}{\bar{L}^2}, & w_1 &= \frac{\chi}{\bar{L}}{}^*, & w &\Rightarrow -\frac{w}{\bar{L}}, \\
\alpha_{11} &= \frac{1}{\bar{L}^2}\, \varepsilon_s, & \alpha_{22} &= \frac{r^2}{\bar{L}^2}\, \varepsilon_\vartheta, & & \\
\omega_{11} &= \frac{1}{\bar{L}}\, \kappa_s, & \omega_{22} &= \frac{r^2}{\bar{L}}\, \kappa_\vartheta. & &
\end{aligned} \tag{6.76}$$

Dehnungssteifigkeit und Biegungssteifigkeit ergeben sich zu

$$D = \frac{E\,h}{1-\nu^2}, \qquad K = B\,\bar{L}^2 = \frac{E\,h^3}{12(1-\nu^2)}. \tag{6.77}$$

Dann erhalten wir gemäß (6.66) und (6.62) die Euler-Lagrangeschen Differentialgleichungen

$$\begin{aligned}
&(r\,N_s)' - r'\,N_\vartheta + \frac{r\,r''}{\sqrt{1-r'^2}}\, Q + r\,p_s = 0, \\
&(r\,M_s)' - r'\,M_\vartheta - r\,Q = 0, \\
&(r\,Q)' - \frac{r\,r''}{\sqrt{1-r'^2}}\, N_s + \sqrt{1-r'^2}\, N_\vartheta - r\,p_z = 0; \\
&\frac{r''}{\sqrt{1-r'^2}}\, v + w' - \chi = 0,
\end{aligned} \tag{6.78}$$

wenn wir gemäß (6.63) für die Schnittgrößen setzen

$$\begin{aligned}
N_s &= D(\varepsilon_s + \nu\,\varepsilon_\vartheta), & N_\vartheta &= D(\varepsilon_\vartheta + \nu\,\varepsilon_s), \\
M_s &= K(\kappa_s + \nu\,\kappa_\vartheta), & M_\vartheta &= K(\kappa_\vartheta + \nu\,\kappa_s)
\end{aligned} \tag{6.79}$$

* Hierin bedeutet χ die Verdrehung der Meridiantangente.

und die Verzerrungen gemäß (6.61) durch die Verschiebungen ausdrücken:

$$\varepsilon_s = v' - \frac{r''}{\sqrt{1-r'^2}}\, w, \qquad \varepsilon_\vartheta = \frac{r'}{r}\, v + \frac{\sqrt{1-r'^2}}{r}\, w,$$
$$\kappa_s = \chi', \qquad \kappa_\vartheta = \frac{r'}{r}\, \chi. \tag{6.80}$$

Die Beziehungen (6.78) bis (6.80) sind die Grundgleichungen für die Biegetheorie der Rotationsschalen mit drehsymmetrischer Belastung. Wir haben sie mit der Meridianbogenlänge s als unabhängige Veränderliche angegeben. In ganz entsprechender Weise könnte man die Grundgleichungen herleiten, wenn man als unabhängige Veränderliche den Meridianwinkel ϕ verwenden würde, der aus der Abb. 29 hervorgeht. Auf diese Weise gelangt man zu den Grundgleichungen (125) bis (127) des Lehrbuches von Flügge (siehe Fußnote 1 Seite 153).

KAPITEL 7

TENSORANALYSIS IM RIEMANNSCHEN RAUM

1. Zur Idee der Riemannschen Geometrie

Die antike Geometrie entwickelte das klassische Verfahren zum Beweis mathematischer Sätze:

Aufgrund bekannter Sätze (Voraussetzungen) wird durch reines Denken ein neuer vermuteter Satz (Behauptung) bewiesen. EUKLID kam dann auf den Gedanken, alle ihm bekannten geometrischen Sätze auf einige wenige, aber evidente Voraussetzungen aufzubauen. Er stieß dabei auf grundlegende Sätze, die er nicht mehr beweisen konnte, und nannte sie **Axiome.** Eines dieser Axiome ist das 5. Postulat des EUKLID. Es besagt sinngemäß folgendes: In einer Ebene sind eine Gerade g und ein nicht auf ihr gelegener Punkt P gegeben. Dann gibt es unter allen Geraden durch P nur eine, die g nicht schneidet, nämlich die Parallele durch P.

Dieses „Parallelenaxiom" war durch Jahrhunderte umstritten. Vielen Mathematikern war es nicht evident genug, um es als Axiom gelten zu lassen. Deshalb versuchten sie vergeblich, es zu beweisen. Am Ende dieses Weges wurde durch GAUSS, BOLYA und LOBATSCHEFSKI gezeigt, daß man auch dann eine sinnvolle Geometrie aufbauen kann, wenn man das Parallelenaxiom nicht voraussetzt. Mit der Erfindung einer solchen **nichteuklidischen** Geometrie ist aber der axiomatische Charakter des Parallelenaxioms bewiesen. Zugleich bahnt sich damit eine neue Auffassung des Begriffs Axiom an: Axiome müssen nicht mehr evident sein. Diese Auffassung liegt der axiomatischen Methode* in der modernen Mathematik zugrunde.

Wir knüpfen nun an die Ausführungen der Nr. 9 des Kapitels 4 an (Seite 125 bis 129). Wir wissen bereits, daß auf den Flächen mit verschwindendem Gaußschen Krümmungsmaß K die Euklidische Geometrie gilt. Demgegenüber hat sich erwiesen, daß auf Flächen mit

* Ein System von widerspruchsfreien Axiomen definiert eine **Struktur.** Beispiel dafür ist die oben besprochene Euklidische Struktur. Die axiomatische Methode beruht nun darauf, Strukturen aufzustellen und zu untersuchen. Gefundene Sätze gelten demnach nur in der zugrunde gelegten Struktur. Auch wenn die Axiome der untersuchten Struktur unanschaulich sind und keine Übereinstimmung mit irgendeiner physikalischen Wirklichkeit vorliegt, sind die in ihr gefundenen Sätze richtig und von Interesse für die Mathematik.

elliptischer Krümmung (Beispiel: Kugel) oder hyperbolischer Krümmung (Beispiel: Pseudosphäre) nichteuklidische Geometrien aufgebaut werden können.

In Verallgemeinerung nennt man die Geometrie auf einer gekrümmten Fläche beliebigen Krümmungsmaßes K **Riemannsche Geometrie.** Die gekrümmte Fläche selbst ist ein **zweidimensionaler Riemannscher Raum.** Wir haben uns also bereits in Kapitel 4 und auch in Kapitel 6 mit Riemannschen Räumen beschäftigt, ohne es dort zu erwähnen und näher auf diesen Begriff einzugehen. Deshalb sei dieses Kapitel angeschlossen. Es wird dem Verständnis kaum Schwierigkeiten bereiten, weil die Formeln dazu im wesentlichen bereits in Kapitel 4 hergeleitet wurden. Wir hatten dort „Flächentensoren“ kennengelernt, also auch schon „Tensoranalysis im Riemannschen Raum“ getrieben.

Es ist jedoch wichtig zu betonen, daß wir dort alle Ergebnisse nur unter der Voraussetzung erhalten hatten, daß die Fläche im dreidimensionalen Euklidischen Raum eingebettet ist. Diese Voraussetzung soll jetzt wegfallen. Die Geometrie des Riemannschen Raumes wird ohne Kenntnis der Einbettung aufgebaut. Insbesondere sollen die Ergebnisse auch für mehr als zwei Dimensionen hergeleitet werden. Der Leser mag sich zur Veranschaulichung stets als Beispiel die zweidimensionale Fläche vorstellen. – Geschichtlich lief die Entwicklung in ähnlicher Reihenfolge ab. Die Differentialgeometrie der im Euklidischen Raum eingebetteten Fläche war im wesentlichen bekannt, als GAUSS durch sein theorema egregium (siehe Seite 124) herausfand, daß das Krümmungsmaß K nur vom Metriktensor abhängt. Daraus kann man schließen, daß „zweidimensional begabte“ Lebewesen, die auf einer Fläche leben, ohne Kenntnis des Einbettungsraums allein durch Längenmessung auf der Fläche das Krümmungsmaß ihrer „Welt“ bestimmen können. Mit dem theorema egregium wurde also die Fragestellung angeregt, ob sich die Geometrie der gekrümmten Fläche ohne Beachtung ihrer Einbettung aufbauen läßt. Riemann konnte sie mit seinem 1854 gehaltenen Habilitationsvortrag beantworten. Er gab die Idee einer Flächentheorie unabhängig von der Einbettung an und lieferte auch gleich die Verallgemeinerung auf mehr als zwei Dimensionen. Deshalb trägt die „Riemannsche Geometrie“ seinen Namen.

2. Die Mannigfaltigkeit

Um zu einer anderen als der Euklidischen Geometrie zu gelangen, müssen wir uns zunächst von der Vorstellung des Euklidischen Raumes befreien. Dazu muß der Raumbegriff verallgemeinert werden. RIEMANN definierte einen solchen verallgemeinerten Raum und nannte ihn **Mannigfaltigkeit.** Der Riemannsche Raum und auch der Euklidische Raum sollen Spezialfälle einer solchen Mannigfaltigkeit sein. Was wird man nun zweckmäßig von einem solchen verallgemeinerten geometrischen Raum verlangen? Er soll aus Punkten bestehen und jeder Punkt soll durch ein n-tupel von Zahlen, nämlich durch seine Koordinaten, gegeben sein. So kommt man zu **folgender Definition:**

Jedes System von n Werten, das den n Veränderlichen $\Theta^1, \Theta^2, \ldots, \Theta^n$ erteilt wird, heißt Punkt oder Element einer n-dimensionalen Mannigfaltigkeit M_n. Die n Zahlen $\Theta^1, \Theta^2, \ldots, \Theta^n$ sind die Koordinaten des Punktes. Die Menge M_n* aller dieser Punkte ist die Mannigfaltigkeit.

Zur Veranschaulichung dieser Definition seien drei Beispiele gegeben:

Beispiel 1: Betrachten wir die Gesamtheit aller Ellipsen mit verschiedenen Halbachsen a und b:

$$\left(\frac{x}{a}\right)^2 + \left(\frac{y}{b}\right)^2 = 1.$$

Eine beliebige Ellipse wird durch die Zahlen a und b festgelegt. Die Gesamtheit der Ellipsen ist also eine zweidimensionale Mannigfaltigkeit mit den Koordinaten $\Theta^1 = a$ und $\Theta^2 = b$.

Beispiel 2: Ein mechanisches System mit n Freiheitsgraden sei durch die generalisierten Koordinaten $q_1, q_2, \ldots, q_n$ beschrieben. Dieses mechanische System ist eine n-dimensionale Mannigfaltigkeit mit den Koordinaten $\Theta^i = q_i$. So bilden z. B. zwei bewegliche Massenpunkte auf einer Fläche eine vierdimensionale Mannigfaltigkeit. Die beiden Punkte $P_1(u_1, v_1)$ und $P_2(u_2, v_2)$ sind gegeben durch ihre Gaußschen Flächenparameter, die zu den Koordinaten Θ^i der vierdimensionalen Mannigfaltigkeit werden:

$$\Theta^1 = u_1, \quad \Theta^2 = v_1, \quad \Theta^3 = u_2, \quad \Theta^4 = v_2.$$

Beispiel 3: Der zweidimensionale Riemannsche (oder Euklidische) Raum ist eine zweidimensionale Mannigfaltigkeit. Denn jeder Punkt auf der Fläche (oder Ebene) wird gegeben durch seine Gaußschen Flächenparameter Θ^1 und Θ^2, die zugleich Koordinaten der Mannigfaltigkeit sind.

* Die hier gegebene Definition reicht für unsere Zwecke aus. Natürlich muß aber die Menge M_n in dem Sinne „vernünftig" sein, daß sie unserer Vorstellung vom geometrischen Raum entspricht. Das bedeutet, daß die Menge M_n bestimmte Axiome erfüllen muß. Es sind die Axiome des **Hausdorffschen Raumes,** die der interessierte Leser anderweitig nachlesen mag.

3. Transformation und Tensoren in der Mannigfaltigkeit

Gegeben sei eine n-dimensionale Mannigfaltigkeit mit den Koordinaten $\Theta^1, \Theta^2, \ldots, \Theta^n$. Wir wollen nun den Koordinaten Θ^i neue Koordinaten $\bar{\Theta}^i$ zuordnen. Zunächst soll das speziell durch eine **lineare Transformation** geschehen:

$$\begin{aligned} \Theta^i &= \underline{a}^i_j \, \bar{\Theta}^j, \\ \bar{\Theta}^j &= \bar{a}^j_i \, \Theta^i. \end{aligned} \tag{7.1}$$

Die Transformationskoeffizienten $\underline{a}^i_j$ und $\bar{a}^j_i$ sind nicht voneinander unabhängig. Durch Einsetzen der beiden Beziehungen (7.1) ineinander folgt vielmehr die Bedingung:

$$\bar{a}^j_i \, \underline{a}^k_j = \delta^k_i \, . \tag{7.2}$$

Jetzt sollen in der Mannigfaltigkeit Tensoren erklärt werden. Unsere Tensordefinitionen, die auf Vektorbasen beruhten, sind jetzt unbrauchbar, weil es in der Mannigfaltigkeit keine Vektoren gibt. Demgegenüber hatten wir aber auf den Seiten 38 und 44 Tensoren aufgrund von Transformationseigenschaften definiert. Wenn wir darauf zurückgreifen, können wir jetzt auch Tensoren auf der Mannigfaltigkeit einführen:

Gegeben seien n Zahlen t_i, die von den Koordinaten Θ^i abhängen und n Zahlen $\bar{t}_i$, die von den Koordinaten $\bar{\Theta}^i$ abhängen. Dann definiert man: Gilt die Beziehung

$$\bar{t}_i = \underline{a}^j_i \, t_j, \quad \text{bzw.} \quad t_i = \bar{a}^j_i \, \bar{t}_j, \tag{7.3 a}$$

so liegt ein **Tensor 1. Stufe** vor. Die Funktionen $t_i(\Theta^1, \Theta^2, \ldots, \Theta^n)$ und $\bar{t}_i(\bar{\Theta}^1, \bar{\Theta}^2, \ldots, \bar{\Theta}^n)$ sind seine **kovarianten Komponenten.** Der Kürze halber mag man dafür wieder einfach sagen: t_i ist ein kovarianter Tensor 1. Stufe.

Weiter definiert man durch die Transformationsregel

$$\bar{t}^i = \bar{a}^i_j \, t^j, \quad \text{bzw.} \quad t^i = \underline{a}^i_j \, \bar{t}^j, \tag{7.3 b}$$

die **kontravarianten Komponenten** des Tensors 1. Stufe.

Aus diesen Definitionen folgt die **Invarianz** einer **Linearform** $t = t_i \, \Theta^i$. Denn aus (7.1) bis (7.3) erhält man

$$t = t_i \, \Theta^i = \bar{t}_i \, \bar{\Theta}^i = \bar{t} \, . \tag{7.4}$$

Auf ganz entsprechende Weise definiert man die **Komponenten** eines **Tensors 2. Stufe** durch die Transformationsregeln

$$\begin{aligned} \bar{t}^{ij} &= \bar{a}^i_k\, \bar{a}^j_l\, t^{kl}, & t^{ij} &= \underline{a}^i_k\, \underline{a}^j_l\, \bar{t}^{kl}, \\ \bar{t}^i{}_j &= \bar{a}^i_k\, \underline{a}^l_j\, t^k{}_l, & t^i{}_j &= \underline{a}^i_k\, \bar{a}^l_j\, \bar{t}^k{}_l, \\ \bar{t}_i{}^j &= \underline{a}^k_i\, \bar{a}^j_l\, t_k{}^l, & t_i{}^j &= \bar{a}^k_i\, \underline{a}^j_l\, \bar{t}_k{}^l, \\ \bar{t}_{ij} &= \underline{a}^k_i\, \underline{a}^l_j\, t_{kl}, & t_{ij} &= \bar{a}^k_i\, \bar{a}^l_j\, \bar{t}_{kl}. \end{aligned} \tag{7.5}$$

Daraus folgt die Invarianz einer **Bilinearform** t:

$$t = t_{ij}\, \Theta^i\, \Theta^j = \bar{t}_{ij}\, \bar{\Theta}^i\, \bar{\Theta}^j = \bar{t}. \tag{7.6}$$

Entsprechend werden auch die Komponenten von **Tensoren höherer Stufe** definiert. Sie führen auf die Invarianz von **Multilinearformen.**

Wir haben hier nur von Komponenten eines Tensors und deren Transformationsverhalten gesprochen. Es hat auch keinen Zweck, wie im Euklidischen Raum mit einem Tensor $\boldsymbol{T} = t^{ij}\, \boldsymbol{g}_i\, \boldsymbol{g}_j$ zu arbeiten, weil die Vektorbasis $\boldsymbol{g}_i$ in der Mannigfaltigkeit nicht definiert ist. Um zu einer Vektorbasis zu gelangen, müßte man über jeden einzelnen Punkt der Mannigfaltigkeit einen Vektorraum aufbauen. Das werden wir unter Nr. 4 tun.

Es zeigte sich bereits bei der Tensoranalysis im Euklidischen Raum, daß man im allgemeinen nicht mit linearen Transformationen der Koordinaten auskommt. Beim Übergang von geradlinigen auf krummlinige Koordinaten hatten wir dort bereits allgemeinere Koordinatentransformationen betrachtet (Seite 86). So soll es auch hier geschehen. Wir betrachten also jetzt beliebige Transformationen der Koordinaten Θ^i und $\bar{\Theta}^i$:

$$\begin{aligned} \bar{\Theta}^j &= \bar{\Theta}^j(\Theta^1, \Theta^2, \dots, \Theta^n), \\ \Theta^i &= \Theta^i(\bar{\Theta}^1, \bar{\Theta}^2, \dots, \bar{\Theta}^n). \end{aligned} \tag{7.7}$$

Wir setzen voraus, daß die in (7.7) gegebenen Funktionen genügend oft stetig differenzierbar sind, d. h. daß es sich um eine **differenzierbare Mannigfaltigkeit** handelt. Dann können wir die vollständigen Differentiale bilden:

$$\begin{aligned} \mathrm{d}\bar{\Theta}^j &= \frac{\partial \bar{\Theta}^j}{\partial \Theta^i}\, \mathrm{d}\Theta^i, \\ \mathrm{d}\Theta^i &= \frac{\partial \Theta^i}{\partial \bar{\Theta}^j}\, \mathrm{d}\bar{\Theta}^j. \end{aligned} \tag{7.8}$$

Für die Koordinaten selbst bestehen zwar keine linearen Transformationen, zum Glück aber für die Koordinatendifferentiale. Deshalb kann man auch für allgemeine Transformationen Tensoren auf der Mannigfaltigkeit definieren. Man setzt dazu (7.8) an die Stelle von (7.1) und behält die Tensordefinitionen (7.3) und (7.5) einfach bei. Für die Transformationskoeffizienten müssen wir dann setzen:

$$\underline{a}^i_j = \frac{\partial \Theta^i}{\partial \bar{\Theta}^j}, \qquad \bar{a}^j_i = \frac{\partial \bar{\Theta}^j}{\partial \Theta^i}. \tag{7.9}$$

Diese Beziehungen (7.9) stimmen mit (3.45) überein. Der Unterschied ist wieder lediglich der, daß (7.9) für eine differenzierbare Mannigfaltigkeit gelten soll, während sich (3.45) auf krummlinige Koordinaten Θ^i der speziellen dreidimensionalen Euklidischen Mannigfaltigkeit bezog.

4. Der affine Tangentialraum

Wie bereits erwähnt, gibt es in der Mannigfaltigkeit keine Vektoren. Man kann auch in der Mannigfaltigkeit selbst keine Vektoren definieren, aber man kann ihr Vektoren zuordnen. Betrachten wir gemäß (7.3b) einen Tensor 1. Stufe t^i in einem Punkt P. Wir können diesen Komponenten $t^i(P)$ im Punkt P ohne weiteres eine Basis $\boldsymbol{g}_i$ zuordnen. Das gilt aber nur im Punkt P und nicht für den ganzen Raum. In einem anderen Punkt Q kann man zwar in entsprechender Weise den Komponenten $t^i(Q)$ eine andere Basis γ_i zuordnen. Die Basis γ_i ist aber im allgemeinen nicht dieselbe, wie die Basis $\boldsymbol{g}_i$, denn die Definition der Mannigfaltigkeit sagt nichts darüber aus. Würde man die Basen $\boldsymbol{g}_i$ und γ_i gleichsetzen, so hätte man bereits die Mannigfaltigkeit spezialisiert. Wir betrachten also den Tensor 1. Stufe t^i nur in einem Punkt P und ordnen ihm dort die Basis $\boldsymbol{g}_i$ zu. Dann erhalten wir einen Vektor $\boldsymbol{t}$:

$$t^i \longleftrightarrow \boldsymbol{t} = t^i \boldsymbol{g}_i .$$

Wir nehmen einen zweiten Tensor u^i hinzu und erklären die Vektorsumme $\boldsymbol{s}$ durch die Zuordnung:

$$s^i = t^i + u^i \longleftrightarrow \boldsymbol{s} = \boldsymbol{t} + \boldsymbol{u} = (t^i + u^i)\, \boldsymbol{g}_i .$$

Weiterhin definierten wir den Produktvektor $\boldsymbol{p}$ für die Multiplikation des Vektors $\boldsymbol{t}$ mit einem Skalar a durch die Zuordnung:

$$p^i = a\, t^i \longleftrightarrow \boldsymbol{p} = a\, \boldsymbol{t} = a\, t^i \boldsymbol{g}_i .$$

Wenn wir verlangen, daß die Axiome (1) und (2) auf Seite 13 und 14 für die so erklärten Vektoren gelten sollen, können wir damit jedem Punkt P der Mannigfaltigkeit einen **affinen Vektorraum** anhängen. Heben wir nochmals hervor: Man kann nicht der ganzen Mannigfaltigkeit, sondern nur jeweils einem Punkt P der Mannigfaltigkeit einen affinen Vektorraum „anheften". Ein Euklidischer Vektorraum läßt sich nicht anheften, weil in der Mannigfaltigkeit kein Skalarprodukt erklärt ist und sich damit die Axiome (3) auf Seite 14 nicht erfüllen lassen. Ergänzend sei bemerkt, daß der dem Punkt P angeheftete affine Vektorraum (Basis $\boldsymbol{g}_i$ mit $i = 1$ bis n) dieselbe Dimension hat, wie die Mannigfaltigkeit (Komponenten t^i, Koordinaten Θ^i mit $i = 1$ bis n).

Nach den vorangehenden Betrachtungen sieht es so aus, als wäre der angeheftete affine Vektorraum nur eine formale Sache. Das ist aber nicht so: Er hat auch eine geometrische Bedeutung!

Um das zu erklären, betrachten wir eine Kurve

$$\Theta^i = \Theta^i(t)$$

in der Mannigfaltigkeit. Sie soll beim Parameter t durch den Punkt P gehen. Zu einem benachbarten Punkt P' gehöre der Parameterwert $(t+\mathrm{d}t)$. Die Richtung der „Tangente" an die Kurve ist dann durch die Ableitungen $\dfrac{\mathrm{d}\Theta^i}{\mathrm{d}t}$ gegeben. Gemäß (7.8) ist das Differential $\mathrm{d}\Theta^i$ ein Tensor 1. Stufe. Wir ordnen ihm im affinen Vektorraum des Punktes P den Vektor $\mathrm{d}\boldsymbol{\Theta}$ zu:

$$\mathrm{d}\Theta^i \longleftrightarrow \mathrm{d}\boldsymbol{\Theta} = \mathrm{d}\Theta^i \boldsymbol{g}_i .$$

Einer Verschiebung vom Punkt P in den Punkt P' entspricht also im angehefteten affinen Vektorraum ein affiner Vektor $\mathrm{d}\boldsymbol{\Theta}$. Bei einer Kurve im Euklidischen Raum wäre der Vektor $\mathrm{d}\boldsymbol{\Theta}$ zugleich Tangentenvektor im Punkt P an die Kurve.

Aus diesem Grunde bezeichnet man den im Punkt P angehefteten affinen Vektorraum als **affinen Tangentialraum** im Punkt P. Als Beispiel denken wir uns den zweidimensionalen Riemannschen Raum, also die im Kapitel 4 behandelte Fläche. Schlagen wir dazu Abb. 18 von Seite 98 auf: Ein beliebiger Punkt P der Fläche war gegeben durch den Ortsvektor $\boldsymbol{r}(\Theta^1, \Theta^2)$. Der Tangentenvektor im Punkt P ist

$$\mathrm{d}\boldsymbol{r} = \boldsymbol{r}_{,\alpha}\,\mathrm{d}\Theta^\alpha .$$

Nun haben wir die Basis $\boldsymbol{a}_\alpha = \boldsymbol{r}_{,\alpha}$ gewählt. Dann haben wir die Zuordnung

$$\mathrm{d}\Theta^\alpha \longleftrightarrow \mathrm{d}\boldsymbol{r} = \mathrm{d}\Theta^\alpha \boldsymbol{a}_\alpha .$$

Die Basis $\boldsymbol{a}_\alpha$ spannt demnach den affinen Tangentialraum auf, im Beispiel die **Tangentialebene** an die Fläche im Punkt P. In diesem Beispiel ist der affine Tangentialraum sogar Euklidisch, denn die Basisvektoren $\boldsymbol{a}_\alpha$ sind Euklidische Vektoren. Die Fläche selbst enthält keine Vektoren. Die für die Flächentheorie gewählte Vektorbasis $\boldsymbol{a}_\alpha$ liegt in ihrer Tangentialebene, zeigt also aus der Fläche in den Einbettungsraum hinaus.

5. Die kovariante Ableitung in der Mannigfaltigkeit

Wir hatten schon in Nr. 6 des Kapitels 3 gesehen, daß die partielle Ableitung $A^i{}_{,j}$ eines Vektors im allgemeinen kein Tensor ist. Es war dort aber durch ein additives Glied gelungen, eine kovariante Ableitung zu finden, d. h. eine Ableitung, die ein Tensor ist. Das soll auch hier geschehen. Dazu spezialisieren wir die Mannigfaltigkeit dahingehend, daß in ihr Größen Λ^i_{jk} vorhanden sein sollen, so daß die durch

$$A^i|_j = A^i{}_{,j} + \Lambda^i_{jk} A^k \tag{7.10}$$

definierte Ableitung des Tensors A^i eine kovariante Ableitung ist. Nach einer Koordinatentransformation von den Koordinaten Θ^i zu den Koordinaten $\bar{\Theta}^j$ der Mannigfaltigkeit entsteht aus (7.10):

$$\bar{A}^i|_j = \bar{A}^i{}_{,j} + \bar{\Lambda}^i_{jk} \bar{A}^k . \tag{7.11}$$

Die kovariante Ableitung $A^i|_j$ soll ein Tensor 2. Stufe sein, d. h. es muß folgendes Transformationsgesetz gelten:

$$\bar{A}^i|_j = \frac{\partial \bar{\Theta}^i}{\partial \Theta^l} \frac{\partial \Theta^m}{\partial \bar{\Theta}^j} A^l|_m . \tag{7.12}$$

Man rechnet

$$\bar{A}^i{}_{,j} = \left(A^l \frac{\partial \bar{\Theta}^i}{\partial \Theta^l} \right)_{,m} \frac{\partial \Theta^m}{\partial \bar{\Theta}^j}$$

oder

$$\bar{A}^i{}_{,j} = A^l{}_{,m} \frac{\partial \bar{\Theta}^i}{\partial \Theta^l} \frac{\partial \Theta^m}{\partial \bar{\Theta}^j} + A^l \frac{\partial^2 \bar{\Theta}^i}{\partial \Theta^l \partial \Theta^m} \frac{\partial \Theta^m}{\partial \bar{\Theta}^j} . \tag{7.13}$$

Wir setzen (7.10), (7.11) und (7.13) in (7.12) ein. So entsteht

$$\bar{\Lambda}^i_{jk} \bar{A}^k + A^l \frac{\partial^2 \bar{\Theta}^i}{\partial \Theta^l \partial \Theta^m} \frac{\partial \Theta^m}{\partial \bar{\Theta}^j} = \Lambda^l_{mn} A^n \frac{\partial \bar{\Theta}^i}{\partial \Theta^l} \frac{\partial \Theta^m}{\partial \bar{\Theta}^j} .$$

Daraus folgt als Transformationsgesetz für die Größen Λ^i_{jk}:

$$\bar{\Lambda}^i_{jk} \frac{\partial \bar{\Theta}^k}{\partial \Theta^n} = \Lambda^l_{mn} \frac{\partial \bar{\Theta}^i}{\partial \Theta^l} \frac{\partial \Theta^m}{\partial \bar{\Theta}^j} - \frac{\partial^2 \bar{\Theta}^i}{\partial \Theta^m \partial \Theta^n} \frac{\partial \Theta^m}{\partial \bar{\Theta}^j} . \tag{7.14}$$

Dieses Transformationsgesetz müssen demnach die Λ^i_{jk} erfüllen, damit die in (7.10) definierte Ableitung wirklich kovariante Ableitung ist.

Ein Beispiel dafür sind die Christoffel-Symbole im Euklidischen Raum: Wir haben nämlich bereits in (3.50) gezeigt, daß die Christoffel-Symbole Γ^i_{jk} gemäß (3.41) dieses Transformationsgesetz (7.14) der Λ^i_{jk} erfüllen.

Ein weiteres Beispiel sind die Christoffelsymbole $\Gamma^\alpha_{\beta\gamma}$ gemäß (4.27) auf der gekrümmten Fläche.

Man kann der kovarianten Ableitung in der Mannigfaltigkeit gemäß (7.10) auch eine geometrische Bedeutung geben. Zu dem Zweck erinnern wir uns an die Parallelverschiebung eines Vektors nach Levi-Civita (Nr. 7 des Kapitels 4). Für die *LC*-Parallelverschiebung des Vektors A^i längs einer Flächenkurve mit dem Parameter t erhielten wir die Bedingung (4.48):

$$\frac{D A^i}{\mathrm{d}t} = 0.$$

Mit dieser Bedingung kann man auch eine Parallelverschiebung in der Mannigfaltigkeit erklären. Wir definieren:

Ein Tensor 1. Stufe A^i einer Mannigfaltigkeit heißt parallelverschoben längs einer Kurve $\Theta^i(t)$ mit dem Parameter t, wenn folgende Differentialgleichungen gelten:

$$\frac{D A^i}{\mathrm{d}t} = 0. \tag{7.15}$$

Gemäß (3.55) bedeutet das:

$$A^i|_j \dot{\Theta}^j = 0. \tag{7.16}$$

Wir denken uns nun zwei Punkte P_0 und P_1 auf der Kurve $\Theta^i(t)$. Man kann dann dem Tensor $A^i(P_0)$ im Punkt P_0 einen Vektor $\boldsymbol{A}(P_0)$ des affinen Tangentialraums in P_0 zuordnen und dem Tensor $A^i(P_1)$ im Punkt P_1 einen Vektor $\boldsymbol{A}(P_1)$ des affinen Tangentialraums in P_1. Die Beziehung (7.16) verknüpft die Vektoren $\boldsymbol{A}(P_0)$ und $\boldsymbol{A}(P_1)$. Mit anderen Worten: Die affinen Tangentialräume in den Punkten P_0 und P_1 hängen durch (7.16) miteinander zusammen. Wir bezeichnen deshalb den auf diese Weise aus der Mannigfaltigkeit entstandenen Raum als **affin zusammenhängenden Raum.** In der Mannigfaltigkeit ist zunächst keine kovariante Ableitung gegeben. Die Tangentialräume der Mannigfaltigkeit stehen in keinem Zusammenhang. Wird gemäß (7.10) mit Hilfe der Größen Λ^i_{jk} eine kovariante Ableitung definiert, so entsteht aus der Mannigfaltigkeit der affin zusammenhängende Raum. Die Größen Λ^i_{jk}

heißen **Objekte des affinen Zusammenhangs.** Sind die Objekte des Zusammenhangs in den unteren Indizes symmetrisch

$$\Lambda^i_{jk} = \Lambda^i_{kj} \tag{7.17}$$

so nennt man den affin zusammenhängenden Raum **windungsfrei.** Der zweidimensionale Riemannsche Raum ist also ein windungsfreier affin zusammenhängender Raum. – Die anschauliche Bedeutung des Begriffes „windungsfrei" mag der Leser z. B. bei RASCHEWSKI [15] nachlesen.

6. Der Riemannsche Raum

Zur Veranschaulichung des Riemannschen Raumes wurde bisher lediglich erwähnt, daß die Fläche im Euklidischen Raum ein zweidimensionaler Riemannscher Raum ist.

Die Definition des Riemannschen Raumes soll vom Begriff der Mannigfaltigkeit ausgehen, den wir ja zu dem Zweck eingeführt haben. Mit anderen Worten: Es soll angegeben werden, welche Spezialisierung die Mannigfaltigkeit zu einem Riemannschen Raum macht. Wesentlich ist offenbar die Metrik, wovon bei der Mannigfaltigkeit keine Rede war. Man setzt also die Existenz eines Metriktensors g_{ij} voraus und definiert:

Es gibt in der n-dimensionalen differenzierbaren Mannigfaltigkeit ein symmetrisches Tensorfeld $g_{ij}(\Theta^1, \Theta^2, \ldots, \Theta^n)$, so daß die Länge l einer Kurve $\Theta^i(t)$ zwischen den Punkten mit den Parameterwerten t_0 und t_1 gegeben wird durch

$$s = \int_{t_0}^{t_1} \sqrt{g_{ij}\,\dot{\Theta}^i\,\dot{\Theta}^j}\,\mathrm{d}t. \tag{7.18}$$

Die mit dieser Metrik ausgestattete Mannigfaltigkeit heißt Riemannscher Raum.

Betrachten wir den affinen Tangentialraum in einem Punkt P. Gegeben seien dort zwei Vektoren $\boldsymbol{u}$ und $\boldsymbol{v}$, die in der Mannigfaltigkeit den Tensoren 1. Stufe u^i und v^i zugeordnet sind:

$$u^i \longleftrightarrow \boldsymbol{u} = u^i\,\boldsymbol{g}_i$$

$$v^i \longleftrightarrow \boldsymbol{v} = v^j\,\boldsymbol{g}_j\,.$$

Mit Hilfe des Metriktensors können wir jetzt der Überschiebung $g_{ij}\,u^i\,v^j$ das Skalarprodukt zuordnen:

$$g_{ij}\,u^i\,v^i \longleftrightarrow \boldsymbol{u}\cdot\boldsymbol{v} = g_{ij}\,u^i\,v^j\,.$$

Damit ist im affinen Tangentialraum eine Euklidische Metrik gegeben. Der affine Tangentialraum wird zum „Euklidischen Tangentialraum“. Mit anderen Worten:

An jedem Punkt eines Riemannschen Raumes kann man einen Euklidischen Tangentialraum anheften*.

Im Beispiel des zweidimensionalen Riemannschen Raumes bedeutet das: Die Basis $\boldsymbol{a}_\alpha(\Theta^1, \Theta^2)$ im Punkt $P(\Theta^1, \Theta^2)$ einer Fläche ist eine Euklidische Vektorbasis in der Tangentialebene in P an die Fläche.

7. Der affine Zusammenhang im Riemannschen Raum

Um die Euklidischen Tangentialräume in verschiedenen Punkten des Riemannschen Raumes miteinander zu verknüpfen, ist es nötig, einen affinen Zusammenhang im Riemannschen Raum zu erklären.

Der Riemannsche Raum sei windungsfrei. Mit der Wahl der Objekte Λ^i_{jk} des Zusammenhangs sind wir deshalb bis auf die Voraussetzung der Symmetrie in den unteren Indizes noch frei. Man wird aber diese Wahl zweckmäßigerweise so treffen, daß die Tangentialräume auf möglichst vernünftige Art zusammenhängen. Wir erinnern uns dazu an die Definition der Parallelverschiebung von Tensoren 1. Stufe in der Mannigfaltigkeit auf Seite 180 und verlangen:

Bei einer unendlich kleinen Parallelverschiebung soll sich die Länge eines Vektors* nicht ändern.

Wir werden sehen, daß diese Forderung bereits die Objekte des Zusammenhangs festlegt. Der betrachtete Vektor im Euklidischen Tangentialraum eines Punktes sei

$$\boldsymbol{u} = u^i \boldsymbol{g}_i \,.$$

Er soll längs der Kurve $\Theta^l(t)$ parallelverschoben werden. Die obige Forderung verlangt

$$\frac{D u^i}{\mathrm{d}t} = u^i|_l \, \dot{\Theta}^l = 0 \tag{7.19}$$

und

$$\frac{\mathrm{d}}{\mathrm{d}t} (g_{ik} u^i u^k) = 0 \,. \tag{7.20}$$

* Man kann deshalb stets einen Tensor 1. Stufe in einem Punkt des Riemannschen Raumes auch Vektor nennen. Gemeint ist dabei der Vektor im zugehörigen Euklidischen Tangentialraum.

Die erste Bedingung drückt gemäß (7.15) die Tatsache aus, daß der Vektor parallelverschoben wird, die zweite Bedingung verlangt, daß sich seine Länge nicht ändert.

Aus (7.19) folgt gemäß (7.10):

$$u^i{}_{,l}\,\dot{\Theta}^l + \Lambda^i_{lr}\,u^r\,\dot{\Theta}^l = 0,$$

oder

$$\dot{u}^i = -\Lambda^i_{lr}\,u^r\,\dot{\Theta}^l. \tag{7.21}$$

Aus (7.20) entsteht:

$$g_{ik,l}\,\dot{\Theta}^l\,u^i\,u^k + g_{ik}\,\dot{u}^i\,u^k + g_{ik}\,u^i\,\dot{u}^k = 0. \tag{7.22}$$

Wir setzen (7.21) in (7.22) ein und erhalten:

$$(g_{ik,l} - \Lambda^r_{il}\,g_{rk} - \Lambda^r_{lk}\,g_{ir})\,u^i\,u^k\,\dot{\Theta}^l = 0.$$

Diese Beziehung soll für beliebigen Vektor u^i und beliebige Koordinaten Θ^l bestehen. Demnach muß gelten

$$g_{ik,l} - \Lambda^r_{il}\,g_{rk} - \Lambda^r_{lk}\,g_{ir} = 0. \tag{7.23}$$

Zyklische Vertauschung der Indizes i, k, l, liefert

$$g_{kl,i} - \Lambda^r_{ki}\,g_{rl} - \Lambda^r_{il}\,g_{kr} = 0$$

und

$$g_{li,k} - \Lambda^r_{lk}\,g_{ri} - \Lambda^r_{ki}\,g_{lr} = 0.$$

Wir addieren die ersten beiden Beziehungen und subtrahieren die letzte. Unter Berücksichtigung der Symmetrie der Λ^r_{ik} in den unteren Indizes entsteht:

$$2\,\Lambda^r_{li}\,g_{rk} = g_{ik,l} + g_{kl,i} - g_{li,k}.$$

Durch Überschieben mit dem kontravarianten Metriktensor g^{kn} folgt daraus:

$$\Lambda^n_{li} = \tfrac{1}{2}\,g^{kn}(g_{ik,l} + g_{kl,i} - g_{li,k}). \tag{7.24}$$

Wir vergleichen (7.24) mit (3.41) und erhalten:

$$\Lambda^i_{jk} = \Gamma^i{}_{jk}. \tag{7.25}$$

Die einzigen symmetrischen Objekte des Zusammenhangs, die die Länge eines parallelverschobenen Vektors ungeändert lassen, sind demnach die Christoffel-Symbole. Von jetzt an fassen wir (7.25) als Definitionsgleichung für den affinen Zusammenhang des Riemannschen Raumes auf. Damit gelten auch im Riemannschen Raum die kovarianten Ableitungen gemäß (3.48), (3.53) und (3.54). Aus (7.23) folgt mit (3.54):

$$g_{ik}|_l = 0. \tag{7.26}$$

Das ist das **Lemma von Ricci:** Die kovarianten Ableitungen des Metriktensors verschwinden.

Das Lemma von RICCI gilt demnach nicht nur in der Flächentheorie gemäß (4.43), sondern allgemein in der Riemannschen Geometrie gemäß (7.26).

Nun noch eine Bemerkung zu den geodätischen Linien: Die geodätischen Linien folgen gemäß der Definitionsgleichung (7.18) der Riemannschen Metrik aus dem Variationsproblem

$$\int_{t_0}^{t_1} \sqrt{g_{ij}\,\dot{\Theta}^i\,\dot{\Theta}^j}\,\mathrm{d}t = \mathrm{Min.} \tag{7.27}$$

Wir vergleichen (7.27) mit dem Variationsproblem (4.45) und stellen fest, daß wir die Herleitung der Differentialgleichungen (4.46) ungeändert übernehmen dürfen. Die geodätischen Linien im Riemannschen Raum sind demnach die Lösungskurven der Differentialgleichungen:

$$\ddot{\Theta}^i + \Gamma^i_{jk}\,\dot{\Theta}^j\,\dot{\Theta}^k = 0. \tag{7.28}$$

8. Der Einbettungssatz

Ein wesentliches Kennzeichen für das Vorhandensein eines Euklidischen Raums ist die Tatsache, daß man stets ein (kartesisches) Koordinatensystem finden kann, in dem sich das Quadrat des Bogenelements durch eine Summe reiner Quadrate der Koordinatendifferentiale ausdrücken läßt:

$$\mathrm{d}s^2 = \sum_{i=1}^{N} (d\,x^i)^2. \tag{7.29}$$

Hierbei ist N die Dimension des Euklidischen Raumes. Für ihn ist der Metriktensor konstant, und die Christoffel-Symbole verschwinden.

Jetzt sei ein n-dimensionaler Riemannscher Raum gegeben mit einem Bogenelement gemäß

$$\mathrm{d}s^2 = g_{\alpha\beta}\,\mathrm{d}\Theta^\alpha\,\mathrm{d}\Theta^\beta \tag{7.30}$$

mit $\alpha, \beta = 1, 2, \ldots, n$.

Wir stellen nun folgende Frage: Wie groß muß die Dimension $N(n)$ eines Euklidischen Raumes sein, damit man in ihn einen n-dimensionalen Riemannschen Raum einbetten kann?

Um diese Frage zu beantworten, muß man offenbar die N Funktionen $x^i(\Theta^1, \Theta^2, \ldots, \Theta^n)$ so bestimmen, daß die Bogenelemente gemäß (7.29) und (7.30) übereinstimmen:

$$\sum_{i=1}^{N} (\mathrm{d}x^i)^2 = g_{\alpha\beta}\, \mathrm{d}\Theta^\alpha\, \mathrm{d}\Theta^\beta \tag{7.31}$$

mit $\alpha, \beta = 1, 2, \ldots, n$.

Zu den Funktionen $x^i(\Theta^\alpha)$ gehören die Differentiale

$$\mathrm{d}x^i = \frac{\partial x^i}{\partial \Theta^\alpha}\, \mathrm{d}\Theta^\alpha. \tag{7.32}$$

Wir setzen (7.32) in (7.31) ein und erhalten

$$\sum_{i=1}^{N} \frac{\partial x^i}{\partial \Theta^\alpha} \frac{\partial x^i}{\partial \Theta^\beta}\, \mathrm{d}\Theta^\alpha\, \mathrm{d}\Theta^\beta = g_{\alpha\beta}\, \mathrm{d}\Theta^\alpha\, \mathrm{d}\Theta^\beta$$

oder

$$\sum_{i=1}^{N} \frac{\partial x^i}{\partial \Theta^\alpha} \frac{\partial x^i}{\partial \Theta^\beta} = g_{\alpha\beta}\,. \tag{7.33}$$

Das sind offenbar so viele Differentialgleichungen für die Funktionen $x^i(\Theta^\alpha)$, wie der Tensor $g_{\alpha\beta}$ Komponenten hat. Wegen der Symmetrie von $g_{\alpha\beta}$ gibt es folgende Komponenten:

$$\begin{array}{ccccc} g_{11} & g_{12} & g_{13} & \cdots & g_{1n} \\ & g_{22} & g_{23} & \cdots & g_{2n} \\ & & g_{33} & \cdots & g_{3n} \\ & & & & \vdots \\ & & & & g_{nn}\,. \end{array}$$

Ihre Anzahl z ist

$$z = 1 + 2 + \cdots + n = \frac{n(n+1)}{2}.$$

Wir erhalten also

$$z = \frac{n(n+1)}{2}$$

Differentialgleichungen für die N Funktionen $x^i(\Theta^\alpha)$.

Jetzt müßte ein Existenzbeweis geführt, d. h. gezeigt werden, daß die Lösungen $x^i(\Theta^\alpha)$ der Differentialgleichungen (7.33) existieren und eindeutig sind. Sofern sich das nachweisen läßt, muß gelten

$$N = \frac{n(n+1)}{2}$$

oder auch

$$N > \frac{n(n+1)}{2}.$$

Wir setzen im obigen Sinne „gutartige“ Fälle voraus. Der **Einbettungssatz** lautet dann: **Ein n-dimensionaler Riemannscher Raum läßt sich lokal* in einem N-dimensionalen Euklidischen Raum einbetten, wenn**

$$N \geqq \frac{n(n+1)}{2}. \tag{7.34}$$

Beispiele:

Der 2-dimensionale Riemannsche Raum läßt sich lokal im 3-dimensionalen Euklidischen Raum einbetten. Das ist uns von der „Fläche im Raum“ her bekannt.

Der 3-dimensionale Riemannsche Raum läßt sich lokal im 6-dimensionalen Euklidischen Raum einbetten (im allgemeinen also **nicht** im 4-dimensionalen).

9. Der Riemannsche Krümmungstensor

Gemäß (4.56) und (4.56a) hatten wir für die im Euklidischen Raum eingebettete Fläche bereits den Riemannschen Krümmungstensor eingeführt. Auf dieselbe Weise definiert man auch für den mehrdimensionalen Riemannschen Raum einen Riemannschen Krümmungstensor $R^l{}_{ijk}$, nämlich durch die Differenz der gemischten zweiten kovarianten Ableitungen eines Tensors 1. Stufe t_i:

$$t_i|_{jk} - t_i|_{kj} = R^l{}_{ijk}\, t_l. \tag{7.35}$$

Genauso wie auf Seite 121 und 122 läßt sich dann zeigen, daß sich der Riemannsche Krümmungstensor durch die Objekte des Zusammenhangs und deren partielle Ableitungen darstellen läßt:

$$R^l{}_{ijk} = \Gamma^l_{ik,j} - \Gamma^l_{ij,k} + \Gamma^m_{ik}\Gamma^l_{mj} - \Gamma^m_{ij}\Gamma^l_{mk} \tag{7.36}$$

Die Symmetrie- und Antisymmetriebeziehungen (4.55) gelten auch hier.

Im zweidimensionalen Riemannschen Raum hängt der Krümmungstensor gemäß (4.58) mit dem Gaußschen Krümmungsmaß K zusammen. Der Name „Krümmungstensor“ ist also bereits gerechtfertigt. Trotzdem ist es von Vorteil, noch eine wichtige geometrische Bedeutung des Riemannschen Krümmungstensors zu erwähnen.

* Unter **lokaler** Einbettung versteht man die Einbettung infinitesimaler Bogenstücke, von der ja bei uns die Rede war. Bei der Einbettung des ganzen Riemannschen Raumes im Euklidischen spricht man von **globaler** Einbettung. Die Fragen der globalen Einbettbarkeit sind viel schwieriger zu beantworten.

Zu dem Zweck denken wir uns ein „Elementarparallelogramm" im Riemannschen Raum (Abb. 30). Seine Gegenseiten sind durch Parameterlinien mit den Parametern t und τ gegeben. Wir bezeichnen partielle Ableitungen nach t durch einen Punkt, nach τ durch einen Strich.

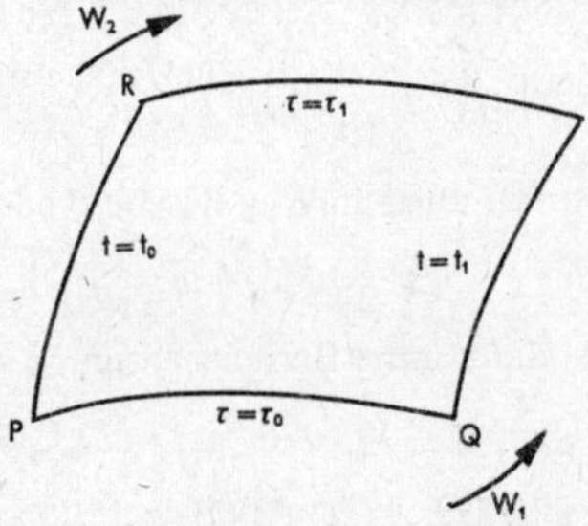

Abb. 30: Elementarparallelogramm

Ein Vektor u^l (des Tangentialraums) im Punkt P soll längs zweier verschiedener Wege W_1 und W_2 in den Punkt S parallelverschoben werden. Beginnen wir mit der Verschiebung des Vektors u^l längs des Weges W_1. Wir wollen zunächst den nach Q verschobenen Vektor $u^l(Q)$ durch den ursprünglichen Vektor $u^l(P)$ in P ausdrücken. Dabei schreiben wir immer statt $u^l(P)$ nur u^l. Näherungsweise erhält man mit einer abbrechenden Taylor-Reihe:

$$u^l(Q) = u^l + \dot{u}^l\,\mathrm{d}t = u^l + u^l_{,m}\,\dot{\Theta}^m\,\mathrm{d}t. \tag{7.37}$$

Weil der Vektor u^l parallelverschoben wurde, gelten für ihn die Differentialgleichungen (7.16):

$$u^i|_j\,\dot{\Theta}^j\,\mathrm{d}t = 0,$$

oder mit (7.10)

$$u^l_{,m}\,\dot{\Theta}^m\,\mathrm{d}t = -\Gamma^l_{mr}\,u^r\,\dot{\Theta}^m\,\mathrm{d}t.$$

Das setzt man in (7.37) ein. Im Punkt Q haben wir also den parallelverschobenen Vektor

$$u^l(Q) = u^l - \Gamma^l_{mr}\,u^r\,\dot{\Theta}^m\,\mathrm{d}t. \tag{7.38}$$

Nun wird der Vektor weiter parallelverschoben in den Punkt S. Auf entsprechende Weise wie vorher entsteht mit der abbrechenden Taylor-Reihe:

$$u^l(S) = u^l(Q) + u'^l(Q)\,\mathrm{d}\tau. \tag{7.39}$$

Wir setzen (7.38) in (7.39) ein und erhalten

$$u^l(S) = u^l - \Gamma^l_{mr}\, u^r\, \dot{\Theta}^m\, \mathrm{d}t - \frac{\partial}{\partial\tau}\,(u^l - \Gamma^l_{mr}\, u^r\, \dot{\Theta}^m\, \mathrm{d}t)\, \mathrm{d}\tau. \tag{7.40}$$

Hierin gilt wieder wegen der Parallelverschiebung:

$$\frac{\partial u^l}{\partial\tau} = u^l{}_{,m}\, \overset{\prime}{\Theta}{}^m = -\Gamma^l_{mr}\, u^r\, \overset{\prime}{\Theta}{}^m \tag{7.41}$$

Der Zuwachs des Vektors u^l auf dem Weg W_1 von P nach S ist

$$\Delta_1\, u^l = u^l(S) - u^l.$$

Mit (7.40) gewinnen wir dafür unter Berücksichtigung von (7.41):

$$\begin{aligned}\Delta_1\, u^l = {} & -\Gamma^l_{mr}\, u^r\, \dot{\Theta}^m\, \mathrm{d}t - \Gamma^l_{mr}\, u^r\, \overset{\prime}{\Theta}{}^m\, \mathrm{d}\tau + (\Gamma^l_{mr,s}\, u^r\, \dot{\Theta}^m\, \overset{\prime}{\Theta}{}^s \\ & - \Gamma^l_{mr}\, \Gamma^r_{st}\, u^t\, \dot{\Theta}^m\, \overset{\prime}{\Theta}{}^s + \Gamma^l_{mr}\, u^r\, \dot{\overset{\prime}{\Theta}}{}^m)\, \mathrm{d}\tau\, \mathrm{d}t.\end{aligned} \tag{7.42}$$

Das ist der Zuwachs $\Delta_1\, u^l$ auf dem Weg W_1. Um den Zuwachs $\Delta_2\, u^l$ auf dem Weg W_2 zu erhalten, brauchen wir nur die Differentiationen (Punkt und Strich) zu vertauschen.

Der gesamte Zuwachs des Vektors $\Delta\, u^l$ bei Parallelverschiebung längs der geschlossenen Kurve von P über Q, S, R zurück nach P ist dann offensichtlich

$$\Delta\, u^l = \Delta_1\, u^l - \Delta_2\, u^l. \tag{7.43}$$

Wie man sieht, fallen bei dieser Differenzbildung in (7.42) die ersten beiden Glieder und das letzte Glied weg. Es bleibt

$$\begin{aligned}\Delta\, u^l = {} & (\Gamma^l_{mr,s}\, u^r - \Gamma^l_{mr}\, \Gamma^r_{st}\, u^t)\, \dot{\Theta}^m\, \overset{\prime}{\Theta}{}^s\, \mathrm{d}t\, \mathrm{d}\tau \\ & - (\Gamma^l_{mr,s}\, u^r - \Gamma^l_{mr}\, \Gamma^r_{st}\, u^t)\, \overset{\prime}{\Theta}{}^m\, \dot{\Theta}^s\, \mathrm{d}t\, \mathrm{d}\tau.\end{aligned}$$

Durch Vertauschung von m und s im zweiten Bestandteil und wegen der Symmetrie der Christoffelsymbole entsteht daraus

$$\Delta\, u^l = (\Gamma^l_{rm,s} - \Gamma_{rs,m} + \Gamma^l_{sk}\, \Gamma^k_{mr} - \Gamma^l_{mk}\, \Gamma^k_{sr})\, u^r\, \dot{\Theta}^m\, \overset{\prime}{\Theta}{}^s\, \mathrm{d}t\, \mathrm{d}\tau,$$

oder durch Vergleich mit (7.36):

$$\Delta\, u^l = -R^l{}_{rms}\, u^r\, \dot{\Theta}^m\, \overset{\prime}{\Theta}{}^s\, \mathrm{d}t\, \mathrm{d}\tau. \tag{7.44}$$

Was bedeutet dieses Ergebnis? Wir verschieben einen Vektor u^l von einem Punkt P parallel längs eines geschlossenen infinitesimalen Parallelogramms. Dabei bleibt der Vektor u nicht erhalten, sondern erleidet einen Zuwachs $\Delta\, u^l$, der gemäß (7.44) vom Riemannschen Krümmungstensor abhängt. Man kann dasselbe nicht nur für ein Elementarparallelogramm, sondern auch für eine beliebige geschlossene Kurve zeigen.

Der Riemannsche Krümmungstensor ist demnach verantwortlich für die Änderung des Vektors u^l bei der Parallelverschiebung längs einer geschlossenen Kurve.

Diese Deutung ist geometrisch anschaulich und auch plausibel, denn je stärker die „Krümmung des Raumes" ist, um so mehr muß sich ein Vektor bei der Parallelverschiebung ändern.

Nun sei noch eine Bemerkung zum **Euklidischen Raum** gemacht: In diesem Spezialfall muß ein längs einer geschlossenen Kurve parallelverschobener Vektor in sich selbst übergehen. Es muß also gelten:

$$\Delta u^l = 0.$$

Weil das für beliebige Vektoren u^r und beliebige Wege gelten soll, folgt aus (7.44):

$$R^l{}_{rms} = 0.$$

Wir erhalten also auch hier dasselbe Ergebnis wie auf Seite 122: Im Euklidischen Raum verschwindet der Krümmungstensor.

10. Anwendungen in der analytischen Dynamik

Die Grundlage der analytischen Mechanik ist das Hamiltonsche Prinzip. Für die Kontinuumsmechanik hatten wir es in der Form (5.65) aufgeschrieben:

$$\delta \int_{t_0}^{t_1} (T - \prod) \, \mathrm{d}t = 0. \qquad (7.45)$$

Wir hatten es dort mit einem dreidimensionalen Kontinuum von Massenpunkten zu tun. Die kinetische Energie T und die potentielle Energie $\prod$ waren deshalb dreifache Integrale über dem dreidimensionalen Euklidischen Raum. Der Leser mag sich z. B. an (5.61) erinnern.

Wir wollen uns jetzt mit der Punktmechanik befassen, d. h. mit der Dynamik einzelner Massenpunkte. Die Energie-Ausdrücke T und $\prod$ werden dann einfacher: Sie stellen sich nicht mehr als Integrale dar, sondern als Summen. Die einzige Integration wird über die Zeit t ausgeführt. Beginnen wir mit der kinetischen Energie. Eine Masse m mit der Geschwindigkeit v hat die kinetische Energie

$$T = \tfrac{1}{2} m v^2.$$

Diese Masse m habe den Ortsvektor $\boldsymbol{x}$. Dann ist

$$v^2 = \frac{\mathrm{d}\boldsymbol{x}}{\mathrm{d}t} \cdot \frac{\mathrm{d}\boldsymbol{x}}{\mathrm{d}t} = \dot{\boldsymbol{x}} \cdot \dot{\boldsymbol{x}}$$

und

$$T = \tfrac{1}{2} m (\dot{\boldsymbol{x}})^2.$$

Das ist die kinetische Energie eines Massenpunktes. Nun seien N Massenpunkte gegeben, die sich unabhängig voneinander bewegen. Ihre Energie ist dann

$$T = \sum_{k=1}^{N} \tfrac{1}{2} m_k (\dot{x}_k)^2 . \tag{7.46}$$

Wir gehen nun auf **generalisierte Koordinaten** q^i über, die wir bereits auf Seite 174 erwähnt haben. Bei n **Freiheitsgraden** haben wir n generalisierte Koordinaten q^i mit $i = 1, 2, \dots n$. Demnach hängen die Ortsvektoren $\boldsymbol{x}_k$ von den Koordinaten q^i ab:

$$\boldsymbol{x}^k = \boldsymbol{x}^k(q^1, q^2, \dots q^n).$$

Daraus folgt:

$$\dot{x}^k = \frac{\partial \dot{x}_k}{\partial q^i} \dot{q}^i .$$

Das führen wir in (7.46) ein:

$$T = \frac{1}{2} \sum_{k=1}^{N} m_k \frac{\partial \boldsymbol{x}_k}{\partial q^i} \cdot \frac{\partial \boldsymbol{x}_k}{\partial q^j} \dot{q}^i \dot{q}^j . \tag{7.47}$$

Durch die n generalisierten Koordinaten q^i ist das mechanische Problem in einer n-dimensionalen differenzierbaren Mannigfaltigkeit formuliert, wobei q^i die Koordinaten der Mannigfaltigkeit sind.

Durch Vergleich von (7.47) mit (7.18) werden wir erkennen, daß man in der Mannigfaltigkeit eine Metrik einführen kann. Dazu definieren wir einen Metriktensor

$$g_{ij}(q^k) = \sum_{k=1}^{N} m_k \frac{\partial \boldsymbol{x}_k}{\partial q^i} \cdot \frac{\partial \boldsymbol{x}_k}{\partial q^j} . \tag{7.48}$$

Das ist eine positive symmetrische quadratische Form, was wir von einem Metriktensor verlangen. Es handelt sich um ein Skalarprodukt Euklidischer Vektoren. Mit (7.48) entsteht aus (7.47):

$$2\,T = g_{ij} \dot{q}^i \dot{q}^j . \tag{7.49}$$

Wir definieren nun in unserer Mannigfaltigkeit ein Bogenelement ds durch

$$\mathrm{d}s^2 = 2\,T\,\mathrm{d}t^2 = g_{ij} \dot{q}^i \dot{q}^j \,\mathrm{d}t^2 . \tag{7.50}$$

Es hat denselben Aufbau wie das Bogenelement von (7.18). Vermöge (7.50) ist unserer Mannigfaltigkeit eine Riemannsche Metrik aufgeprägt. Unser mechanisches Problem wird damit zu einem Problem der Riemannschen Geometrie. Das Bogenelement ds aus (7.50) heißt **kinematisches Linienelement.**

Nun kommen wir zur potentiellen Energie $\prod$. Liegt ein konservatives System vor, d. h. haben die Massenkräfte ein Potential, so kann man die (generalisierten) Kräfte P_i aus dem Potential $\prod$ wie folgt herleiten:

$$P_i = -\frac{\partial \prod}{\partial q^i}. \tag{7.51}$$

Das Potential $\prod$ hängt nicht von den $\dot{q}^i$ ab, sondern nur von den Koordinaten q^i:

$$\prod = \prod(q^1, q^2, \ldots, q^n). \tag{7.52}$$

Wir setzen nun (7.49) und (7.52) in (7.45) ein. Das Hamiltonsche Prinzip besagt dann:

$$\delta \int_{t_0}^{t_1} L(q^i, \dot{q}^i)\,\mathrm{d}t = 0 \tag{7.53}$$

mit der Lagrangefunktion

$$L = \tfrac{1}{2}\, g_{ij}(q^k)\, \dot{q}^i \dot{q}^j - \prod(q^k). \tag{7.54}$$

Für das Variationsproblem (7.53) lauten die Euler-Lagrangeschen Differentialgleichungen:

$$\frac{\mathrm{d}}{\mathrm{d}t}\frac{\partial L}{\partial \dot{q}^k} - \frac{\partial L}{\partial q^k} = 0. \tag{7.55}$$

Wir setzen die Lagrangefunktion (7.54) ein und erhalten unter Berücksichtigung von (7.51):

$$\frac{\mathrm{d}}{\mathrm{d}t}(g_{ik}\dot{q}^i) - \tfrac{1}{2}\frac{\partial g_{ij}}{\partial q^k}\dot{q}^i \dot{q}^j - P_k = 0.$$

Daraus folgt bei geeigneter Umordnung:

$$g_{ik}\ddot{q}^i + \tfrac{1}{2}(g_{ik,j} + g_{kj,i} - g_{ij,k})\,\dot{q}^i \dot{q}^j - P_k = 0.$$

Durch Überschieben mit g^{kl} entsteht daraus gemäß (7.24):

$$\ddot{q}^l + \Gamma^l_{ij}\dot{q}^i \dot{q}^j = g^{kl} P_k. \tag{7.56}$$

Unter Anwendung von (3.57) darf man dafür schreiben:

$$\frac{D\dot{q}^l}{\mathrm{d}t} = g^{kl} P_k. \tag{7.56a}$$

Das sind die **Bewegungsgleichungen der Punktdynamik.** Bei Abwesenheit äußerer Kräfte ($P_k = 0$) folgen aus (7.56) die Bewegungsgleichungen:

$$\ddot{q}^l + \Gamma^l_{ij}\dot{q}^i \dot{q}^j = 0. \tag{7.57}$$

Gemäß (7.28) sind das die Differentialgleichungen der geodätischen Linien des Riemannschen Raumes. Im Spezialfall der Abwesenheit äußerer Kräfte wird unser mechanisches Problem demnach zurückgeführt auf die Bestimmung von geodätischen Linien im Riemannschen Raum.

Betrachten wir das Beispiel eines beweglichen Massenpunktes auf einer Fläche. Er hat zwei Freiheitsgrade. Als generalisierte Koordinaten kann man die Gaußschen Flächenparameter der Fläche wählen. Das Ergebnis (7.57) besagt dann, daß sich ein auf einer Fläche beweglicher Massenpunkt, der ohne Einwirkung äußerer Kräfte bleibt, längs geodätischer Linien fortbewegt. Das ist eine Verallgemeinerung des **Newtonschen Trägheitsgesetzes.**

LITERATUR

[1] L. BRILLOUIN: Tensors in Mechanics and Elasticity. Academic Press, New York/London 1964

[2] A. DUSCHEK u. A. HOCHRAINER: Grundzüge der Tensorrechnung in analytischer Darstellung, 3 Bände. Springer-Verlag, Wien 1955

[3] W. J. GIBBS: Tensors in electrical Machine Theory. Chapman & Hall, London 1952

[4] A. E. GREEN u. W. ZERNA: Theoretical Elasticity. At the Clarendon Press, Oxford 1960

[5] W. HAACK: Differential-Geometrie, Band 2. Wolfenbütteler Verlagsanstalt GmbH, Wolfenbüttel/Hannover 1948

[6] S. KÄSTNER: Vektoren, Tensoren, Spinoren. Akademie-Verlag, Berlin 1960

[7] E. KREYSZIG: Differentialgeometrie. Akademische Verlagsgesellschaft, Leipzig 1957

[8] K. KONDO: RAAG: Memoirs of the unifying Study of the Basic Problems in engineering Sciences by means of Geometry, 3 Bände. Gakujutsu Bunken Fukyu-Kai, Tokio 1955

[9] D. LAUGWITZ: Differentialgeometrie. B. G. Teubner Verlagsgesellschaft, Stuttgart 1960

[10] T. LEVI-CIVITA: Der absolute Differentialkalkül. Julius Springer-Verlag, Berlin 1928

[11] A. LICHNEROWICZ: Elements of Tensor Calculus. Methuen-Wiley, London/New York 1962

[12] E. LOHR: Vektor- und Dyadenrechnung. Walter de Gruyter-Verlag, Berlin 1950

[13] A. J. MCCONNELL: Application of Tensor Analysis. Dover Publications, Inc., New York 1957

[14] A. S. PETROW: Einstein-Räume. Akademie-Verlag, Berlin 1964

[15] P. K. RASCHEWSKI: Riemannsche Geometrie und Tensor-Analysis. VEB Deutscher Verlag der Wissenschaften, Berlin 1959

[16] H. REICHARDT: Vorlesungen über Vektor- und Tensorrechnung. Deutscher Verlag der Wissenschaften, Berlin 1957

[17] J. A. SCHOUTEN: Ricci-Calculus. Springer-Verlag, Berlin/Göttingen/Heidelberg 1954

[18] J. A. SCHOUTEN: Tensor Analysis for Physicists. At the Clarendon Press, Oxford 1951

[19] H. TEICHMANN: Physikalische Anwendungen der Vektor- und Tensorrechnung. BI-Hochschultaschenbücher Band 39/39a, Bibliographisches Institut AG, Mannheim 1963

[20] T. Y. THOMAS: Concepts from Tensor Analysis and Differential Geometry. Academic Press, New York/London 1965

[21] H. WEYL: Raum–Zeit–Materie, Vorlesungen über Allgemeine Relativitätstheorie. Julius Springer-Verlag, Berlin 1923

NAMEN- UND SACHVERZEICHNIS

Weitere Bücher zu verwandten Themen aus dem B.I.-Wissenschaftsverlag

Czerwenka, G./W. Schnell
Einführung in die Rechenmethoden des Leichtbaus
Band I
193 Seiten mit Abb. 1967.
B. I. Hochschultaschenbuch 124
Band II
175 Seiten mit Abb. 1970.
B. I. Hochschultaschenbuch 125
I: Einführung in die Spannungsverteilung im dünnwandigen Träger bei drillfreier Biegung und biegefreier Drillung.
II: Stabilität dünnwandiger Stäbe, Flächentragwerke, Schalen, Krafteinleitungsprobleme.
Prof. Dr.-Ing. Gerhard Czerwenka, Techn. Universität München, Prof. Dr. Walter Schnell, Techn. Hochschule Darmstadt.

Klingbeil, E.
Tensorrechnung für Ingenieure
197 Seiten mit Abb. 1966.
B. I. Hochschultaschenbuch 197
Elementare Einführung unter Umgehung der Differentialgeometrie, mit Beispielen aus der Mechanik.
Dr. Eberhard Klingbeil, Techn. Hochschule Darmstadt.

Lippmann, H.
Schwingungslehre
264 Seiten mit Abb. 1968.
B. I. Hochschultaschenbuch 189
Einführendes Lehrbuch, das vorwiegend auf der Methode der Laplace-Transformation beruht. Für Studenten der Ingenieurwissenschaften nach dem Vordiplom.
Prof. Dr. Horst Lippmann, Techn. Universität Braunschweig.

MacFarlane, A. G. J.
Analyse technischer Systeme
312 Seiten mit Abb. 1967. Aus dem Englischen.
B. I. Hochschultaschenbuch 81
Einheitliche Darstellung der Theorie dynamischer Systeme mit Hilfe des Linearen Vektorraums für Studenten höherer Semester.
A. G. J. MacFarlane, B. Sc., Ph. D., University of London.

Mahrenholtz, O.
Analogrechnen in Maschinenbau und Mechanik
208 Seiten mit Abb. 1968.
B. I. Hochschultaschenbuch 154
Einführung in die Funktionsweise des Analogrechnens und viele explizite Beispiele für seine Anwendung in der Kontinuumsmechanik, bei dynamischen Vorgängen u. a.
Prof. Dr. Oskar Mahrenholtz, Techn. Universität Hannover.

Bücher über Programmiersprachen aus dem B.I.-Wissenschaftsverlag

Müller, D.
Programmierung elektronischer Rechenanlagen
249 Seiten mit 26 Abbildungen. 3., wesentlich erweiterte Aufl. 1969. B. I. Hochschultaschenbuch 49
Rechenanalysen, Flußdiagramme, ALGOL, FORTRAN, PL/1, spezielle Eigenschaften der verschiedenen Compiler
Prof. Dr. Dieter Müller, Technische Universität Hannover.

Alefeld, G./J. Herzberger/ O. Mayer
Einführung in das Programmieren mit ALGOL 60
164 Seiten. 1972. B. I. Hochschultaschenbuch 777
Mit Programmbeispielen und Aufgaben. Formale Definition von ALGOL 60 im Anhang.
Dr. Götz Alefeld, Dr. Jürgen Herzberger, Dr. Otto Mayer, Universität Karlsruhe.

Mell, W.-D./P. Preus/ P. Sandner
Einführung in die Programmiersprache PL/1
304 Seiten. 1974. B. I. Hochschultaschenbuch 785
Der Schwerpunkt dieser Einführung liegt bei den über ALGOL und FORTRAN hinausgehenden numerischen Möglichkeiten und den nichtnumerischen Anwendungsbereichen von PL/1.
Wolf-Dieter Mell, Peter Preus, Dr. Peter Sandner, Universität Heidelberg.

Rohlfing, H.
SIMULA
243 Seiten mit Abbildungen. 1973. B. I. Hochschultaschenbuch 747
Einführung in eine neue leistungsfähige Programmiersprache.
Dipl.-Math. Helmut Rohlfing, Universität Karlsruhe.

Breuer, H.
Algol-Fibel
120 Seiten mit Abbildungen. 1973. B. I. Hochschultaschenbuch 506

Breuer, H.
Fortran-Fibel
85 Seiten mit Abbildungen. 1969. B. I. Hochschultaschenbuch 204

Breuer, H.
PL/1-Fibel
106 Seiten. 1973. B. I. Hochschultaschenbuch 552
Drei „Kochbücher" mit elementaren Grundlagen der jeweiligen Programmsprache. Gleicher Aufbau der drei Bände ermöglicht den Vergleich äquivalenter Anweisungen.
Prof. Dr. Hans Breuer, State College, California, USA.

Die wissenschaftlichen Veröffentlichungen aus dem Bibliographischen Institut

B. I.-Hochschultaschenbücher, Einzelwerke und Reihen

Mathematik, Physik, Astronomie, Chemie, Ingenieurwissenschaft, Philosophie, Literatur, Sprache, Geographie, Geologie, Völkerkunde

B·I·
Wissenschaftsverlag
Bibliographisches Institut

Inhaltsverzeichnis

Sachgebiete

Reihen

Stand: 1. November 1974

Mathematik

Aitken, A. C.: Determinanten und Matrizen. 142 S. mit Abb. 1969. (Bd. 293)

Alefeld, G./J. Herzberger/O. Mayer: Einführung in das Programmieren mit ALGOL 60. 164 S. 1972. (Bd. 777)

Aumann, G.: Höhere Mathematik.
Band I: Reelle Zahlen, Analytische Geometrie, Differential- und Integralrechnung. 243 S. mit Abb. 1970. (Bd. 717)
Band II: Lineare Algebra, Funktionen mehrerer Veränderlicher. 170 S. mit Abb. 1970. (Bd. 718)
Band III: Differentialgleichungen. 174 S. 1971. (Bd. 761)

Bachmann, F./E. Schmidt: *n*-Ecke. 199 S. 1970. (Bd. 471)

Bauer, F. W.: Homotopietheorie. 368 S. 1971. (Bd. 475)

Behrens, E. A.: Ringtheorie. Etwa 290 S. 1974. (Wv)

Berz, E.: Verallgemeinerte Funktionen und Operatoren. 233 S. 1967. (Bd. 122)

Böhmer, K./G. Meinardus/W. Schempp (Hrsg.): Spline-Funktionen. Vorträge und Aufsätze. 415 S. 1974. (Wv)

Brandt, S.: Statistische Methoden der Datenanalyse. 267 S. 1968. (Bd. 816)

Breuer, H.: Algol-Fibel. 120 S. mit Abb. 1973. (Bd. 506)

Breuer, H.: Fortran-Fibel. 85 S. mit Abb. 1969. (Bd. 204)

Breuer, H.: PL/I-Fibel. 106 S. 1973. (Bd. 552)

Brosowski, B.: Nicht-lineare Tschebyscheff-Approximation. 153 S. 1968. (Bd. 808)

Brunner, G.: Homologische Algebra. 213 S. 1973. (Wv)

Bundke, W.: 12stellige Tafel der Legendre-Polynome. 352 S. 1967. (Bd. 320)

Cartan, H.: Differentialformen. 250 S. 1974. (Wv)

Cartan, H.: Differentialrechnung. 236 S. 1974. (Wv)

Cartan, H.: Elementare Theorie der analytischen Funktionen einer oder mehrerer komplexen Veränderlichen. 236 S. mit Abb. 1966. (Bd. 112)

Degen, W./K. Böhmer: Gelöste Aufgaben zur Differential- und Integralrechnung.
Band I: Eine reelle Veränderliche. 254 S. 1971. (Bd. 762)
Band II: Mehrere reelle Veränderliche. 111 S. 1971. (Bd. 763)

Dinghas, A.: Einführung in die Cauchy-Weierstraß'sche Funktionentheorie. 114 S. 1968. (Bd. 48)

Dombrowski, P.: Differentialrechnung I und Abriß der Linearen Algebra. 271 S. mit Abb. 1970. (Bd. 743)

Elsgolc, L. E.: Variationsrechnung. 157 S. mit Abb. 1970. (Bd. 431)

Eltermann, H.: Grundlagen der praktischen Matrizenrechnung. 128 S. mit Abb. 1969. (Bd. 434)

Erwe, F.: Differential- und Integralrechnung.
Band I: Differentialrechnung. 364 S. mit Abb. 1962. (Bd. 30)
Band II: Integralrechnung. 197 S. mit Abb. 1973. (Bd. 31)

Erwe, F.: Gewöhnliche Differentialgleichungen. 152 S. mit 11 Abb. 1964. (Bd. 19)

Erwe F./E. Peschl: Partielle Differentialgleichungen erster Ordnung. 133 S. 1973. (Bd. 87)

Gericke, H.: Geschichte des Zahlbegriffs. 163 S. mit Abb. 1970. (Bd. 172)

Gericke, H.: Theorie der Verbände. 174 S. mit Abb. 1963. (Bd. 38)

Gröbner, W.: Algebraische Geometrie.
Band I: Allgemeine Theorie der kommutativen Ringe und Körper. 193 S. 1968. (Bd. 273)
Band II: Arithmetische Theorie der Polynomringe. XI, 269 S. 1970. (Bd. 737)

Gröbner, W.: Matrizenrechnung. 276 S. mit Abb. 1966. (Bd. 103)

Gröbner, W./H. Knapp: Contributions to the Method of Lie Series. In englischer Sprache. 265 S. 1967. (Bd. 802)

Gröbner, W./P. Lesky: Mathematische Methoden der Physik.
Band I: 164 S. 1964. (Bd. 89)

Grotemeyer, K. P./E. Letzner/R. Reinhardt: Topologie. 187 S. mit Abb. 1969. (Bd. 836)

Grotemeyer, K. P./L. Tschampel: Lineare Algebra. 237 S. 1970. (Bd. 732)

Gundlach, K.-B.: Einführung in die Zahlentheorie. 311 S. 1972. (Bd. 772)

Gunning, R. C.: Vorlesungen über Riemannsche Flächen. 276 S. 1972. (Bd. 837)

Hämmerlin, G.: Numerische Mathematik.
Band I: 194 S. 1970. (Bd. 498)

Hardtwig, E.: Fehler- und Ausgleichsrechnung. 262 S. mit Abb. 1968. (Bd. 262)

Heesch, H.: Untersuchungen zum Vierfarbenproblem. 290 S. mit Abb. 1969. (Bd. 810)

Heil, E.: Differentialformen. 207 S. 1974. (Wv)

Hellwig, G.: Höhere Mathematik. Band I/1. Teil: Zahlen, Funktionen, Differential- und Integralrechnung einer unabhängigen Variablen. 284, IX S. 1971. (Bd. 553)
Band I/2. Teil: Theorie der Konvergenz, Ergänzungen zur Integralrechnung, das Stieltjes-Integral. 137 S. 1972. (Bd. 560)

Hengst, M.: Einführung in die mathematische Statistik und ihre Anwendung. 259 S. mit Abb. 1967. (Bd. 42)

Henze, E.: Einführung in die Maßtheorie. 235 S. 1971. (Bd. 505)

Hirzebruch, F./W. Scharlau: Einführung in die Funktionalanalysis. 178 S. 1971. (Bd. 296)

Holmann, H.: Lineare und multilineare Algebra. Band I: 212 S. 1970. (Bd. 173)

Holmann, H./H. Rummler: Alternierende Differentialformen. 257 S. 1972. (Wv)

Hoschek, J.: Liniengeometrie. VI, 263 S. mit Abb. 1971. (Bd. 733)

Hoschek, J.: Mathematische Grundlagen der Kartographie. 167 S. mit Abb. 1969. (Bd. 443)

Hoschek, J./G. Spreitzer: Aufgaben zur Darstellenden Geometrie. 229 S. mit Abb. 1974. (Wv)

Hotz, G./V. Claus: Automatentheorie und formale Sprachen III: Formale Sprachen. 241 S. 1972. (Bd. 823)

Hotz, G./H. Walter: Automatentheorie und formale Sprachen I: Turingmaschinen und rekursive Funktionen. 184 S. 1968. (Bd. 821)

Ince, E. L.: Die Integration gewöhnlicher Differentialgleichungen. 180 S. 1965. (Bd. 67)

Jordan-Engeln, G./F. Reutter: Numerische Mathematik für Ingenieure. XIII, 352 S. mit Abb. 1973. (Bd. 104)

Kaiser, R./G. Gottschalk: Elementare Tests zur Beurteilung von Meßdaten. 68 S. 1972. (Bd. 774)

Kastner, G.: Einführung in die Mathematik für Naturwissenschaftler. 212 S. 1971. (Bd. 752)

Klingenberg, W./P. Klein: Lineare Algebra und analytische Geometrie. Band I: Grundbegriffe, Vektorräume. XII, 288 S. 1971. (Bd. 748)
Band II: Determinanten, Matrizen, Euklidische und unitäre Vektorräume. XVIII, 404 S. 1972. (Bd. 749)

Klingenberg, W./P. Klein: Lineare Algebra und analytische Geometrie-Übungen zu Band I u. II. VIII, 172 S. 1973. (Bd. 750)

Kropp, G.: Vorlesungen über Geschichte der Mathematik. 194 S. mit Abb. 1969. (Bd. 413)

La Salle, J./S. Lefschetz: Die Stabilitätstheorie von Ljapunow – Die direkte Methode mit Anwendungen. 121 S. mit Abb. 1967. (Bd. 194)

Laugwitz, D.: Ingenieurmathematik. Band I: Zahlen, analytische Geometrie, Funktionen. 158 S. mit Abb. 1964. (Bd. 59)
Band II: Differential- und Integralrechnung. 152 S. mit Abb. 1964. (Bd. 60)
Band III: Gewöhnliche Differentialgleichungen. 141 S. 1964. (Bd. 61)

Band IV: Fourier-Reihen, verallgemeinerte Funktionen, mehrfache Integrale, Vektoranalysis, Differentialgeometrie, Matrizen, Elemente der Funktionalanalysis. 196 S. mit Abb. 1967. (Bd. 62)
Band V: Komplexe Veränderliche. 158 S. mit Abb. 1965. (Bd. 93)

Laugwitz, D./C. Schmieden: Aufgaben zur Ingenieurmathematik. 182 S. 1966. (Bd. 95)

Laugwitz, D./H.-J. Vollrath: Schulmathematik vom höheren Standpunkt.
Band I: 195 S. mit Abb. 1969. (Bd. 118)

Lebedew, N. N.: Spezielle Funktionen und ihre Anwendung. 372 S. mit Abb. 1973. (Wv)

Lenz, H.: Nichteuklidische Geometrie. 235 S. mit Abb. 1967. (Bd. 123)

Lichnerowicz, A.: Einführung in die Tensoranalysis. 157 S. 1966. (Bd. 77)

Lighthill, M. J.: Einführung in die Theorie der Fourieranalysis und der verallgemeinerten Funktionen. 96 S. mit Abb. 1966 (Bd. 139)

Lingenberg, R.: Lineare Algebra. 161 S. mit Abb. 1969. (Bd. 828)

Lorenzen, P.: Metamathematik. 173 S. 1962. (Bd. 25)

Martensen, E.: Analysis.
Band I: Infinitesimalrechnung für Funktionen einer reellen Veränderlichen. 200 S. mit Abb. 1969. (Bd. 832)
Band II: Infinitesimalrechnung für Funktionen mehrerer reeller und einer komplexen Veränderlichen. 201 S. 1969. (Bd. 833)
Band III: Gewöhnliche Differentialgleichungen. V, 209 S. 1971. (Bd. 834)
Band V: Funktionalanalysis und Integralgleichungen. VI, 275 S. 1972. (Bd. 768)

Mell, W.-D./P. Preus/ P. Sandner: Einführung in die Programmiersprache PL/I. 300 S. 1974. (Bd. 785)

Meschkowski, H.: Einführung in die moderne Mathematik. 214 S. mit Abb. 1971. (Bd. 75)

Meschkowski, H.: Grundlagen der Euklidischen Geometrie. 231 S. mit Abb. 1974. (Wv)

Meschkowski, H.: Mathematiker-Lexikon. 328 S. mit Abb. 1973. (Wv)

Meschkowski, H.: Mathematisches Begriffswörterbuch. 310 S. mit Abb. 1971. (Bd. 99)

Meschkowski, H.: Mehrsprachenwörterbuch mathematischer Begriffe. 135 S. 1972 (Wv)

Meschkowski, H.: Reihenentwicklungen in der mathematischen Physik. 151 S. mit Abb. 1963. (Bd. 51)

Meschkowski, H.: Unendliche Reihen. 160 S. mit Abb. 1962. (Bd. 35)

Meschkowski, H.: Wahrscheinlichkeitsrechnung. 233 S. mit Abb. 1968. (Bd. 285)

Meschkowski, H./I. Ahrens: Theorie der Punktmengen. 175 S. mit Abb. 1974. (Wv)

Meschkowski, H./G. Lessner: Aufgabensammlung zur Einführung in die moderne Mathematik. 136 S. mit Abb. 1969 (Bd. 263)

Müller, D.: Programmierung elektronischer Rechenanlagen. 249 S. mit Abb. 1969. (Bd. 49)

Müller, K. H./I. Streker: Fortran-Programmierungsanleitung. 140 S. 1970. (Bd. 804)

Neukirch, J.: Klassenkörpertheorie. 308 S. 1970. (Bd. 713)

Noble, B.: Numerisches Rechnen.
Band I: Iteration, Programmierung und algebraische Gleichungen. 154 S. mit Abb. 1966. (Bd. 88)
Band II: Differenzen, Integration und Differentialgleichungen. 246 S. 1973. (Bd. 147)

Oberschelp, A.: Elementare Logik und Mengenlehre. Band I: Etwa 256 S. 1974. (Bd. 407)

Patterson, E. M./D. E. Rutherford: Einführung in die abstrakte Algebra. 175 S. 1966. (Bd. 146)

Peschl, E.: Analytische Geometrie und Lineare Algebra. 200 S. mit Abb. 1968. (Bd. 15)

Peschl, E.: Differentialgeometrie. 92 S. 1973. (Bd. 80)

Peschl, E.: Funktionentheorie.
Band I: 274 S. mit Abb. 1967. (Bd. 131)

Pflaumann, E./H. Unger: Funktionalanalysis.
Band I: Einführung in die Grundbegriffe in Räumen einfacher Struktur. 240 S. 1974. (Wv)
Band II: Abbildungen (Operatoren). 338 S. 1974. (Wv)

Pumplün, D./H. Röhrl: Kategorien. Etwa 340 S. 1974. (Wv)

Reiffen, H.-J./G. Scheja/U. Vetter: Algebra. 272 S. mit Abb. 1969. (Bd. 110)

Reiffen, H.-J./H. W. Trapp: Einführung in die Analysis.
Band I: Mengentheoretische Topologie. IX, 320 S. 1972. (Bd. 776)
Band II: Theorie der analytischen und differenzierbaren Funktionen. 260 S. 1973. (Bd. 786)
Band III: Maß- und Integrationstheorie. 369 S. 1973. (Bd. 787)

Rohlfing, H.: SIMULA. 243 S. mit Abb. 1973. (Bd. 747)

Rottmann, K.: Mathematische Formelsammlung. 176 S. mit Abb. 1962. (Bd. 13)

Rottmann, K.: Mathematische Funktionstafeln. 208 S. 1959. (Bd. 14)

Rottmann, K.: Siebenstellige dekadische Logarithmen. 194 S. 1960. (Bd. 17)

Rottmann, K.: Siebenstellige Logarithmen der trigonometrischen Funktionen. 440 S. 1961. (Bd. 26)

Rottmann, K.: Winkelfunktionen und logarithmische Funktionen. 273 S. 1966. (Bd. 113)

Sawyer, W. W.: Eine konkrete Einführung in die abstrakte Algebra. 204 S. mit Abb. 1970. (Bd. 492)

Schmidt, J.: Mengenlehre (Einführung in die axiomatische Mengenlehre).
Band I: 260 S. mit Abb. 1973. (Bd. 56)

Schwabhäuser, W.: Modelltheorie.
Band II: 123 S. 1972. (Bd. 815)

Schwartz, L.: Mathematische Methoden der Physik.
Band I: Summierbare Reihen, Lebesque-Integral, Distributionen, Faltung. 184 S. 1974. (Wv)

Schwarz, W.: Einführung in die Siebmethoden der analytischen Zahlentheorie. 215 S. 1974. (Wv)

Schwarz, W.: Einführung in Methoden und Ergebnisse der Primzahltheorie. 227 S. 1969. (Bd. 278)

Scriba, Ch. J./D. Ellis: The Concept of Number. 216 S. mit Abb. 1968. (Bd. 825)

Siegel, C. L.: Transzendente Zahlen. 87 S. 1967. (Bd. 137)

Sneddon, I. N.: Spezielle Funktionen der mathematischen Physik und Chemie. 166 S. mit 14 Abb. 1963. (Bd. 54)

Tamaschke, O.: Permutationsstrukturen. 276 S. 1969. (Bd. 710)

Tamaschke, O.: Projektive Geometrie.
Band I: 241 S. 1969. (Bd. 829)
Band II: XI, 397 S. mit Abb. 1972. (Bd. 838)

Tamaschke, O.: Schur-Ringe. 240 S. mit Abb. 1970. (Bd. 735)

Teichmann, H.: Physikalische Anwendungen der Vektor- und Tensorrechnung. 231 S. mit 64 Abb. 1968. (Bd. 39)

Tropper, A. M.: Matrizenrechnung in der Elektrotechnik. 99 S. mit Abb. 1964. (Bd. 91)

Uhde, K.: Spezielle Funktionen der mathematischen Physik.
Band I: Zylinderfunktionen. 267 S. 1964. (Bd. 55)
Band II: Elliptische Integrale, Thetafunktionen, Legendre-Polynome, Laguerresche Funktionen u. a. 211 S. 1964. (Bd. 76)

Valentine, F. A.: Konvexe Mengen. 247 S. mit Abb. 1968. (Bd. 402)

Volkovyskii, L. I./G. L. Lunts/ I. G. Aramanovich: Aufgaben und Lösungen zur Funktionentheorie.
Band I: Komplexe Zahlen, Konforme Abbildungen, Integrale, Potenzreihen, Laurentreihen. 170 S. mit Abb. 1973. (Bd. 195)
Band II: Residuen und ihre Anwendung, analytische Fortsetzung, Anwendungen in Hydrodynamik, Elektrostatik, Wärmeleitung. 250 S. mit Abb. 1974. (Bd. 212)

Wagner, K.: Graphentheorie. 220 S. mit Abb. 1970. (Bd. 248)

Walter, W.: Einführung in die Potentialtheorie. 174 S. 1971. (Bd. 765)

Walter, W.: Einführung in die Theorie der Distributionen. 211 S. mit Abb. 1974. (Wv)

Wanner, G.: Integration gewöhnlicher Differentialgleichungen. 182 S. mit Abb. 1969. (Bd. 831)

Weizel, R./J. Weyland: Gewöhnliche Differentialgleichungen – Formelsammlung mit Lösungsmethoden und Lösungen. 194 S. mit Abb. 1974. (Wv)

Wloka, J./A. Voigt: Hilberträume und elliptische Differentialoperatoren. Etwa 320 S. 1974. (Wv)

Wollny, W.: Reguläre Parkettierung der euklidischen Ebene durch unbeschränkte Bereiche. 316 S. mit Abb. 1970. (Bd. 711)

Wunderlich, W.: Darstellende Geometrie.
Band I: 187 S. mit Abb. 1966. (Bd. 96)
Band II: 234 S. mit Abb. 1967. (Bd. 133)

Mathematische Forschungsberichte Oberwolfach

Barner, M./W. Schwarz (Hrsg.): Zahlentheorie. 235 S. 1971. (M.F.O. 5).

Dörr, J./G. Hotz (Hrsg.): Automatentheorie und formale Sprache. 505 S. 1970. (M.F.O. 3)

Hasse, H./P. Roquette (Hrsg.): Algebraische Zahlentheorie. 272 S. 1966. (M.F.O. 2)

Klingenberg, W. (Hrsg.): Differentialgeometrie im Großen. 351 S. 1971. (M.F.O. 4)

Physik

Barut, A. O.: Die Theorie der Streumatrix für die Wechselwirkungen fundamentaler Teilchen.
Band I: 225 S. mit Abb. 1971. (Bd. 438)
Band II: 212 S. mit Abb. 1971. (Bd. 555)

Bensch, F./C. M. Fleck: Neutronenphysikalisches Praktikum.
Band I: Physik und Technik der Aktivierungssonden. 234 S. mit Abb. 1968. (Bd. 170)
Band II: Ausgewählte Versuche und ihre Grundlagen. 182 S. mit Abb. 1968. (Bd. 171)

Bjorken, J. D./S. D. Drell: Relativistische Quantenmechanik. 312 S. mit Abb. 1966. (Bd. 98)

Bodenstedt, E.: Experimente der Kernphysik und ihre Deutung.
Band I: 290 S. mit Abb. 1972. (Wv).
Band II: XIV, 293 S. mit Abb. 1973. (Wv)
Band III: 288 S. mit Abb. 1973. (Wv)

Borucki, H.: Einführung in die Akustik. 236 S. mit Abb. 1973. (Wv)

Chintschin, A. J.: Mathematische Grundlagen der statistischen Mechanik. 175 S. 1964. (Bd. 58)

Donner, W.: Einführung in die Theorie der Kernspektren.
Band I: Grundeigenschaften der Atomkerne, Schalenmodell, Oberflächenschwingungen und Rotationen. 197 S. mit Abb. 1971. (Bd. 473)

Band II: Erweiterung des Schalenmodells, Riesenresonanzen. 107 S. mit Abb. 1971. (Bd. 556)

Dreisvogt, H.: **Spaltprodukt-Tabellen.** 188 S. mit Abb. 1974. (Wv)

Eder, G.: **Elektrodynamik.** 273 S. mit Abb. 1967. (Bd. 233)

Eder, G.: **Quantenmechanik.**
Band I: 324 S. 1968. (Bd. 264)

Eisenbud, L./E. P. Wigner: **Einführung in die Kernphysik.** 145 S. mit 15 Abb. 1961. (Bd. 16)

Emendörfer, D./K. H. Höcker: **Theorie der Kernreaktoren.**
Band I: Kernbau und Kernspaltung, Wirkungsquerschnitte, Neutronenbremsung und -thermalisierung. 232 S. mit Abb. 1969. (Bd. 411)
Band II: Neutronendiffusion (Elementare Behandlung und Transporttheorie). 147 S. mit Abb. 1970. (Bd. 412)

Feynman, R. P.: **Quantenelektrodynamik.** 249 S. mit Abb. 1969. (Bd. 401)

Fick, D.: **Einführung in die Kernphysik mit polarisierten Teilchen.** VI, 255 S. mit Abb. 1971. (Bd. 755)

Gasiorowicz, S.: **Elementarteilchenphysik.** Etwa 600 S. mit Abb. 1974. (Wv)

Groot, S. R. de: **Thermodynamik irreversibler Prozesse.** 216 S. mit 4 Abb. 1960. (Bd. 18)

Groot, S. R. de/P. Mazur: **Anwendung der Thermodynamik irreversibler Prozesse.** 349 S. mit Abb. 1974. (Wv)

Groot, S. R. de/P. Mazur: **Grundlagen der Thermodynamik irreversibler Prozesse.** 217 S. 1969. (Bd. 162)

Heisenberg, W.: **Physikalische Prinzipien der Quantentheorie.** 117 S. mit Abb. 1958. (Bd. 1)

Hesse, K.: **Halbleiter. Eine elementare Einführung.**
Band I: 249 S. mit 116 Abb. 1974. (Bd. 788)

Huang, K.: **Statistische Mechanik.**
Band III: 162 S. 1965. (Bd. 70)

Hund, F.: **Geschichte der physikalischen Begriffe.** 410 S. 1972. (Bd. 543)

Hund, F.: **Grundbegriffe der Physik.** 234 S. mit Abb. 1969. (Bd. 449)

Källén, G./J. Steinberger: **Elementarteilchenphysik.** Etwa 700 S. mit Abb. 1974. (Wv)

Kertz, W.: **Einführung in die Geophysik.**
Band I: Erdkörper. 232 S. mit Abb. 1969. (Bd. 275)
Band II: Obere Atmosphäre und Magnetosphäre. 210 S. mit Abb. 1971. (Bd. 535)

Libby, W. F./F. Johnson: **Altersbestimmung mit der C^{14}-Methode.** 205 S. mit Abb. 1969. (Bd. 403)

Lipkin, H. J.: **Anwendung von Lieschen Gruppen in der Physik.** 177 S. mit Abb. 1967. (Bd. 163)

Luchner, K.: **Aufgaben und Lösungen zur Experimentalphysik.**
Band I: Mechanik, geometrische Optik, Wärme. 158 S. mit Abb. 1967. (Bd. 155)
Band II: Elektromagnetische Vorgänge. 150 S. mit Abb. 1966. (Bd. 156)
Band III: Grundlagen zur Atomphysik. 125 S. mit Abb. 1973. (Bd. 157)

Lüscher, E.: **Experimentalphysik.**
Band I: Mechanik, geometrische Optik, Wärme.
1. Teil: 260 S. mit Abb. 1967. (Bd. 111)
Band I/2. Teil: 215 S..mit Abb. 1967. (Bd. 114)

Band II: Elektromagnetische Vorgänge. 336 S. mit Abb. 1966. (Bd. 115)
Band III: Grundlagen zur Atomphysik. **1. Teil**: 177 S. mit Abb. 1970. (Bd. 116)
Band III/2. Teil: 160 S. mit Abb. 1970. (Bd. 117)

Lynton, E. A.: Supraleitung. 205 S. mit 53 Abb. 1966. (Bd. 74)

Mittelstaedt, P.: Philosophische Probleme der modernen Physik. 215 S. mit 12 Abb. 1972. (Bd. 50)

Mitter, H.: Quantentheorie. 316 S. mit Abb. 1969. (Bd. 701)

Möller, F.: Einführung in die Meteorologie.
Band I: 222 S. mit Abb. 1973. (Bd. 276)
Band II: 223 S. mit Abb. 1973. (Bd. 288)

Neuert, H.: Experimentalphysik für Mediziner, Zahnmediziner, Pharmazeuten und Biologen. 292 S. mit Abb. 1969. (Bd. 712)

Rollnik, H.: Teilchenphysik.
Band I: Grundlegende Eigenschaften von Elementarteilchen. 188 S. mit Abb. 1971. (Bd. 706)
Band II: Innere Symmetrien der Elementarteilchen. 158 S. mit Abb. z. T. farbig. 1971. (Bd. 759)

Rose, M. E.: Relativistische Elektronentheorie.
Band I: 193 S. mit Abb. 1971. (Bd. 422)
Band II: 171 S. mit Abb. 1971. (Bd. 554)

Scherrer, P./P. Stoll: Physikalische Übungsaufgaben.
Band I: Mechanik und Akustik. 96 S. mit 44 Abb. 1962. (Bd. 32)
Band II: Optik, Thermodynamik, Elektrostatik. 103 S. mit Abb. 1963. (Bd. 33)
Band III: Elektrizitätslehre, Atomphysik. 103 S. mit Abb. 1964. (Bd. 34)

Schulten, R./W. Güth: Reaktorphysik.
Band II: 164 S. mit Abb. 1962. (Bd. 11)

Schultz-Grunow, F. (Hrsg.): Elektro- und Magnetohydrodynamik. 308 S. mit Abb. 1968. (Bd. 811)

Schwartz, L.: Mathematische Methoden der Physik.
Band I: 184 S. 1974. (Wv)

Seiler, H.: Abbildungen von Oberflächen mit Elektronen, Ionen und Röntgenstrahlen. 131 S. mit Abb. 1968 (Bd. 428).

Süßmann, G.: Einführung in die Quantenmechanik.
Band I: 205 S. mit Abb. 1963. (Bd. 9)

Streater, R. F./A. S. Wightman: Die Prinzipien der Quantenfeldtheorie. 235 S. mit Abb. 1969. (Bd. 435)

Teichmann, H.: Einführung in die Atomphysik. 135 S. mit 47 Abb. 1966. (Bd. 12)

Teichmann, H.: Halbleiter. 156 S. mit Abb. 1969. (Bd. 21)

Thouless, D. J.: Quantenmechanik der Vielteilchensysteme. 208 S. mit Abb. 1964. (Bd. 52)

Wagner, C.: Methoden der naturwissenschaftlichen und technischen Forschung. Etwa 224 S. mit Abb. 1974 (Wv)

Wegener, H.: Der Mößbauer-Effekt und seine Anwendung in Physik und Chemie. 226 S. mit Abb. 1965. (Bd. 2)

Wehefritz, V.: Physikalische Fachliteratur. 171 S. 1969. (Bd. 440)

Weizel, W.: Einführung in die Physik.
Band I: Mechanik und Wärme. 174 S. mit Abb. 1963. (Bd. 3)
Band II: Elektrizität und Magnetismus. 180 S. mit Abb. 1963. (Bd. 4)
Band III: Optik und Atomphysik. 194 S. mit Abb. 1963. (Bd. 5)

Weizel, W.: Physikalische Formelsammlung.
Band I: Mechanik, Strömungslehre, Elektrodynamik. 175 S. mit Abb. 1962. (Bd. 28)
Band II: Optik, Thermodynamik, Relativitätstheorie. 148 S. 1964. (Bd. 36)
Band III: Quantentheorie. 196 S. 1966. (Bd. 37)

Astronomie

Becker, F.: Geschichte der Astronomie. 201 S. mit Abb. 1968. (Bd. 298)

Bohrmann, A.: Bahnen künstlicher Satelliten. 163 S. mit Abb. 1966. (Bd. 40)

Bucerius, H./M. Schneider: Vorlesungen über Himmelsmechanik.
Band I: Bahnbestimmungen. Mehrkörperprobleme, Störungstheorie. 207 S. mit Abb. 1966. (Bd. 143)
Band II: Hamiltonsche Mechanik, die Erde als Kreisel, Theorie der Gleichgewichtsfiguren, Einsteinsche Gravitationstheorie. 262 S. mit Abb. 1967. (Bd. 144)

Giese, R.-H.: Erde, Mond und benachbarte Planeten. 250 S. mit Abb. 1969. (Bd. 705)

Giese, R.-H.: Weltraumforschung.
Band I: 221 S. mit Abb. 1966. (Bd. 107)

Scheffler, H./H. Elsässer: Physik der Sterne und der Sonne. 535 S. mit Abb. 1974. (Wv)

Schurig, R./P. Götz/K. Schaifers: Himmelsatlas (Tabulae caelestes). 8. Aufl. 1960. (Wv)

Zimmermann, O.: Astronomische Übungsaufgaben. 116 S. mit Abb. 1966. (Bd. 127)

Chemie

Cordes, J. F. (Hrsg.): Chemie und ihre Grenzgebiete. 199 S. mit Abb. 1970. (Bd. 715)

Freise, V.: Chemische Thermodynamik. 288 S. mit Abb. 1972. (Bd. 213)

Grimmer, G.: Biochemie. 376 S. mit Abb. 1969. (Bd. 187)

Kaiser, R.: Chromatographie in der Gasphase.
Band I: Gas-Chromatographie. 220 S. mit Abb. 1973. (Bd. 22)
Band II: Kapillar-Chromatographie. 339 S. mit Abb. 1974. (Bd. 23)
Band III: Tabellen.
1. Teil: 181 S. mit Abb. 1969. (Bd. 24)
Band III/2. Teil: 165 S. mit Abb. 1969. (Bd. 468)
Band IV: Quantitative Auswertung.
1. Teil: 185 S. mit Abb. 1969. (Bd. 92)
Band IV/2. Teil: 118 S. mit Abb. 1969 (Bd. 472)

Laidler, K. J.: Reaktionskinetik.
Band I: Homogene Gasreaktionen. 216 S. mit Abb. 1970. (Bd. 290)
Band II: Reaktionen in Lösung. 169 S. 1973. (Bd. 291)

Murrell, J. N.: Elektronenspektren organischer Moleküle. 359 S. mit Abb. 1967. (Bd. 250)

Preuß, H.: Quantentheoretische Chemie.
Band I: Die halbempirischen Regeln. 94 S. mit Abb. 1963. (Bd. 43)
Band II: Der Übergang zur Wellenmechanik, die allgemeinen Rechenverfahren. 238 S. mit Abb. 1965. (Bd. 44)
Band III: Wellenmechanische und methodische Ausgangspunkte. 222 S. mit Abb. 1967. (Bd. 45)

Riedel, L.: Physikalische Chemie – Eine Einführung für Ingenieure. 406 S. mit Abb. 1974. (Wv)

Schmidt, M.: Anorganische Chemie.
Band I: Hauptgruppenelemente. 301 S. mit Abb. 1967. (Bd. 86)
Band II: Übergangsmetalle. 221 S. mit Abb. 1969. (Bd. 150)

Schneider, G.: Pharmazeutische Biologie. Etwa 380 S. 1974. (Wv)

Staude, H.: Photochemie. 159 S. mit 40 Abb. 1966. (Bd. 27)

Steward, F. C./A. D. Krikorian/K.-H. Neumann: Pflanzenleben. 268 S. mit Abb. 1969. (Bd. 145)

Wagner, C.: Methoden der naturwissenschaftlichen und technischen Forschung. Etwa 224 S. mit Abb. 1974 (Wv)

Wilk, M.: Organische Chemie. 372 S. mit Abb. 1970. (Bd. 71)

Ingenieurwissenschaften

Beneking, H.: Praxis des Elektronischen Rauschens. 255 S. mit Abb. 1971. (Bd. 734)

Billet, R.: Grundlagen der thermischen Flüssigkeitszerlegung. 150 S. mit Abb. 1962. (Bd. 29)

Billet, R.: Optimierung in der Rektifiziertechnik unter besonderer Berücksichtigung der Vakuumrektifikation. 129 S. mit Abb. 1967. (Bd. 261)

Billet, R.: Trennkolonnen für die Verfahrenstechnik. 151 S. mit Abb. 1971. (Bd. 548)

Böhm, H.: Einführung in die Metallkunde. 236 S. mit Abb. 1968. (Bd.196)

Bosse, G.: Grundlagen der Elektrotechnik.
Band I: Das elektrostatische Feld und der Gleichstrom. 141 S. mit Abb. 1966. Unter Mitarbeit von W. Mecklenbräuker. (Bd. 182)
Band II: Das magnetische Feld und die elektromagnetische Induktion. 153 S. mit Abb. 1967. Unter Mitarbeit von G. Wiesemann. (Bd. 183)
Band III: Wechselstromlehre, Vierpol- und Leitungstheorie. 136 S. 1969. Unter Mitarbeit von A. Glaab. (Bd. 184)
Band IV: Drehstrom, Ausgleichsvorgänge in linearen Netzen. 164 S. mit Abb. 1973. Unter Mitarbeit von J. Hagenauer. (Bd. 185)

Czerwenka, G./W. Schnell: Einführung in die Rechenmethoden des Leichtbaus.
Band I: Einführung bis zur Spannungsverteilung im dünnwandigen Träger bei drillfreier Biegung und biegefreier Drillung. 193 S. mit Abb. 1967. (Bd. 124)
Band II: Stabilität dünnwandiger Stäbe, Flächentragwerke, Schalen, Krafteinleitungsprobleme. 175 S. mit Abb. 1970. (Bd. 125)

Denzel, P.: Dampf- und Wasserkraftwerke. 231 S. mit Abb. 1968. (Bd. 300)

Feldtkeller, E.: Dielektrische und magnetische Materialeigenschaften.
Band I: 242 S. mit Abb. 1973. (Bd. 485)
Band II: 188 S. mit Abb. 1974. (Bd. 488)

Fischer, F. A.: Einführung in die statistische Übertragungstheorie. 187 S. 1969. (Bd. 130)

Glaab, A./J. Hagenauer: Übungen in Grundlagen der Elektrotechnik III, IV. 228 S. mit Abb. 1973. (Bd. 780)

Großkopf, J.: Wellenausbreitung.
Band I: Grundbegriffe, die bodennahe und troposphärische Ausbreitung. 215 S. mit Abb. 1970. (Bd. 141)
Band II: Die ionosphärische Ausbreitung. 262 S. mit Abb. 1970. (Bd. 539)

Groth, K./G. Rinne: Grundzüge des Kolbenmaschinenbaues.
Band I: 166 S. mit Abb. 1971. (Bd. 770)

Heilmann, A.: Antennen.
Band I: Einführung, lineare Strahler, Kenngrößen von Antennen. 164 S. mit Abb. 1970. (Bd. 140)
Band II: Strahlergruppen, strahlende Flächen, Strahlungskopplung. 219 S. mit Abb. 1970. (Bd. 534)
Band III: Spezielle (u. a. Linsen-, Spiegel-, Schlitz-)Antennen. 184 S. mit Abb. 1970. (Bd. 540)

Jordan-Engeln, G./F. Reutter: Formelsammlung zur numerischen Mathematik. 316 S. mit Abb. 1974. (Bd. 106)

Jordan-Engeln, G./F. Reutter: Numerische Mathematik für Ingenieure. XIII, 352 S. mit Abb. 1973. (Bd. 104)

Klein, W.: Vierpoltheorie. 159 S. mit Abb. 1972. (Wv)

Klingbeil, E.: Tensorrechnung für Ingenieure. 197 S. mit Abb. 1966. (Bd. 197)

Lippmann, H.: Schwingungslehre. 264 S. mit Abb. 1968. (Bd. 189)

MacFarlane, A. G. J.:Analyse technischer Systeme. 312 S. mit Abb. 1967. (Bd. 81)

Mahrenholtz, O.: Analogrechnen in Maschinenbau und Mechanik. 208 S. mit Abb. 1968. (Bd. 154)

Mesch, F. (Hrsg.): Meßtechnisches Praktikum. 224 S. mit Abb. 1970. (Bd. 736)

Pestel, E.: Technische Mechanik.
Band I: Statik. 284 S. mit Abb. 1969 (Bd. 205)
Band II: Kinematik und Kinetik.
1. Teil: 196 S. mit Abb. 1969. (Bd. 206)
Band II/2. Teil: 204 S. mit Abb. 1971. (Bd. 207)

Pestel, E./G. Liebau (Hrsg.): Phänomene der pulsierenden Strömung im Blutkreislauf aus technologischer, physiologischer und klinischer Sicht. VIII, 124 S. 1970. (Bd. 738)

Piefke, G.: Feldtheorie.
Band I: 265 S. mit Abb. 1971. (Bd. 771)
Band II: 231 S. mit Abb. 1973. (Bd. 773)

Prassler, H.: Energiewandler der Starkstromtechnik.
Band I: 178 S. mit Abb. 1969. (Bd. 199)

Prassler, H./A. Priess: Aufgabensammlung zur Starkstromtechnik (Energiewandler der Starkstromtechnik) mit Lösungen.
Band I: 192 S. mit Abb. 1967. (Bd. 198)

Rößger, E./K.-B. Hünermann: Einführung in die Luftverkehrspolitik. 165, LIV S. mit Abb. 1969. (Bd. 824)

Sagirow, P.: Satellitendynamik. 191 S. 1970. (Bd. 719)

Schrader, K.-H.: Die Deformationsmethode als Grundlage einer problemorientierten Sprache. 137 S. mit Abb. 1969. (Bd. 830)

Stüwe, H.-P.: Einführung in die Werkstoffkunde. 192 S. mit Abb. 1969. (Bd. 467)

Stüwe, H.-P./G. Vibrans: Feinstrukturuntersuchungen in der Werkstoffkunde. 138 S. mit Abb. 1974. (Wv)

Wasserrab, Th.: Gaselektronik.
Band I: Atomtheorie. 223 S. mit Abb. 1971. (Bd. 742)
Band II: Niederdruckentladungen, Technik der Gasentladungsventile. 230 S. mit Abb. 1972. (Bd. 769)

Weh, H.: Elektrische Netzwerke und Maschinen in Matrizendarstellung. 309 S. mit Abb. 1968. (Bd. 108)

Wiesemann, G./W. Mecklenbräuker: Übungen in Grundlagen der Elektrotechnik.
Band I: 179 S. mit Abb. 1973. (Bd. 778)

Wolff, I.: Grundlagen und Anwendungen der Maxwellschen Theorie.
Band I: Mathematische Grundlagen, die Maxwellschen Gleichungen, Elektrostatik. 326 S. mit Abb. 1968. (Bd. 818)
Band II: Strömungsfelder, Magnetfelder, quasistationäre Felder, Wellen. 263 S. mit Abb. 1970. (Bd. 731)

Wunderlich, W.: Ebene Kinematik. 263 S. mit Abb. 1970. (Bd. 447)

Philosophie

Glaser, I.: Sprachkritische Untersuchungen zum Strafrecht am Beispiel der Zurechnungsfähigkeit. 131 S. 1970. (Bd. 516)

Kamlah, W.: Philosophische Anthropologie. 192 S. 1973. (Bd. 238)

Kamlah, W.: Utopie, Eschatologie, Geschichtsteleologie. 106 S. 1969. (Bd. 461).

Kamlah, W./P. Lorenzen: Logische Propädeutik. Vorschule des vernünftigen Redens. 239 S. 1973. (Bd. 227)

Leinfellner, W.: Einführung in die Erkenntnis- und Wissenschaftstheorie. 226 S. 1967. (Bd. 41)

Lorenzen, P.: Normative Logic and Ethics. 89 S. 1969. (Bd. 236)

Lorenzen, P./O. Schwemmer: Konstruktive Logik, Ethik und Wissenschaftstheorie. 256 S. mit Abb. 1973. (Bd. 700)

Mittelstaedt, P.: Die Sprache der Physik. 139 S. 1972. (Wv)

Mittelstaedt, P.: Philosophische Probleme der modernen Physik. 215 S. mit Abb. 1972. (Bd. 50)

Literatur und Sprache

Kraft, H.: Andreas Streichers Schiller-Biographie. 464 S. mit Abb. 1974. (Wv)

Storz, G.: Klassik und Romantik. 247 S. 1972. (Wv)

Trojan, F./H. Schendl: Biophonetik. Etwa 260 S. 1974. (Wv)

Geographie – Geologie – Völkerkunde

Bülow, K. v.: Die Mondlandschaften. 230 S. mit Abb. 1969. (Bd. 362)

Ganssen, R.: Grundsätze der Bodenbildung. 135 S. mit Zeichnungen und einer mehrfarbigen Tafel. 1965. (Bd. 327)

Ganssen, R.: Trockengebiete. 186 S. mit mehrfarbigen Darstellungen. 1968. (Bd. 354)

Gierloff-Emden, H.-G./ H. Schroeder-Lanz: Luftbildauswertung.
Band I: Grundlagen. 154 S. mit Abb. 1970. (Bd. 358)
Band II: Optische Begriffe. 157 S. mit Abb. 1970. (Bd. 367)
Band III: Anwendungen. 217 S. mit Abb. 1971. (Bd. 368)

Henningsen, D.: Paläogeographische Ausdeutung vorzeitlicher Ablagerungen. 170 S. mit Abb. 1969. (Bd. 839)

Herrmann, F.: Völkerkunde Australiens. 250 S. mit Abb. 1967. (Bd. 337)

Hirschberg, W./A. Janata/W. P. Bauer/Ch. F. Feest: Technologie und Ergologie in der Völkerkunde. 321 S. mit Strichzeichnungen. 1966. (Bd. 338)

Kertz, W.: Einführung in die Geophysik.
Band I: Erdkörper. 232 S. mit Abb. 1969. (Bd. 275)
Band II: Obere Atmosphäre und Magnetosphäre. 210 S. mit Abb. 1971. (Bd. 535)

Lindig, W.: Vorgeschichte Nordamerikas. 399 S. mit Abb. 1973. (Wv)

Möller, F.: Einführung in die Meteorologie.
Band I: Meteorologische Elementarphänomene. 222 S. mit Abb. und 6 Farbtafeln. 1973. (Bd. 276)
Band II: Komplexe meteorologische Phänomene. 223 S. mit Abb. 1973. (Bd. 288)

Schaarschmidt, F.: Paläobotanik.
Band I: 121 S. mit Abb. und Farbtafeln. 1968. (Bd. 357)
Band II: 102 S. mit Abb. und Farbtafeln. 1968. (Bd. 359)

Schmithüsen, J.: Geschichte der Geographischen Wissenschaft von den ersten Anfängen bis zum Ende des 18. Jahrhunderts. 190 S. 1970. (Bd. 363)

Schwidetzky, I.: Grundlagen der Rassensystematik. 180 S. mit Abb. 1974. (Wv)

Wunderlich, H.-G.: Bau der Erde, Geologie der Kontinente und Meere.
Band I: Afrika, Amerika, Europa. 151 S., Tabellen und farbige Abb. 1973. (Wv)

Wunderlich, H.-G.: Einführung in die Geologie.
Band I: Exogene Dynamik. 214 S. mit Abb. und farbigen Bildern. 1968. (Bd. 340)
Band II: Endogene Dynamik. 231 S. mit Abb. und farbigen Bildern. 1968. (Bd. 341)

Wunderlich, H.-G.: Wesen und Ursachen der Gebirgsbildung. 367 S. mit Abb. 1966. (Bd. 339)

B. I.-Hochschulatlanten

Dietrich, G./J. Ulrich (Hrsg.): Atlas zur Ozeanographie. 1968 (Bd. 307)

Ganssen, R./F. Hädrich (Hrsg.): Atlas zur Bodenkunde. 1965 (Bd. 301)

Schaifers, K. (Hrsg.): Atlas zur Himmelskunde. 1969 (Bd. 308)

Schmithüsen, J./R. Hegner (Hrsg.): Atlas zur Biogeographie. 1974 (Bd. 303)

Wagner, K. (Hrsg.): Atlas zur Physischen Geographie (Orographie). 1971 (Bd. 304)

Reihe: Methoden und Verfahren der mathematischen Physik

Herausgegeben von Prof. Dr. Bruno Brosowski, Universität Göttingen, und Prof. Dr. Erich Martensen, Universität Karlsruhe.

Diese Reihe bringt Originalarbeiten aus dem Gebiet der angewandten Mathematik und der mathematischen Physik für Mathematiker, Physiker und Ingenieure.

Band 1: 183 S. mit Abb. 1969. (Bd. 720)
Band 2: 179 S. mit Abb. 1970. (Bd. 721)
Band 3: 176 S. mit Abb. 1970. (Bd. 722)
Band 4: 177 S. 1971. (Bd. 723)
Band 5: 199 S. 1971. (Bd. 724)
Band 6: 163 S. 1972. (Bd. 725)
Band 7: 176 S. 1972. (Bd. 726)
Band 8: 222 S. mit Abb. 1973. (Wv)
Band 9: 201 S. mit Abb. 1973. (Wv)
Band 10: 184 S. 1973. (Wv)
Band 11: 186 S. mit Abb. 1974. (Wv)

Reihe: Überblicke Mathematik

Herausgegeben von Prof. Dr. Detlef Laugwitz, Techn. Hochschule Darmstadt.

Diese Reihe bringt kurze und klare Übersichten über neuere Entwicklungen der Mathematik und ihrer Randgebiete für Nicht-Spezialisten.

Band 1: 213 S. mit Abb. 1968. (Bd. 161)
Band 2: 210 S. mit Abb. 1969. (Bd. 232).
Band 3: 157 S. mit Abb. 1970. (Bd. 247).
Band 4: 123 S. 1972 (Wv)
Band 5: 186 S. 1972 (Wv)
Band 6: 242 S. mit Abb. 1973. (Wv)
Band 7: 265, II S. mit Abb. 1974. (Wv)

Reihe: Mathematik für Physiker

Herausgegeben von Prof. Dr. Detlef Laugwitz, Techn. Hochschule Darmstadt, Prof. Dr. Peter Mittelstaedt, Universität Köln, Prof. Dr. Horst Rollnik, Universität Bonn, Prof. Dr. Georg Süßmann, Universität München.

Diese Reihe ist in erster Linie für Leser bestimmt, denen die Beschäftigung mit der Mathematik nicht Selbstzweck ist. Besonderer Wert wird darauf gelegt, mit Beispielen und Motivationen den speziellen Anforderungen der Physiker zu genügen.

Band 1: Meschkowski, H., Zahlen. 174 S. mit Abb. 1970. (Wv)

Band 2: Meschkowski, H., Funktionen. 179 S. mit Abb. 1970. (Wv)

Band 3: Meschkowski, H., Elementare Wahrscheinlichkeitsrechnung und Statistik. 188 S. 1972 (Wv)

Band 4: Lingenberg, R., Einführung in die Lineare Algebra. Etwa 200 S. 1974. (Wv)

Band 9: Fuchssteiner, B./D. Laugwitz, Funktionalanalysis. 219 S. 1974. (Wv)

Reihe: Informatik

Herausgegeben von Prof. Dr. Karl Heinz Böhling, Universität Bonn, Prof. Dr. Ulrich Kulisch und Prof. Dr. Hermann Maurer, Universität Karlsruhe.

Diese Reihe enthält einführende Darstellungen zu verschiedenen Teildisziplinen der Informatik. Sie ist hervorgegangen aus der Zusammenlegung der Reihen „Skripten zur Informatik" (Hrsg. K. H. Böhling) und „Informatik" (Hrsg. U. Kulisch).

Band 1: Maurer, H., Theoretische Grundlagen der Programmiersprachen – Theorie der Syntax. 254 S. 1969. (Bd. 404)

Band 2: Heinhold, J./U. Kulisch, Analogrechnen. 242 S. mit Abb. 1969. (Bd. 168)

Band 4: Böhling, K. H./D. Schütt, Endliche Automaten.
Teil II: 104 S. 1970. (Bd. 704)

Band 5: Brauer, W./K. Indermark, Algorithmen, rekursive Funktionen und formale Sprachen. 115 S. 1968. (Bd. 817)

Band 6: Heyderhoff, P./Th. Hildebrand, Informationsstrukturen – (Eine Einführung in die Informatik). 218 S. 1973. (Wv)

Band 7: Kameda, T./K. Weihrauch, Einführung in die Codierungstheorie.
Teil I: 218 S. 1973. (Wv)

Band 8: Reusch, B., Lineare Automaten. 149 S. mit Abb. 1969. (Bd. 708)

Band 9: Henrici, P., Elemente der numerischen Analysis.
Teil I: Auflösung von Gleichungen. 227 S. 1972. (Bd. 551)
Teil II: Interpolation und Approximation, praktisches Rechnen. IX, 195 S. 1972. (Bd. 562)

Band 10: Böhling, K. H./G. Dittrich, Endliche stochastische Automaten. 138 S. 1972. (Bd. 766)

Band 11: Seegmüller, G., Einführung in die Systemprogrammierung. Etwa 480 S. mit Abb. 1974. (Wv)

Band 12: Alefeld, G./J. Herzberger, Einführung in die Intervallrechnung. XIII, 398 S. mit Abb. 1974. (Wv)

Band 14: Böhling, K. H./B. v. Braunmühl, Komplexität bei Turingmaschinen. 316 S. mit Abb. 1974. (Wv)

Band 15: Peters, F. E., Einführung in mathematische Methoden der Informatik. 349 S. 1974. (Wv)

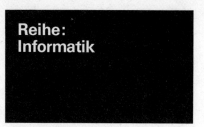

Reihe: Theoretische und experimentelle Methoden der Regelungstechnik

Herausgegeben von Gerhard Preßler, Hartmann & Braun, Frankfurt.

Die Reihe wendet sich an Studenten und praktizierende Ingenieure, die mit der Entwicklung in diesem Gebiet der technischen Wissenschaften Schritt halten wollen.

Isermann, R.: Experimentelle Analyse der Dynamik von Regelsystemen (Identifikation I). 276 S. mit Abb. 1971. (Bd. 515)

Isermann, R.: Theoretische Analyse der Dynamik industrieller Prozesse (Identifikation II).
Teil I: 122 S. mit Abb. 1971. (Bd. 764)

Klefenz, G.: Die Regelung von Dampfkraftwerken. 229 S. mit Abb. 1973. (Bd. 549)

Leonhard, W.: Diskrete Regelsysteme. 245 S. mit Abb. 1972. (Bd. 523)

Preßler, G.: Regelungstechnik. 348 S. mit Abb. 1967. (Bd. 63)

Schlitt, H./F. Dittrich: Statistische Methoden der Regelungstechnik. 169 S. 1972. (Bd. 526)

Schwarz, H.: Frequenzgang- und Wurzelortskurvenverfahren. 164 S. 1968. (Bd. 193)

Starkermann, R.: Die harmonische Linearisierung.
Band I: 201 S. mit Abb. 1970. (Bd. 469)
Band II: 83 S. mit Abb. 1970. (Bd. 470)

Starkermann, R.: Mehrgrößen-Regelsysteme.
Band I: 173 S. mit Abb. 1974 (Wv)

Reihe: Mathematik für Wirtschaftswissenschaftler

Herausgegeben von Prof. Dr. Martin Rutsch, Universität Karlsruhe.

Diese im Aufbau befindliche Reihe bringt Einführungen, die nach Konzeption, Themenauswahl, Darstellungsweise und Wahl der Beispiele auf die Bedürfnisse von Studenten der Wirtschaftswissenschaften zugeschnitten sind.

Band 1: Rutsch, M., Wahrscheinlichkeit.
Teil I: 344 S. mit Abb. 1974. (Wv)

Band 3: Rutsch, M./K.-H. Schriever, Aufgaben zur Wahrscheinlichkeit. 263 S. mit Abb. 1974 (Wv)